飞行器系列丛书

高精度离散玻尔兹曼数值方法

吴 杰 马 超 秦 剑 著

科 学 出 版 社

北 京

内 容 简 介

本书涵盖了作者近五年有关高精度离散玻尔兹曼数值方法应用于流体力学问题的研究成果，主要包含不可压流动和可压缩流动两部分。第一部分包含不可压等温流、不可压热流和不可压多相流。第二部分包含无黏可压缩流和黏性可压缩流。此外，还简要介绍了本书涉及的动理学方程和高精度格式。

本书可以作为从事高精度离散玻尔兹曼数值方法研究的科研人员、研究生、高年级本科生的参考书，也可以作为计算流体力学应用领域的设计人员、工程技术人员和相关从业人员的参考书。

图书在版编目(CIP)数据

高精度离散玻尔兹曼数值方法 / 吴杰，马超，秦剑著. —北京：科学出版社，2024. 3
(飞行器系列丛书)
ISBN 978-7-03-077872-7

Ⅰ. ①高… Ⅱ. ①吴… ②马… ③秦… Ⅲ. ①波尔兹曼方程—应用—多相流—计算流体力学—数值计算—研究 Ⅳ. ①O359

中国国家版本馆 CIP 数据核字(2024)第 023214 号

责任编辑：胡文治 / 责任校对：谭宏宇
责任印制：黄晓鸣 / 封面设计：殷 靓

科学出版社 出版
北京东黄城根北街 16 号
邮政编码：100717
http：//www. sciencep. com
南京展望文化发展有限公司排版
江苏凤凰数码印务有限公司印刷
科学出版社发行 各地新华书店经销

*

2024 年 3 月第 一 版 开本：B5(720×1000)
2024 年 3 月第一次印刷 印张：14
字数：274 000

定价：120.00 元

(如有印装质量问题，我社负责调换)

飞行器系列丛书
编委会

丛 书 序

飞行器是指能在地球大气层内外空间飞行的器械，可分为航空器、航天器、火箭和导弹三类。航空器中，飞机通过固定于机身的机翼产生升力，是数量最大、使用最多的航空器；直升机通过旋转的旋翼产生升力，能垂直起降、空中悬停、向任意方向飞行，在航空器中具有独特的不可替代的作用。航天器可绕地球飞行，也可远离地球在外太空飞行。1903 年，美国的莱特兄弟研制成功了人类第一架飞机，实现了可持续、有动力、带操纵的飞行。1907 年，法国的科尔尼研制成功了人类第一架直升机，实现了有动力的垂直升空和连续飞行。1957 年，人类第一颗人造地球卫星由苏联发射成功，标志着人类由此进入了航天时代。1961 年，苏联宇航员加加林乘"东方 1 号"飞船进入太空，实现了人类遨游太空的梦想。1969 年，美国的阿姆斯特朗和奥尔德林乘"阿波罗 11 号"飞船登月成功，人类实现了涉足地球以外的另一个天体。这些飞行器的成功，实现了人类两千年以来的各种飞行梦想，推动了飞行器的不断进步。

目前，飞行器科学与技术快速发展，各种新构型、新概念飞行器层出不穷，反过来又催生了许多新的飞行器科学与技术，促使人们不断地去研究和探索新理论、新方法。出版"飞行器系列丛书"，将为人们的研究和探索提供非常有益的参考和借鉴，也将有力促进飞行器科学与技术的进一步发展。

"飞行器系列丛书"将介绍飞行器科学与技术研究的最新成果与进展，主要由南京航空航天大学从事飞行器设计及相关研究的教授、专家撰写。南京航空航天大学已研制成功了 30 多种型号飞行器，包括我国第一架大型无人机、第一架通过适航审定的全复合材料轻型飞机、第一架直升机、第一架无人直升机、第一架微型飞行器等，参与了我国几乎所有重大飞行器型号的研制，拥有航空宇航科学与技术一级学科国家重点学科。在这样厚重的航空宇航学科基础上，撰写出"飞行器系列丛书"并由科学出版社出版，具有十分重要的学术价值，将为我国航空航天界献上一份厚重的礼物，为我国航空航天事业的发展作出一份重要的贡献。

祝"飞行器系列丛书"出版成功！

夏品奇

2017 年 12 月 1 日于南京

前　　言

在过去的半个多世纪里,随着计算机技术的快速发展和数值方法的优化更新,计算流体力学(computational fluid dynamics, CFD)已经成为研究流动现象和分析物理机制的重要手段,是当代流体力学的重要分支之一。CFD 自诞生以来,已经涌现出了许多优秀的数值格式。其中包括直接基于 Euler 方程和 Navier-Stokes 方程进行离散求解的传统 CFD 方法,以及基于玻尔兹曼方程发展起来的介观方法。传统 CFD 方法主要关注宏观流动现象,它们在工程应用中具有广泛的适用性。介观方法则是在传统 CFD 的基础上发展起来的,它们更加关注流体内部的微观结构和动态过程,在研究复杂流体现象时具有很高的准确性。

除了发展宏观和介观的数值离散方法之外,构造高精度格式在 CFD 研究领域也备受关注。当离散精度高于二阶时,这种数值格式被统称为高阶格式或者高精度格式。目前,无论是基于宏观模型的软件还是基于介观模型的软件,它们核心算法的空间离散都采用的是二阶精度格式。尽管二阶精度格式能够在解决许多流动问题时提供可接受的结果,但对于多尺度、非定常问题,需要一种同时具备稳定性、低耗散性、对小尺度结构的高分辨率和高效率特性的格式来精确捕捉不同尺度的流动结构。

本书针对高精度离散玻尔兹曼数值方法在流体力学中应用的问题,结合国内外相关的最新研究工作,整理汇总了作者近五年来取得的研究成果。本书内容主要包含不可压流动和可压缩流动两部分。第一部分包含不可压等温流、不可压热流和不可压多相流,详细介绍谱差分、通量重构和加权基本无振荡(weighted essentially non-oscillatory, WENO)格式与单相/热/多相格子玻尔兹曼方法、格子玻尔兹曼通量求解器以及离散统一气体动理学格式结合,发展用于不可压流问题的高精度玻尔兹曼方法。第二部分包含无黏可压缩流和黏性可压缩流,详细介绍通量重构及 WENO 格式与格子玻尔兹曼通量求解器和气体动理学通量求解器结合,发展用于可压缩流问题的高精度玻尔兹曼方法。

本书的主要研究工作是在国家自然科学基金项目(11622219、12072158)的资助下完成的,在研究过程中还得到了江苏省自然科学基金项目(BK20231437)的资助，以及航空航天结构力学及控制国家重点实验室、江苏省风力机设计高技术研究重点实验室和非定常流动与控制工信部重点实验室的大力支持。

特别感谢轻型通用航空飞行器技术江苏高校协同创新中心对本书出版的全额资助！同时，感谢课题组江斓、李美萱等的参与和协作。

限于作者的水平，书中难免存在不当之处，敬请读者和专家批评指正。

作　者

2023年10月

目　录

第1章　绪　　论

在过去的半个多世纪里,随着计算机技术的快速发展和数值方法的优化更新,计算流体力学(computational fluid dynamics, CFD)已经成为研究流动现象和分析物理机制的重要手段,是当代流体力学的重要分支之一。CFD 通过数值求解流体运动控制方程并结合初始条件和边界条件,获得流场中密度、速度、压强和温度等物理量的分布情况,进而分析流体流动的行为和内在的物理机制。目前,CFD 技术已经取得了显著的进步,在航空航天、船舶制造、汽车制造、气象预报以及微电子机械系统等领域得到了广泛的应用。

CFD 自诞生以来,已经涌现出了许多优秀的数值格式。其中包括直接基于 Euler 方程和 Navier-Stokes(N－S)方程进行离散求解的传统 CFD 方法[1-5],以及基于玻尔兹曼(Boltzmann)方程发展起来的介观方法[6-10]。传统 CFD 方法主要关注宏观流动现象,它们在工程应用中具有广泛的适用性。介观方法则是在传统 CFD 的基础上发展起来的,它们更加关注流体内部的微观结构和动态过程,在研究复杂流体现象时具有很高的准确性。

1.1　流体运动控制方程

在宏观层面上,流体的运动服从质量、动量和能量三大守恒定律,相应的数学表达式即为 N－S 方程组,其形式如下:

$$\frac{\partial \rho}{\partial t} + \nabla\cdot(\rho \boldsymbol{u}) = 0 \tag{1.1a}$$

$$\frac{\partial(\rho \boldsymbol{u})}{\partial t} + \nabla\cdot(\rho \boldsymbol{u}\boldsymbol{u} + p\boldsymbol{I}) = \mu\,\nabla\cdot[\nabla(\rho \boldsymbol{u}) + \nabla(\rho \boldsymbol{u})^{\mathrm{T}}] \tag{1.1b}$$

$$\frac{\partial(\rho E)}{\partial t} + \nabla\cdot[(\rho E + p)\boldsymbol{u}] = \nabla\cdot(\kappa\nabla T) + \mu\,\nabla\cdot\{\boldsymbol{u}\cdot[\nabla(\rho \boldsymbol{u}) + \nabla(\rho \boldsymbol{u})^{\mathrm{T}}]\} \tag{1.1c}$$

其中,

$$\begin{cases} p = \rho RT \\ E = \dfrac{1}{2}|\boldsymbol{u}|^2 + e \\ e = \dfrac{p}{(\gamma - 1)\rho} \end{cases} \tag{1.2}$$

式中，t 为时间；ρ、$\boldsymbol{u}$、p、T、E 和 e 分别为流体的密度、速度矢量、压强、温度、总能和内能；μ、κ、γ 和 R 分别为动力黏性系数、热传导系数、比热比和理想气体常数；$\boldsymbol{I}$ 为单位张量。

当忽略黏性影响时，令方程(1.1b)和方程(1.1c)的右端项为0，即可得到无黏的 Euler 方程。然而，无论是 N－S 方程还是 Euler 方程，它们都是高度非线性的。在绝大多数情况下，无法找到解析解。因此，必须通过各种数学手段对这些控制方程进行离散求解。常见的数值离散方法包括有限差分法(finite difference method, FDM)、有限体积法(finite volume method, FVM)、有限元法(finite element method, FEM)、边界元法和谱方法等。

1.2 数值离散方法

1.2.1 传统 CFD 方法

FDM 的基本思想是用差分近似微商，将微分形式的控制方程离散化成差分方程组，然后通过求解该方程组来获得方程的数值解。为了将微商离散化为差分近似，这种方法通常需要使用结构网格来划分流场。基于结构网格，FDM 非常容易构造出高精度格式，目前大多数对湍流的直接数值模拟都依赖于它。然而，结构网格通常只适用于简单的几何形状，对于复杂的几何形状，高质量的结构网格生成的工作量可能会非常大。此外，FDM 的离散过程通常是在计算空间中进行的，因此必须引入坐标变换，将物理空间映射到计算空间。这些因素使得 FDM 在工程中的应用受到了一定的限制。

相较于 FDM，FVM 在物理空间直接进行离散过程，无须引入坐标变换，因此更适合用于非结构网格，能够方便地处理任意复杂几何形状。正因为如此，FVM 在工程计算中得到了广泛的应用。McDonald[11] 首次使用 FVM 来求解二维无黏流动问题。该方法直接求解积分形式的控制方程，其中对流项和扩散项通过高斯散度定理转换为表面通量，用以表征控制体中守恒变量的变化。由于 FVM 通常从守恒型的控制方程出发，离散时较容易保证质量、动量和能量的守恒，因此更适合捕捉流动中出现的激波等间断解。但是，如果采用非结构网格，FVM 构造高精度的数值格式可能会面临挑战。

1. 可压缩流动

对于可压缩流动的模拟，无论是采用 FDM 还是 FVM，控制体表面通量的计算都显得尤为重要。这包括无黏通量和黏性通量。对于黏性通量，由于其具备椭圆型特征，一般采用简单的中心差分格式来计算即可。然而，对于无黏通量，其处理方法直接影响数值格式的稳定性和间断捕捉的精度。因此，传统的 CFD 技术主要围绕 Euler 方程的数值计算方法而不断发展。目前,常用的计算格式包括 Jameson 格式[12]、Roe 格式[13]、AUSM 格式[14]和 HLL 格式[15]等。

Jameson 格式[12]是一种以算术平均为基础的控制体表面通量计算方法,它通过二阶、四阶差分来引入人工黏性。二阶差分人工黏性项主要用于抑制激波附近的振荡,在光滑流动区域该项值较小。四阶差分人工黏性项主要用于衰减光滑流动区域的高频误差,以保证格式的收敛,在激波附近通过某种开关函数使得该项失效。对于低马赫数流动,Jameson 格式可以提供较为满意的结果,但对于超声速和高超声速流动,该格式的稳定性还有待提高。

为了提高超声速和高超声速流动问题的计算稳定性,人们提出了迎风格式的概念,在构造格式时就考虑了流动信息的传播特征。Roe 格式[13]是典型的迎风格式,它按照特征线的方向来计算控制体表面的通量。该格式属于 Godunov 类方法,即将单元界面视为不同的 Riemann 问题,通过近似求解 Riemann 问题来获得界面通量。Roe 格式具有较高的黏性分辨率,然而当其通量雅可比矩阵的特征值较小时,原始 Roe 格式会违反熵条件,产生所谓的“红宝石现象”等非物理解。随后,大量的科研工作者对原始 Roe 格式进行了改进。这些改进后的 Roe 格式已经被广泛应用于航空航天领域中流体流动问题的求解。

AUSM 格式同样属于迎风类格式,由 Liou 和 Steffen[14]首次提出。它与 Roe 格式的不同之处在于,AUSM 格式将无黏通量区分为对流项和压强项两类。对流项与流动速度有关,而压强项则与声速相关,并根据相应的特征值分别计算它们对通量的贡献。这种方法具有较高的间断分辨率和计算效率,同时还保持了较好的标量正值特性。自诞生以来,AUSM 格式已经经历了大量改进,衍生出了许多变种。目前,$AUSM^+$-up 格式[16]在 CFD 领域得到了广泛应用。

另一种广泛采用的无黏通量计算方法是 HLL 格式[15]或 HLLC 格式[17]。这两种格式都属于近似 Riemann 求解器,主要的区别在于 HLL 格式基于双激波近似,而 HLLC 格式采用三波模型来近似 Riemann 问题的解。这意味着在 HLLC 格式中,除了左右两侧的激波外,中间还有接触间断。相比于 HLL 格式,HLLC 格式能够更准确地捕捉激波、接触间断以及稀疏波,因此在低马赫数和跨声速流动计算中表现出色。然而,对于高马赫数强激波问题,由于 HLL 格式抹平了接触间断并提供了较大的数值黏性,因此计算的稳定性更好。

Roe 格式、AUSM 格式和 HLL 格式都基于 Riemann 问题来计算单元界面通量。因此,Riemann 问题的初始值重构方法直接影响这些格式的精度和稳定性。如果将 Riemann 问题的初始值设为界面左右两侧单元的平均值,就可以得到一阶精度的格式。这种格式的稳定性最好,但精度最低。为了提高格式的精度,van Leer[18]于 1979 年提出了 MUSCL 重构方法。采用 MUSCL 重构的 Riemann 问题初始值由一阶迎风部分和修正部分组成,在间断附近降为一阶精度格式,而在光滑区域保持高阶精度。为了保证格式的稳定性，Harten[19]于1983年提出了TVD的概念。满足TVD性质的格式具有严格的保单调性，在间断附近不会出现非物理解。然而，由于TVD性质的要求过于严格，格式的黏性较大，在非间断的极值附近也会导致格式降为一阶精度。

除了上述提及的算法之外，还有很多非常有前景的数值格式可以用于求解Euler方程和N-S方程。正是这些计算格式的出现和广泛应用，推动了CFD技术的持续发展。然而，需要指出的是，对于可压缩流动问题的求解，传统CFD格式的无黏通量和黏性通量通常需要分开处理。无黏通量采用相应的Riemann求解器来计算，而黏性通量则采用中心差分来获得。此外，对于多维问题，传统的CFD格式大多基于一维Euler方程的解来计算单元界面通量。也就是说，这些方法通常沿单元界面法线方向近似求解一维Riemann问题，以获取法向速度对通量的贡献。而切向速度的贡献则通过一些近似方法来获得。这样做的主要原因在于精确求解二维和三维Riemann问题非常困难。

2. *不可压流动*

对于不可压流动的模拟，最大的挑战在于速度和压强之间的耦合关系。压强仅出现在动量方程中，而速度则同时出现在连续方程和动量方程中。压强被视作约束变量而非发展变量，因此无法通过时间来推进求解。解决这个问题的主要方法有耦合法和分离法两种。耦合法的特点是同时求解速度和压强，其步骤包括设定初始物理变量、计算离散方程的系数及常数项，然后联立求解控制方程组，通过反复迭代计算以获得收敛结果。耦合法主要有三种形式：所有物理量的全局联立、部分物理量的全局联立以及所有物理量的局部联立。尽管如此，由于其计算效率低且需要大量内存空间，耦合法并未在模拟不可压流的工程问题中得到广泛应用。相反，分离法则能分别或连续地求解速度和压强场，从而减少了计算机内存和CPU时间的需求。因此，它一直是不可压流体模拟的主流方法。

依据是否直接求解方程的原始变量速度和压强，可以将分离法分为两类：原始变量法和非原始变量法。非原始变量法的主要思路是利用一些数值技术，如交叉微分，将压强从原始的控制方程组中消去，新的方程组求解的是变换后的物理量，如涡量和流函数[20]。这种方法的优点是可以避免压强隐式求解带来的麻烦，然而缺点也同样明显，例如壁面边界上的涡量或者旋度不易给出，需要的计算量和存储空间较大。当拓展到三维时，此类方法的复杂性大大增加，这些不足大大限制了非原始变量法的应用范围。目前广泛应用于工程实际不可压流的模拟方法是原始变量法。在过去的半个世纪里，出现了各种各样的原始变量法，归纳起来主要有三大类，分别为解压强泊松方程法、压强修正法和人工拟压缩法。

解压强泊松方程法的核心步骤是通过散度求解等方式将动量方程转化为压强泊松方程，然后迭代求解。在这一类方法中，最为成功的是MAC方法[21]和分步法[22,23]。MAC方法在每次迭代中同时求解压强泊松方程和动量方程。该方法最重要的历史意义在于提出了交错网格。这种技术适用于解决棋盘式压强分布的问题。原始MAC方法存在以下主要缺点：作为一种有限差分格式，需要边界形状规则；直接求解压强泊松方程不适用于复杂流动；当存在障碍物时，障碍物角落的网格边界条件变得复杂。为了解决上述问题并改善MAC算法的准确性和稳定性，研究者们发展了各种改进的MAC方法。分步法又称为投影法，其主要优点在于，在每个时间步骤中，只需要解一系列解耦的椭圆方程，即可求解速度和压强，这一特点使其在大规模数值模拟中具有高效性。投影方法可以分为三类，即压强校正格式、速度校正格式和一致分裂格式。近年来，投影法始终保持着快速发展的步伐。Aithal和Ferrante[24]发展了一种基于显式三阶龙格-库塔时间离散的投影法，每个时间步骤只需要解一次压强的泊松方程。Plasman等[25]提出了两种可用于可变黏度和纽曼边界的投影法。

压强修正法是各种商用CFD软件普遍采用的不可压流动数值模拟算法，其通过“预测-修正”反复迭代，使得速度和压强最终逼近真解。SIMPLE类算法是应用最广的压强修正法，最早由Patankar和Spalding[26]提出，其基本思想是，由给定的压强场求解离散的动量方程得到速度场，该速度场不满足连续方程，需要对压强场修正。通过把离散动量方程所建立的压强与速度的关系代入连续方程得到压强修正方程，求解该方程获得压强修正值，由修正后的压强场得到新的速度场，迭代至收敛。SIMPLE算法的理论基础有两个主要缺点：首先，初始压强场和速度场是分别设置的，初始条件不一定满足控制方程；其次，在推导压强修正方程时，忽略了相邻点的速度修正对压强的影响。尽管这样的理论缺陷不会影响最终收敛的解，但会对迭代计算的收敛过程产生不利影响。为了提高SIMPLE算法的收敛性和稳定性，研究人员提出了一系列改进的SIMPLE类算法[27-30]。SIMPLE类算法在模拟定常流动时效率较高，针对非定常流动，Issa[31]于1986年提出了PISO算法。PISO算法与SIMPLE算法的区别在于，SIMPLE算法是一个两步算法，包括预测步骤和修正步骤，而PISO算法增加了额外的修正步骤，使其成为一个包含两个修正步骤和一个预测步骤的算法。这种改变通过使用预测、修正和再修正的三个步骤，加速了单次迭代步骤的收敛速度。

压强泊松方程法和压强修正法都适用于严格满足不可压条件的连续方程，此时速度场的散度为0，声速无穷大，从而消除了压力波的扰动，使计算稳定性得到保证。然而，这两种方法都需要求解压强泊松方程，这是一个耗时且复杂的过程。为了避免这一问题，Chorin[32]提出了一种人工拟压缩方法。这种方法在处理不可压流动时考虑了一定程度的人工可压缩性。技术上，人工拟压缩方法用任意模型参数替代声速。通过在连续方程中引入一个人工压缩项和一项压强的虚拟时间导数，构建出压强的时间演化方程。然而，原始的人工拟压缩方法仅适用于定常流动场景,并且需要指定人工压缩因子作为经验参数,这不易给出。此外,由于存在压缩性,压强场会受到压力波的影响。在不可压条件下,实际流速远低于声速。为了确保数值稳定性,时间步长需要足够短以捕捉压力波的影响,导致实际流动所对应的 CFL 数较小,从而降低计算效率。这些缺点使得早期的人工拟压缩方法相比严格不可压方法没有明显优势。为了提高人工拟压缩方法的实际应用价值,学者们提出了一系列改进方案。例如,Clausen[33]基于热力学约束提出了一种熵阻尼的人工拟压缩(entropically damped artificial compressibility, EDAC)方法,能有效减少引起时间和空间振荡的声波传播。EDAC 使用压强扩散代替温度扩散来减少压强和速度的不良振荡。Delorme 等[34]基于 EDAC 方法开发了不可压流动求解器,并将其与传统投影法求解器在 MPI 并行环境下进行对比,结果显示 EDAC 求解器的效率更高。Kajzer 和 Pozorski[35]采用 EDAC 方法对槽道湍流进行直接数值模拟,实验结果与前人研究相符。Toutant[36]从可压缩 N-S 方程推导出精确通用的压强方程(general pressure equation, GPE),并将 GPE 与其他典型弱可压方法进行比较。结果显示 GPE 的误差更小。Shi 和 Lin[37]将 GPE 应用于壁湍流模拟中,并与双时间步长人工拟压缩方法进行 GPU 并行性能比较,研究表明 GPE 具有高效性。

1.2.2　介观方法

近年来,通过研究流体粒子的统计行为来描述流体宏观运动的介观方法已经得到了迅速发展。其中,基于 Boltzmann 方程的方法更是受到了广泛的关注。Boltzmann 方程相较于 Euler 方程和 N-S 方程更具普遍意义。通过 Chapman-Enskog 展开分析可以得知,由 Boltzmann 方程能够推导出 Euler 方程和 N-S 方程[38],甚至更高阶的 Burnett 方程[39]和 Super-Burnett 方程[40]。无论是传统的宏观方法还是介观方法,都是对同一物理现象的不同刻画方式。由于理论出发点的不同,两者在物理和数值计算方面存在明显区别。从物理角度看,介观方法不依赖连续介质假设,能够更好地揭示复杂流动的物理本质,并适用于从自由分子流动到连续流动的整个努森数范围[41,42]。在数值计算方面,介观方法求解的是粒子分布函数,其控制方程为 Boltzmann 方程。与非线性 N-S 方程相比,该方程的求解难度较小。此外,求解 Boltzmann 方程无须离散二阶偏导数项,使计算更为简便且适用于大规模并行计算。

基于 Boltzmann 方程的数值方法自诞生以来已有半个多世纪[43],其在理论和应用方面的研究都取得了很大的进展,已成为流体动力学仿真的重要方法。与传统 CFD 方法相比,基于 Boltzmann 方程的数值方法具有可以同时计算无黏通量和黏性通量的优势,而且法向速度和切向速度的贡献也可以同时考虑。从算法角度来看,基于 Boltzmann 方程的数值方法具有更好的一致性。这些优势吸引了众多学者研究和发展具有特色的介观方法。其中典型的有基于连续速度空间的气体动理学格式[44]、基于离散速度空间的格子 Boltzmann 方法[45]和离散统一气体动理学格式[46]等。此外,还有学者致力于介观方法和宏观方法之间的内在联系的研究,结合两者优点并摒弃缺点,发展出格子 Boltzmann 通量求解器[47]及格子 Boltzmann 模型的宏观重构方法[48,49]。目前,在许多领域,例如不可压流动、高超声速流动、湍流、多相流、多孔介质流、化学反应流、磁流体和稀薄流动等,基于 Boltzmann 方程的数值方法都已经取得了成功的应用并揭示了许多复杂物理现象的机理,推动了相关学科的发展。

1. 基于格子 Boltzmann 模型

对连续 Boltzmann 方程进行粒子速度空间离散,可得到离散速度 Boltzmann 方程(discrete velocity Boltzmann equation, DVBE),进一步对 DVBE 沿着离散后的粒子速度方向积分,可得到格子 Boltzmann 方程(lattice Boltzmann equation, LBE)。为了与其他基于连续 Boltzmann 方程的数值方法区分开来,将基于 DVBE 和 LBE 的数值方法统称为基于格子 Boltzmann 模型的数值方法。该类方法包含两个重要的组成部分:格子 Boltzmann 模型(LB 模型)和相应的数值算法。

传统的 LB 模型主要被用于解决不可压流动问题,例如经典的 $D2Q9$ 模型和 $D3Q15$ 模型[50]。在这些模型中,D 后的数字表示空间维度,Q 后的数字表示离散速度方向的个数。然而,对于可压缩流动,大多数 LB 模型的应用范围也只局限于中低马赫数[51-55]。这是因为这些模型主要是通过对 Maxwell(麦克斯韦)分布函数进行泰勒级数展开,并仅保留前几项来得到的。由于截断误差与马赫数相关,因此它们通常只适用于马赫数不太高的流动。此外,在这些模型中,由于约束条件所导出的方程个数往往少于模型中待定参数的个数,模型中不可避免地出现自由参数。在进行可压缩流动计算时,这些自由参数通常需要反复调节,这在工程应用中并不方便。

为了避免直接对 Maxwell 分布函数进行泰勒级数展开,Qu 等[56]提出了一种新的 LB 模型构造方法。他们首先利用简单的圆函数来代替复杂的 Maxwell 分布函数,将各阶矩关系在无穷域速度空间的积分变换为沿圆周的积分。然后,假定相应 LB 模型的模板,并通过分配函数将圆周上的质量、动量和能量分配到各格子点,使得积分形式的矩关系变为对各格子点的加权求和。最后,通过求解该离散形式的各阶矩关系来获得格子点上的函数值,该值即为对应格子点的平衡分布函数。基于这样的思想,Qu 等[56]构造了 $D1Q4L2$ 模型、$D1Q5L2$ 模型和 $D2Q13L2$ 模型。利用这些模型,他们成功模拟了激波管、激波反射和双马赫数反射等问题。但是,在他们的模型中,格子速度仍需要人为选定,且对于不同的问题选定的格子速度可能会不一致,这降低了模型的通用性。基于类似的想法,Li 等[57]利用球函数作为平衡分布函数,构造了三维无自由参数可压缩 LB 模型,并将其成功应用于一些简单的三维无黏可压缩流动问题的求解。Li 和 Zhong[58]将平衡分布函数分为密度分布函数和内能分布函数,同时利用 Qu 等[56]提出的圆函数,构造了 Prandtl 数可以任意调节的二维可压缩 LB 模型。此外,Zadehgol 和 Ashrafizaadeh[59]通过引进一个满足 H 理论的分布函数作为平衡分布函数也提出了一系列模型用于求解近不可压缩流动问题。

上述提及的 LB 模型大多是基于已知的平衡分布函数推导得出的,例如 Maxwell 分布函数、圆函数和球函数。它们预先假定了平衡分布函数的形式和 LB 模型的模板,然后利用各阶矩关系和辅助方程来确定模型的分布函数。这种方法可以被视为间接方法。与间接方法相反,如果直接将 LB 模型的分布函数视为未知量,通过各阶矩关系式来反求,这种方法即可视为直接方法。利用直接方法, McNamara 等[60]建立了一个含有 21 个方程的矩方程组来反求得到了热 LB 模型,而 Dellar[61]借助于一个含有 7 个方程的矩方程组推导得到了两个一维 LB 模型。然而,不幸的是,与 Kataoka 和 Tsutahara[54]、Qu 等[56]、Li 等[57]、Li 和 Zhong[58]、Zadehgol 和 Ashrafizaadeh[59]提出的模型类似,McNamara 等[60]和 Dellar[61]提出的模型同样需要事先人为选定格子速度。

此外,在上述 LB 模型中,粒子势能的定义各不相同。Kataoka 和 Tsutahara[54]以及 Dellar[61]将粒子势能定义为随格子速度变化的量,而 Qu 等[56]、Li 等[57]及 Li 和 Zhong[58]定义的粒子势能独立于格子速度。更为严重的是,这些 LB 模型并未对粒子势能的定义和取值给出明确的解释。鉴于此,Yang 等[62]通过理论推导阐明了粒子势能的定义可以独立于格子速度,并给出了满足恢复 Euler 方程和 N－S 方程所需的各阶矩关系。基于这些矩关系,他们利用直接方法建立了构造无自由参数可压缩 LB 模型的推导平台,并导出了一系列无自由参数可压缩 LB 模型用于求解无黏可压缩流动问题,包括 $D1Q3$ 模型、$D1Q4$ 模型、$D1Q5$ 模型、$D2Q8$ 模型和 $D2Q12$ 模型。同时,通过引入高阶的矩关系式,这些模型中的粒子速度可以利用物理方程来确定,而不需要人为给定。这克服了早期模型中需要事先人为选定格子速度的缺陷,使得提出的模型在高马赫数流动计算时更为稳定。

LBE 是一组线性代数方程,其求解相对简单,通常采用包含迁移-碰撞过程的格子 Boltzmann 方法(lattice Boltzmann method, LBM)[50]即可。这种方法避免了直接求解 N－S 方程时非线性对流项和黏性项的计算,因此算法非常简单,且不需要计算宏观量的导数。此外,利用 LBM 求解不可压黏性流动问题时还可以避开求解压强泊松方程,提高了计算效率。最后,由于迁移过程在所有离散速度方向同时发生,该方法还具备非常好的并行属性。然而,在标准 LBM 中,由于时间与空间的高度耦合,使得网格必须是对称均匀的。这不仅限制了 LBM 在模拟工程复杂几何外形方面的应用,同时也增加了 LBM 的计算量。同时,由于 LBM 的网格尺度和迁移时间步长相互关联,对于高雷诺数问题,通常需要采用非常密的网格,因而时间步长也必须取得很小,这极大地降低了它的计算效率。此外,LBM 在实施边界条件的时候,需要将宏观量的边界条件转换为分布函数的边界条件,这增加了边界条件实施的难度。

针对标准 LBM 必须采用对称均匀网格的问题,目前主要存在三种改善方法。首先,基于标准 LBM 的分块网格方法[63]是一种选择,其基本思想是在流场物理量变化剧烈、时空梯度较大的区域使用细网格,在其他区域使用粗网格,不同区域网格通过插值进行信息交换。然而,这种方法在处理不规则复杂外形时需要做几何近似。目前基于 LBM 的商业软件 PowerFlow 和开源软件 Palabos 都采用这类方法作为处理复杂几何和局部加密的手段。其次,基于插值的 LBM[64]是另一种选择。在该方法中,碰撞过程和标准 LBM 相同,而迁移过后粒子位置不再位于固定网格点上,需要进行插值来得到网格点上的分布函数。标准 LBM 的迁移不引入数值误差,而插值 LBM 的插值格式决定了该方法的准确性。类似地,Shu 等[65]提出一种泰勒展开和最小二乘的 LBM,在取得相同计算精度的前提下,该方法效率高于标准 LBM。Krämer 等[66]指出,基于插值的 LBM 本质上都是半拉格朗日的对流求解器。尽管如此,以前的方法并没有具备半拉格朗日方法的所有独特性质。他们发展了一种半拉格朗日 LBM(semi-Lagrangian lattice Boltzmann method, SLLBM),它可以使用大时间步长和高阶插值。SLLBM 通过有限元插值方法在出发点处重构分布函数,只需对空间算子进行一次演化即可执行大时间步长。最近,Krämer 等[67]基于 SLLBM 开发了一款开源代码库 NATriuM,并和标准 LBM 开源代码库 Palabos 做了比较,证明 NATriuM 更加高效。第三类方法是求解 DVBE[68-70]。由于传统的 FDM、FVM 和 FEM 在数值离散上有更好的灵活性,因此一些学者将 DVBE 在有限体积和有限元框架下进行了离散求解。然而相比标准 LBM,这类方法往往更为复杂,数值耗散更大。总的来说,对于以上三类方法,第一类方法仍然基于标准 LBM,后两类方法为非标准 LBM(off-lattice Boltzmann method, OLBM)。OLBM 不仅可以摆脱标准 LBM 的网格限制,还可以增强 LBM 的稳定性。

针对标准 LBM 在高雷诺数下稳定性较差的问题,目前主要有三种方法来增强其稳定性。第一类是改变碰撞模型,核心思想是利用基变换将碰撞算子应用于某种形式的矩,而不是直接应用于分布函数。这样,就可以为不同的可观测量附加不同的松弛参数。只要连续介质极限仍然有效,这些高阶矩就不会对物理过程产生影响。在需要时,可以对其进行衰减,以提高 LBM 的稳定性和准确性。这类模型被称为多松弛时间(multiple relaxation time, MRT)模型[71]。原始的 MRT 模型使用的是无权重的正交原始矩,后来研究者们将松弛应用于多种统计量,提出了一系列在低黏性下稳定性更好、更符合伽利略不变性的碰撞模型,如 Hermite 矩[72]、中心矩[73]、中心 Hermite 矩[74]等。这些基于矩的 MRT 模型有一个共同的缺陷:当不恰当地选择不同矩的松弛率时,会导致不准确的结果。最近,Geier 等[75]提出一种基于累积量的 LBM(cumulant lattice Boltzmann method, CLBM),解决了这一问题,并且累积量更有助于确保伽利略不变性和独立自由度的解耦。通过参数的调节,CLBM 可以获得四阶精度的耗散。Geier 等[76,77]应用 CLBM 进行了各向同性湍流以及高雷诺数球体绕流的模拟。第二类是熵 LBM(entropic lattice Boltzmann method, ELBM)[78,79],这类模型通过 Boltzmann H 函数的单调性和极小性使得熵增原理得以满足,确保了分布函数的正值性和无条件稳定性。在 ELBM 中,平衡态分布函数是在满足质量和动量守恒的条件下,由 Boltzmann H 函数的极小化推导而来。松弛时间是根据满足 Boltzmann H 定理的极小化的弛豫调节参数来进行调整的,其效果主要是在模型中局部增加黏性耗散。ELBM 极大地增强了标准 LBM 的稳定性,并且可以与 MRT 模型结合构造出稳定性更好的模型[80]。第三类是使用选择性空间过滤器[81,82]抑制高频振荡。Ricot 等[81]提出了三种不同的策略,将一些广泛使用的显式滤波模板结合到 LBM 中,分别为完全过滤、过滤宏观量和过滤碰撞算子。这三种滤波方法只需要对标准的 LBM 进行少量修改。Marié 和 Gloerfelt[82]提出了一种基于自适应选择性滤波方法。由于在剪切应力区域可能会发生数值不稳定,因此该模型限制了在剪切应力区域使用空间滤波技术。

对于可压缩流动问题,目前大多数基于 LB 模型的数值方法都是针对 DVBE 来建立。Kataoka 和 Tsutahara[54]采用 Crank-Nicolson 格式来求解 DVBE。Qu 等[56]采用二阶 TVD 格式和三阶 MUSCL 格式结合 van Albada 限制器来求解 DVBE。Li 等[57]则引进了用于刚性问题的数值方法——IMEX 龙格-库塔方法来求解 DVBE。这些方法主要针对结构网格进行研究,但也有部分学者对非结构网格进行了探索,如 Hejranfar 和 Ghaffarian[83]和 Xu 等[84]。然而,基于 DVBE 的方法在应用于高维问题时,由于离散速度方向个数一般要多于守恒变量个数,且平衡分布函数的形式极为复杂,其计算效率通常比传统 CFD 方法低很多。此外,由于 DVBE 中的松弛时间通常很小,导致迭代时间步长也必须取得很小。最后,基于 DVBE 的方法在处理边界条件时同样需要将宏观量的边界条件变换为分布函数的边界条件,增加了边界条件实施的难度。

Ji 等[85]提出了一种局部利用 LBE 解来计算单元界面无黏通量的数值方法,这种方法被称为格子 Boltzmann 通量求解器(lattice Boltzmann flux solver, LBFS)。该方法在单元界面处局部利用迁移过程来获得界面上的分布函数,这个过程相当于求解以分布函数为自变量的 Riemann 问题,然后利用界面上的分布函数来计算界面的无黏通量。大量数值试验表明该方法可被成功用于模拟强激波流动问题,而且不会出现“红宝石”等激波不稳定现象。此外,由于实际求解的控制方程仍为 Euler 方程,该方法还避开了迭代时间步长要小于松弛时间和必须利用分布函数来实施边界条件的限制,其计算效率与传统 CFD 方法相当。但是,由于在构造单元界面上分布函数的时候没有考虑碰撞过程的影响,该方法的数值黏性较大,而且数值黏性在流场中的分布不可控。因此,LBFS推广到黏性流动计算的时候,会出现边界层等光滑区域不能准确捕捉的缺陷。为了克服这一不足,Shu等[47]提出了黏性LBFS用于求解不可压黏性流动。他们在局部利用LBE解来计算单元界面通量的时候,同时考虑了迁移和碰撞过程的影响,碰撞过程对应于真实的物理黏性,因而该通量求解器本身没有引入任何的人工黏性。这对于求解不可压流动问题是非常有利的,只要插值过程能够保证二阶精度,则数值模拟时就基本上能达到二阶精度。Wang等[86-88]成功地将该方法应用到了热流问题、多相流问题和动边界问题等。然而,Wang等[86-88]的方法并不适合于求解可压缩流动问题。一方面是因为其使用的LB模型为不可压的*D2Q9*和*D3Q15*模型,另一方面是其在构造单元界面通量的过程中没有引入合适的人工黏性。因此,对于含有强间断的问题该方法可能会失效。

2. 基于连续Boltzmann模型

基于连续Boltzmann模型的数值方法通常被称为气体动理学格式(gas kinetic scheme, GKS)。在过去的近三十年中,GKS发展迅速,已成为求解流体流动问题的一种优秀格式。这是因为该方法通过利用连续Boltzmann方程(物理方程)的局部解来计算单元界面的通量,而不是通过数值离散化进行近似,因此更有可能避免出现诸如“红宝石”之类的非物理现象。此外,由于求解的控制方程仍然是Euler方程或N-S方程,因此GKS的效率与传统CFD方法基本相当。鉴于此,GKS已经受到了越来越多学者的关注,并在许多应用领域取得了成果[89-92]。

在GKS家族中,最常见的两种格式是动理学通量矢量分裂格式(kinetic flux vector splitting, KFVS)和动理学BGK格式。最早的GKS是由Pullin[93]于1980年提出的,旨在求解无黏可压缩流动问题。通过对分布函数的各阶矩进行积分,就可以获得单元界面上的无黏通量。通过求解无碰撞Boltzmann方程,Mandal和Deshpande[94]也提出了类似的格式用于求解无黏流动,并将其命名为KFVS格式。随后,Chou和Baganoff[95]进一步发展了KFVS格式,将其推广应用到了黏性流动计算。在KFVS格式中,由于通量表达式为马赫数的光滑函数,因此不需要其他措施来保证通量函数的光滑性,它的正定性已经被相关学者证明[94,96]。因此,利用KFVS格式求解流动问题时,任意时刻流场中任何位置的密度、压强和内能可以始终保持为正值。这也是为什么该方法可以很好地捕捉强激波的主要原因之一。然而,尽管KFVS格式具有诸多优点,但对于黏性流动,它的精度通常低于传统CFD方法中的Roe格式[13]和AUSM格式[14]。这可能是由于KFVS格式的数值黏性与网格尺寸成正比所导致的[97]。只有当物理黏性远大于数值黏性时,该方法才能给出正确的结果。对于高雷诺数问题,由于物理黏性通常很小,如果想要通过KFVS格式获得精确的数值解,必须将网格尺度设置得非常小。这将使得该方法的计算量变得不可承受。

为了提高 KFVS 格式求解黏性流动问题的精度，Prendergast 和 Xu[97]、Chae 等[98]、Xu[99]、Ohwada[100]以及其他一些研究人员[101,102]，都提出了所谓的动理学 BGK 格式。相较于 KFVS 格式，动理学 BGK 格式利用真实的松弛时间来实施碰撞步，这种松弛时间是动力黏性系数和压强的函数。由于气体的演化过程是一个从非平衡态到平衡态的过程，因此动理学 BGK 格式可以确保熵增条件始终满足[99]。在光滑区域使用动理学 BGK 格式可以获得精确的 N－S 方程解；而在间断区域，通过巧妙设计的人工黏性机制，可以获得稳定且陡峭的激波解。由于动理学 BGK 格式具有这样的优点，它已被广泛应用于各种流动问题，包括低速流动、磁流体、化学反应流、稀薄流动动态、可压缩流动、复杂几何三维流动等。但是，现有的 GKS（包括 KFVS 格式和动理学 BGK 格式）大多是基于 Maxwell 分布函数或其等价形式进行构造的，这使得理论推导相当复杂，而且计算量也比传统 CFD 方法[13-17]要大。Tang[103]曾指出，当利用动理学 BGK 格式求解二维黏性流动问题时，需要计算大量与物理空间和相速度空间相关的系数。这些系数的数量之多，几乎占据了 8 页 A4 纸的版面，使得该格式变得非常复杂。同时，Chae 等[98]也指出，对于二维黏性流动问题，使用动理学 BGK 格式所需的计算时间大约为传统 CFD 方法的 1.5 倍。

参考文献

[1] Anderson J D. Computational fluid dynamics: The basics with applications[M]. New York: McGraw-Hill, 1995.

[2] Ferziger J H, Perić M, Street R L. Computational methods for fluid dynamics[M]. Berlin: Springer, 2002.

[3] Toro E F. Riemann solvers and numerical methods for fluid dynamics: A practical introduction[M]. Berlin: Springer, 2009.

[4] Blazek J. Computational fluid dynamics: Principles and applications[M]. Oxford: Butterworth-Heinemann, Elsevier, 2015.

[5] 傅德薰，马延文. 计算流体力学[M]. 北京：高等教育出版社，2002.

[6] Succi S. The lattice Boltzmann equation: For fluid dynamics and beyond[M]. Oxford: Oxford University Press, 2001.

[7] Mohamad A A. Lattice Boltzmann method: Fundamentals and engineering applications with computer codes[M]. London: Springer, 2011.

[8] Guo Z, Shu C. Lattice Boltzmann method and its applications in engineering[M]. Singapore: World Scientific Publishing, 2013.

[9] Xu K. Direct modeling for computational fluid dynamics: Construction and application of unified Gas-Kinetic schemes[M]. Singapore: World Scientific Publishing, 2015.

[10] 何雅玲，王勇，李庆. 格子 Boltzmann 方法的理论及其应用[M]. 北京：科学出版社，2008.

[11] McDonald P W. The computation of transonic flow through two-dimensional gas turbine cascades[C]//ASME 1971 International Gas Turbine Conference and Products Show,

Houston, 1971.

[12] Jameson A. Time dependent calculations using multigrid, with applications to unsteady flows past airfoils and wings[C]//AIAA 10th Computational Fluid Dynamics Conference, Honolulu, 1991.

[13] Roe P L. Approximate Riemann solvers, parameter vectors, and difference schemes[J]. Journal of Computational Physics, 1981, 43(2): 357-372.

[14] Liou M S, Steffen C J. A new flux splitting scheme[J]. Journal of Computational Physics, 1993, 107(1): 23-39.

[15] Harten A, Lax P D, van Leer B. On upstream differencing and Godunov-type schemes for hyperbolic conservation laws[J]. SIAM Review, 1983, 25(1): 35-61.

[16] Liou M S. A sequel to AUSM, Part II: AUSM$^+$-up for all speeds[J]. Journal of Computational Physics, 2006, 214(1): 137-170.

[17] Toro E F, Spruce M, Speares W. Restoration of the contact surface in the HLL-Riemann solver [J]. Shock Waves, 1994, 4(1): 25-34.

[18] van Leer B. Towards the ultimate conservative difference scheme. V. A second-order sequel to Godunov's method[J]. Journal of Computational Physics, 1979, 32(1): 101-136.

[19] Harten A. High resolution schemes for hyperbolic conservation laws [J]. Journal of Computational Physics, 1983, 49(3): 357-393.

[20] Speziale C G. On the advantages of the vorticity-velocity formulation of the equations of fluid dynamics[J]. Journal of Computational Physics, 1987, 73(2): 476-480.

[21] Harlow F H, Welch J E. Numerical calculation of time-dependent viscous incompressible flow of fluid with free surface[J]. Physics of Fluids, 1965, 8(12): 2182-2189.

[22] Chorin A J. Numerical solution of the Navier-Stokes equations [J]. Mathematics of Computation, 1968, 22(104): 745-762.

[23] Kim J, Moin P. Application of a fractional-step method to incompressible Navier-Stokes equations[J]. Journal of Computational Physics, 1985, 59(2): 308-323.

[24] Aithal A, Ferrante A. A fast pressure-correction method for incompressible flows over curved walls[J]. Journal of Computational Physics, 2020, 421: 109693.

[25] Plasman L, Deteix J, Yakoubi D. A projection scheme for Navier-Stokes with variable viscosity and natural boundary condition[J]. International Journal for Numerical Methods in Fluids, 2020, 92(12): 1845-1865.

[26] Patankar S V, Spalding D B. A calculation procedure for heat, mass and momentum transfer in three-dimensional parabolic flows[J]. International Journal of Heat and Mass Transfer, 1972, 15(10): 1787-1806.

[27] Rhie C M, Chow W L. Numerical study of the turbulent flow past an airfoil with trailing edge separation[J]. AIAA Journal, 1983, 21(11): 1525-1532.

[28] Mathur S R, Murthy J Y. A pressure-based method for unstructured meshes[J]. Numerical Heat Transfer, Part B: Fundamentals, 1997, 31(2): 195-215.

[29] Xue S C, Barton G W. Implementation of boundary conditions and global mass conservation in pressure-based finite volume method on unstructured grids for fluid flow and heat transfer simulations[J]. International Journal of Heat and Mass Transfer, 2012, 55(19-20): 5233-

5243.

[30] Li J, Zhang Q, Zhai Z Q. An efficient SIMPLER-revised algorithm for incompressible flow with unstructured grids[J]. Numerical Heat Transfer, Part B: Fundamentals, 2017, 71(5): 425-442.

[31] Issa R I. Solution of the implicitly discretised fluid flow equations by operator-splitting[J]. Journal of Computational Physics, 1986, 62(1): 40-65.

[32] Chorin A J. A numerical method for solving incompressible viscous flow problems[J]. Journal of Computational Physics, 1967, 2(1): 12-26.

[33] Clausen J R. Entropically damped form of artificial compressibility for explicit simulation of incompressible flow[J]. Physical Review E, 2013, 87(1): 013309.

[34] Delorme Y T, Puri K, Nordstrom J, et al. A simple and efficient incompressible Navier-Stokes solver for unsteady complex geometry flows on truncated domains[J]. Computers & Fluids, 2017, 150: 84-94.

[35] Kajzer A, Pozorski J. Application of the entropically damped artificial compressibility model to direct numerical simulation of turbulent channel flow[J]. Computers & Mathematics with Applications, 2018, 76(1): 997-1013.

[36] Toutant A. Numerical simulations of unsteady viscous incompressible flows using general pressure equation[J]. Journal of Computational Physics, 2018, 374: 822-842.

[37] Shi X, Lin C A. Simulations of wall bounded turbulent flows using general pressure equation [J]. Flow, Turbulence and Combustion, 2020, 105: 67-82.

[38] Moschetta J M, Pullin D I. A robust low diffusive kinetic scheme for the Navier-Stokes/Euler equations[J]. Journal of Computational Physics, 1997, 133(2): 193-204.

[39] Ohwada T, Xu K. The kinetic scheme for the full-Burnett equations [J]. Journal of Computational Physics, 2004, 201(1): 315-332.

[40] Xu K. Super-Burnett solutions for Poiseuille flow[J]. Physics of Fluids, 2003, 15(7): 2077-2080.

[41] Xu K, Huang J C. A unified gas-kinetic scheme for continuum and rarefied flows[J]. Journal of Computational Physics, 2010, 229(20): 7747-7764.

[42] Guo Z, Xu K, Wang R J. Discrete unified gas kinetic scheme for all Knudsen number flows: Low-speed isothermal case[J]. Physical Review E, 2013, 88(3): 033305.

[43] Chu C K. Kinetic-theoretic description of the formation of a shock wave[J]. Physics of Fluids, 1965, 8(1): 12-22.

[44] Reitz R D. One-dimensional compressible gas dynamics calculations using the Boltzmann equation[J]. Journal of Computational Physics, 1981, 42(1): 108-123.

[45] Chen S, Doolen G D. Lattice Boltzmann method for fluid flows[J]. Annual Review of Fluid Mechanics, 1998, 30: 329-364.

[46] Guo Z, Xu K. Progress of discrete unified gas-kinetic scheme for multiscale flows [J]. Advances in Aerodynamics, 2021, 3: 6.

[47] Shu C, Wang Y, Teo C J, et al. Development of lattice Boltzmann flux solver for simulation of incompressible flows[J]. Advances in Applied Mathematics and Mechanics, 2014, 6(4): 436-460.

[48] Chen Z, Shu C, Wang Y, et al. A simplified lattice Boltzmann method without evolution of distribution function[J]. Advances in Applied Mathematics and Mechanics, 2017, 9(1): 1-22.

[49] Lu J, Lei H, Shu C, et al. The more actual macroscopic equations recovered from lattice Boltzmann equation and their applications[J]. Journal of Computational Physics, 2020, 415: 109546.

[50] Qian Y H, D'Humières D, Lallemand P. Lattice BGK models for Navier-Stokes equation[J]. Europhysics Letters, 1992, 17(6): 479-484.

[51] Chen Y, Ohashi H, Akiyama M. Thermal lattice Bhatnagar-Gross-Krook model without nonlinear deviations in macrodynamic equations[J]. Physical Review E, 1994, 50(4): 2776-2783.

[52] Yan G, Chen Y, Hu S. Simple lattice Boltzmann model for simulating flows with shock wave [J]. Physical Review E, 1999, 59(1): 454-459.

[53] Sun C H. Simulations of compressible flows with strong shocks by adaptive lattice Boltzmann model[J]. Journal of Computational Physics, 2000, 161(1): 70-84.

[54] Kataoka T, Tsutahara M. Lattice Boltzmann method for the compressible Euler equations[J]. Physical Review E, 2004, 69(5): 056702.

[55] Watari M, Tsutahara M. Possibility of constructing a multispeed Bhatnagar-Gross-Krook thermal model of the lattice Boltzmann method [J]. Physical Review E, 2004, 70 (1): 016703.

[56] Qu K, Shu C, Chew Y T. Alternative method to construct equilibrium distribution functions in lattice-Boltzmann method simulation of inviscid compressible flows at high Mach number[J]. Physical Review E, 2007, 75(3): 036706.

[57] Li Q, He Y L, Wang Y, et al. Three-dimensional non-free-parameter lattice-Boltzmann model and its application to inviscid compressible flows[J]. Physics Letters A, 2009, 373(25): 2101-2108.

[58] Li K, Zhong C. A lattice Boltzmann model for simulation of compressible flows [J]. International Journal for Numerical Methods in Fluids, 2015, 77(6): 334-357.

[59] Zadehgol A, Ashrafizaadeh M. Introducing a new kinetic model which admits an H-theorem for simulating the nearly incompressible flows[J]. Journal of Computational Physics, 2014, 274: 803-825.

[60] McNamara G R, Garcia A L, Alder B J. Stabilization of thermal lattice Boltzmann models[J]. Journal of Statistical Physics, 1995, 81(1-2): 395-408.

[61] Dellar P J. Two routes from the Boltzmann equation to compressible flow of polyatomic gases [J]. Progress in Computational Fluid Dynamics, 2008, 8(1-4): 84-96.

[62] Yang L M, Shu C, Wu J. Development and comparative studies of three non-free parameter lattice Boltzmann models for simulation of compressible flows [J]. Advances in Applied Mathematics and Mechanics, 2012, 4(4): 454-472.

[63] Yu D, Mei R, Shyy W. A multi-block lattice Boltzmann method for viscous fluid flows[J]. International Journal for Numerical Methods in Fluids, 2002, 39(2): 99-120.

[64] He X, Doolen G. Lattice Boltzmann method on curvilinear coordinates system: Flow around a

circular cylinder[J]. Journal of Computational Physics, 1997, 134(2): 306 - 315.

[65] Shu C, Niu X D, Chew Y T. Taylor series expansion and least-square-based lattice Boltzmann method: Two-dimensional formulation and its applications[J]. Physical Review E, 2002, 65(3): 036708.

[66] Krämer A, Küllmer K, Reith D, et al. Semi-Lagrangian off-lattice Boltzmann method for weakly compressible flows[J]. Physical Review E, 2017, 95(2): 023305.

[67] Krämer A, Wilde D, Küllmer K. Lattice Boltzmann simulations on irregular grids: Introduction of the NATriuM library[J]. Computers & Mathematics with Applications, 2020, 79(1): 34 - 54.

[68] Mei R, Shyy W. On the finite difference-based lattice Boltzmann method in curvilinear coordinates[J]. Journal of Computational Physics, 1998, 143(2): 426 - 448.

[69] Ubertini S, Succi S. Recent advances of lattice Boltzmann techniques on unstructured grids[J]. Progress in Computational Fluid Dynamics, 2005, 5(1 - 2): 85 - 96.

[70] Düster A, Demkowicz L, Rank E. High-order finite elements applied to the discrete Boltzmann equation[J]. International Journal for Numerical Methods in Engineering, 2006, 67(8): 1094 - 1121.

[71] Lallemand P, Luo L S. Theory of the lattice Boltzmann method: Dispersion, dissipation, isotropy, Galilean invariance, and stability[J]. Physical Review E, 2000, 61(6): 6546 - 6562.

[72] Shan X, Yuan X F, Chen H. Kinetic theory representation of hydrodynamics: A way beyond the Navier-Stokes equation[J]. Journal of Fluid Mechanics, 2006, 550: 413 - 441.

[73] Ning Y, Premnath K N, Patil D V. Numerical study of the properties of the central moment lattice Boltzmann method[J]. International Journal for Numerical Methods in Fluids, 2016, 82(2): 59 - 90.

[74] De Rosis A, Luo K H. Role of higher-order Hermite polynomials in the central-moments-based lattice Boltzmann framework[J]. Physical Review E, 2019, 99(1): 013301.

[75] Geier M, Schönherr M, Pasquali A, et al. The cumulant lattice Boltzmann equation in three dimensions: Theory and validation[J]. Computers & Mathematics with Applications, 2015, 70(4): 507 - 547.

[76] Geier M, Pasquali A, Schönherr M. Parametrization of the cumulant lattice Boltzmann method for fourth order accurate diffusion part II: Application to flow around a sphere at drag crisis[J]. Journal of Computational Physics, 2017, 348: 889 - 898.

[77] Geier M, Lenz S, Schönherr M, et al. Under-resolved and large eddy simulations of a decaying Taylor-Green vortex with the cumulant lattice Boltzmann method[J]. Theoretical and Computational Fluid Dynamics, 2021, 35: 169 - 208.

[78] Mazloomi M A, Chikatamarla S S, Karlin I V. Entropic lattice Boltzmann method for multiphase flows[J]. Physical Review Letters, 2015, 114(17): 174502.

[79] Hosseini S A, Atif M, Ansumali S. Entropic lattice Boltzmann methods: A review[J]. Computers & Fluids, 2023, 259: 105884.

[80] Hosseini S A, Dorschner B, Karlin I V. Entropic multi-relaxation-time lattice Boltzmann model for large density ratio two-phase flows[J]. Communications in Computational Physics, 2023,

33(1): 39 - 56.

[81] Ricot D, Marié S, Sagaut P, et al. Lattice Boltzmann method with selective viscosity filter[J]. Journal of Computational Physics, 2009, 228(12): 4478 - 4490.

[82] Marié S, Gloerfelt X. Adaptive filtering for the lattice Boltzmann method[J]. Journal of Computational Physics, 2017, 333: 212 - 226.

[83] Hejranfar K, Ghaffarian A. A high-order accurate unstructured spectral difference lattice Boltzmann method for computing inviscid and viscous compressible flows[J]. Aerospace Science and Technology, 2020, 98: 105661.

[84] Xu L, Chen R, Cai X C. Parallel finite-volume discrete Boltzmann method for inviscid compressible flows on unstructured grids[J]. Physical Review E, 2021, 103(2): 023306.

[85] Ji C Z, Shu C, Zhao N. A lattice Boltzmann method-based flux solver and its application to solve shock tube problem[J]. Modern Physics Letters B, 2009, 23(3): 313 - 316.

[86] Wang Y, Shu C, Teo C J. Thermal lattice Boltzmann flux solver and its applications for simulation of incompressible thermal flows[J]. Computers & Fluids, 2014, 94: 98 - 111.

[87] Wang Y, Shu C, Huang H B, et al. Multiphase lattice Boltzmann flux solver for incompressible multiphase flows with large density ratio[J]. Journal of Computational Physics, 2015, 280: 404 - 423.

[88] Wang Y, Shu C, Teo C J, et al. An immersed boundary-lattice Boltzmann flux solver and its applications to fluid-structure interaction problems[J]. Journal of Fluids and Structures, 2015, 54: 440 - 465.

[89] Tang H Z. Gas-kinetic schemes for compressible flow of real gases[J]. Computers & Mathematics with Applications, 2001, 41(5 - 6): 723 - 734.

[90] Tian C T, Xu K, Chan K L, et al. A three-dimensional multidimensional gas-kinetic scheme for the Navier-Stokes equations under gravitational fields[J]. Journal of Computational Physics, 2007, 226(2): 2003 - 2027.

[91] Righi M. A gas-kinetic scheme for turbulent flow[J]. Flow, Turbulence and Combustion, 2016, 97(1): 121 - 139.

[92] Zhao F, Ji F, Shyy W, et al. A compact high-order gas-kinetic scheme on unstructured mesh for acoustic and shock wave computations[J]. Journal of Computational Physics, 2022, 449: 110812.

[93] Pullin D I. Direct simulation methods for compressible inviscid ideal-gas flow[J]. Journal of Computational Physics, 1980, 34(2): 231 - 244.

[94] Mandal J C, Deshpande S M. Kinetic flux vector splitting for Euler equations[J]. Computers & Fluids, 1994, 23(2): 447 - 478.

[95] Chou S Y, Baganoff D. Kinetic flux-vector splitting for the Navier-Stokes equations[J]. Journal of Computational Physics, 1997, 130(2): 217 - 230.

[96] Tao T, Xu K. Gas-kinetic schemes for the compressible Euler equations: Positivity-preserving analysis[J]. Zeitschrift für angewandte Mathematik und Physik, 1999, 50(2): 258 - 281.

[97] Prendergast K H, Xu K. Numerical hydrodynamics from gas-kinetic theory[J]. Journal of Computational Physics, 1993, 109(1): 53 - 66.

[98] Chae D, Kim C, Rho O H. Development of an improved gas-kinetic BGK scheme for inviscid

and viscous flows[J]. Journal of Computational Physics, 2000, 158(1): 1 – 27.

[99] Xu K. A gas-kinetic BGK scheme for the Navier-Stokes equations and its connection with artificial dissipation and Godunov method[J]. Journal of Computational Physics, 2001, 171(1): 289 – 335.

[100] Ohwada T. On the construction of kinetic schemes[J]. Journal of Computational Physics, 2002, 177(1): 156 – 175.

[101] Yang J Y, Muljadi B P, Chen S Y, et al. Kinetic numerical methods for solving the semiclassical Boltzmann-BGK equation[J]. Computers & Fluids, 2013, 85: 153 – 165.

[102] Sun Y, Shu C, Teo C J, et al. Explicit formulations of gas-kinetic flux solver for simulation of incompressible and compressible viscous flows[J]. Journal of Computational Physics, 2015, 300: 492 – 519.

[103] Tang L. Progress in gas-kinetic upwind schemes for the solution of Euler/Navier-Stokes equations-I: Overview[J]. Computers & Fluids, 2012, 56: 39 – 48.

第2章 动理学方程

在宏观行为下，流体实际上是由大量的粒子(原子或分子)组成。这些粒子的运动是随机的，并伴随着相互碰撞。宏观连续性假设在描述微观尺度上的随机行为时将会失效。为了充分理解流体系统，应当利用其他数值模型来解释这些流体粒子的运动规律。直接对这类微观运动进行建模，可以得到众所周知的分子动力学方法。尽管这种方法在某类问题(如纳米流)中得到了成功应用，但由于其对计算资源的高需求，在处理大规模问题时存在局限性。一种替代且更有效的解决方案是描述粒子运动的概率，而不是直接追踪单个粒子，这推动了动理学理论和相关的统计力学领域的发展。

2.1 玻尔兹曼方程

2.1.1 连续玻尔兹曼方程

动理学理论是在介观尺度上确立的。它本质上描述了具有相空间概率分布函数$f_N(\boldsymbol{Q}, \boldsymbol{P}, t)$的$N$体流体系统的集体行为。相空间是一个高维空间，它标识了所有可能的位置变量和动量变量。这里，$(\boldsymbol{Q}, \boldsymbol{P})$是$6N$维相空间中的广义坐标，其中$\boldsymbol{Q}=(\boldsymbol{q}_1, \boldsymbol{q}_2, \cdots, \boldsymbol{q}_N)$是$N$个粒子的$3N$空间坐标，$\boldsymbol{P}=(\boldsymbol{p}_1, \boldsymbol{p}_2, \cdots, \boldsymbol{p}_N)$表示$3N$共轭动量。分布函数$f_N$的演化遵循 Liouville 定理，该定理确保在相空间的任何轨迹上，分布函数保持恒定。相应的 Liouville 方程为[1]

$$\frac{\partial f_N}{\partial t}+\sum_{i=1}^{N}\left(\frac{\partial f_N}{\partial \boldsymbol{q}_i}\cdot\frac{\boldsymbol{p}_i}{m}+\frac{\partial f_N}{\partial \boldsymbol{p}_i}\cdot\boldsymbol{F}_i\right)=0 \tag{2.1}$$

式中，t为时间；m为粒子的质量；$\boldsymbol{F}_i$为作用在第i个粒子上的合力。直接求解式(2.1)难度很大。如果仅使用一阶截断的近似方程时，便可得到关于速度分布函数f的 Boltzmann 方程。这里，f定义为

$$f(\boldsymbol{x}, \boldsymbol{\xi}, t)=mNF_1(\boldsymbol{q}_1, \boldsymbol{p}_1, t) \tag{2.2}$$

式中，$\boldsymbol{x}=\boldsymbol{q}_1$和$\boldsymbol{\xi}=\boldsymbol{p}_1/m$分别为粒子的位置和速度；$F_1$为$f_N$的第一约化分布函数$\left(F_1=\int f_N \mathrm{d}\boldsymbol{q}_2\mathrm{d}\boldsymbol{p}_2\cdots\mathrm{d}\boldsymbol{q}_N\mathrm{d}\boldsymbol{p}_N\right)$。这样，原始的相空间$(\boldsymbol{q}_1, \boldsymbol{p}_1)$现在可以通过物理空间

$\boldsymbol{x}$ 和粒子速度空间 $\boldsymbol{\xi}$ 来表示。

根据速度分布函数(2.2)的定义,并忽略作用在粒子上的外力,Liouville 方程(2.1)可以简化为连续 Boltzmann 方程(continuous Boltzmann equation, CBE),即

$$\frac{\partial f}{\partial t} + \boldsymbol{\xi} \cdot \nabla f = \Omega(f, f) \tag{2.3}$$

式中,Ω 为 f 的变化率,它是由二元分子碰撞而导致的。当求得速度分布函数之后,流体密度 ρ、速度 $\boldsymbol{u}$ 和内能 e 可以用 f 的各阶矩关系来确定,即

$$\begin{cases} \rho = \int f \mathrm{d}\boldsymbol{\xi} \\ \rho \boldsymbol{u} = \int \boldsymbol{\xi} f \mathrm{d}\boldsymbol{\xi} \\ \rho e = \int \dfrac{C^2}{2} f \mathrm{d}\boldsymbol{\xi} \end{cases} \tag{2.4}$$

式中,C 为脉动速度 $\boldsymbol{C} = \boldsymbol{\xi} - \boldsymbol{u}$ 的取值($C = |\boldsymbol{C}|$)。另外,应力张量 $\boldsymbol{\tau}$ 和热通量 $\boldsymbol{q}$ 也可以由 f 确定:

$$\begin{cases} \boldsymbol{\tau} = \int \boldsymbol{C}\boldsymbol{C} f \mathrm{d}\xi \\ \boldsymbol{q} = \int \dfrac{C^2}{2} \boldsymbol{C} f \mathrm{d}\boldsymbol{\xi} \end{cases} \tag{2.5}$$

根据某些假设,关于流体密度、速度和内能的演化方程(即宏观流动控制方程)可以从连续 Boltzmann 方程(2.3)导出。

2.1.2 麦克斯韦分布函数和 BGK 碰撞模型

在连续 Boltzmann 方程(2.3)中,碰撞算子 Ω 是 f 的二元积分函数,它能保持质量、动量和能量的守恒:

$$\int \varphi_i(\boldsymbol{\xi}) f(\boldsymbol{x}, \boldsymbol{\xi}, t) \mathrm{d}\boldsymbol{\xi} = 0,\ i = 1,\ 2,\ 3 \tag{2.6}$$

式中,$\varphi_1 = 1$, $\varphi_2 = \boldsymbol{\xi}$, $\varphi_3 = \boldsymbol{\xi} \cdot \boldsymbol{\xi}/2$。定义 H 函数为 $H = \int f \ln f \mathrm{d}\boldsymbol{x} \mathrm{d}\boldsymbol{\xi}$, 从连续 Boltzmann 方程(2.3)可以看出,H 函数随时间单调递减(H 定理)[2],即

$$\frac{\mathrm{d}H}{\mathrm{d}t} = \frac{\partial H}{\partial t} + \boldsymbol{\xi} \cdot \nabla H \leqslant 0 \tag{2.7}$$

上式的等号只有在系统达到热力学平衡状态时才成立。此时,相应的平衡分布函数f^{eq}为 Maxwell 分布函数:

$$f^{eq} = \rho \frac{1}{(2\pi RT)^{3/2}} \exp\left[-\frac{(\boldsymbol{\xi} - \boldsymbol{u})^2}{2RT}\right] \tag{2.8}$$

式中,R 为理想气体常数;T 为温度。

求解连续 Boltzmann 方程(2.3)的主要挑战之一是其碰撞项 Ω 的复杂性。为了便于数值计算和解析求解 CBE,通常可以将碰撞项的积分形式替换为一个更简单的表达式。为了确保替换的合理性,要求碰撞不会对热力学平衡产生净影响,即等式 $\Omega(f^{eq}, f^{eq}) = 0$ 能够成立。目前,已有不同形式的碰撞模型,其中应用最广泛的是 BGK 碰撞模型[3]:

$$\Omega_{BGK} = \frac{f^{eq} - f}{\tau_v} \tag{2.9}$$

式中,τ_v 为松弛时间。这个模型很好地反映了分子间碰撞的整体效应,即分布函数通过碰撞逐渐松弛至平衡状态。值得注意的是,BGK 碰撞模型能够保持质量、动量和能量的守恒,并且满足 H 定理。然而,由于仅使用一个松弛时间来描述碰撞效应,该模型仍存在一些局限性。例如,在 BGK 模型中,反映碰撞过程中动量交换与能量交换差异的普朗特数(Pr)被固定为 1。与之相比,完整的 Boltzmann 碰撞算子给出了 $Pr = 2/3$。为了解决这个问题,已经提出了一些改进的模型,例如椭球形统计 BGK 模型[4]和 Shakhov 模型[5]。

2.2　离散速度玻尔兹曼方程

2.2.1　从 CBE 到 DVBE

为了求解 CBE 的数值解,我们需要在计算域上进行离散化处理。该计算域涵盖物理空间以及粒子速度空间。由于粒子速度空间具有无限性质,因此,我们需要对其进行合理的近似截断,并选择合适的离散策略,以得到离散速度 Boltzmann 方程。对于采用 BGK 碰撞模型的 CBE,其离散化后的 DVBE 为

$$\frac{\partial f_\alpha}{\partial t} + \boldsymbol{\xi}_\alpha \cdot \nabla f_\alpha = \frac{f_\alpha^{eq} - f_\alpha}{\tau_v},\ \alpha = 0, \cdots, N_v - 1 \tag{2.10}$$

式中,N_v 为离散粒子速度方向的数量;f_α、$\boldsymbol{\xi}_\alpha$ 和 f_α^{eq} 分别为第 α 个粒子速度方向上的分布函数、粒子速度和平衡分布函数。如果使用 Maxwell 分布函数作为平衡分布函数,那么分布函数的所有矩关系可以通过数值积分来近似满足。这种策略在

模拟稀薄流的离散速度方法(discrete velocity method, DVM)中被广泛应用[6-10]。为了保证数值积分的准确性,DVM 通常会使用大量点对粒子速度空间进行离散,这导致了巨大的计算工作量和内存需求。

如果流动限制在连续流状态,上述问题可以大大简化。在这种情况下,宏观的流动控制方程(即 N－S 方程)和 Boltzmann 方程都适用。通过 Chapman-Enskog 展开,在连续流状态下,基于 Maxwell 平衡分布函数的 CBE 能够恢复到 N－S 方程。当 CBE 离散化为 DVBE 时,为了确保其在连续流状态下也能恢复到 N－S 方程,需要对 Maxwell 平衡分布函数进行相应的离散处理。这种离散的平衡状态也称为 LB 模型。

截至目前,研究人员已经开发出了大量针对不可压流动[11-16]或可压缩流动[17-20]的 LB 模型。例如,Kataoka 和 Tsutahara[21]提出的针对无黏可压缩流动的 $D2Q9$ 模型,其平衡分布函数的形式为

$$f_\alpha^{\mathrm{eq}}=\rho[A_\alpha+B_\alpha(\boldsymbol{u}\cdot\boldsymbol{e}_\alpha)+D_\alpha(\boldsymbol{u}\cdot\boldsymbol{e}_\alpha)^2],\ \alpha=0,\ \cdots,\ 8 \tag{2.11}$$

式中,A_α、B_α 和 D_α 为待定常数,它们通过满足各阶矩关系来确定;$\boldsymbol{e}_\alpha$ 为离散粒子速度(后文都用 $\boldsymbol{e}_\alpha$ 表示),其表达式为

$$\boldsymbol{e}_\alpha=\begin{cases}(0,\ 0), & \alpha=0\\ v_1[\cos(\pi\alpha/2),\sin(\pi\alpha/2)], & \alpha=1,\ 2,\ 3,\ 4\\ v_2[\cos(\pi\alpha/2+\pi/4),\sin(\pi\alpha/2+\pi/4)], & \alpha=5,\ 6,\ 7,\ 8\end{cases} \tag{2.12}$$

式中,v_1 和 v_2 是非零常数。

2.2.2 有限体积 DVBE

DVBE 实际上是一组偏微分方程,可以直接使用有限差分法[22-25]或有限体积法[26-29]来求解。然而,对于具有复杂几何形状的问题,有限体积法是一种更为灵活的选择。在有限体积法的框架下,可以嵌入诸如迎风格式等多种通量求解器。为了解释这一点,可以将二维 DVBE 改写为以下守恒形式[30]:

$$\frac{\partial f_\alpha}{\partial t}+\frac{\partial F_\alpha}{\partial x}+\frac{\partial G_\alpha}{\partial y}=R_\alpha \tag{2.13}$$

式中,

$$\begin{cases}F_\alpha=f_\alpha e_{\alpha x}\\ G_\alpha=f_\alpha e_{\alpha y}\\ R_\alpha=\dfrac{f_\alpha^{\mathrm{eq}}-f_\alpha}{\tau_{\mathrm{v}}}\end{cases}$$

在笛卡儿网格上，方程(2.13)经有限体积离散后可得

$$\frac{f_{\alpha}^{n+1}-f_{\alpha}^{n}}{\Delta t}=-\frac{1}{\Delta x}(F_{\alpha,\,i+1/2,\,j}^{n}-F_{\alpha,\,i-1/2,\,j}^{n})-\frac{1}{\Delta y}(G_{\alpha,\,i,\,j+1/2}^{n}-G_{\alpha,\,i,\,j-1/2}^{n})+R_{\alpha,\,i,\,j}^{n} \tag{2.14}$$

式中，已采用显式欧拉格式进行时间离散；Δt、Δx 和 Δy 分别为时间步长、x 方向和 y 方向的网格步长；f_{α}^{n} 和 f_{α}^{n+1} 分别为当前时间层和下一个时间层的分布函数；$F_{\alpha,\,i\pm1/2,\,j}^{n}$ 和 $G_{\alpha,\,i,\,j\pm1/2}^{n}$ 为当前时间层网格单元$(i,\,j)$界面上的数值通量，它们可以通过在单元界面上求解局部 Riemann 问题来获得。以 $F_{\alpha,\,i+1/2,\,j}^{n}$ 为例，可以建立如下的局部 Riemann 问题：

$$\begin{cases}\dfrac{\partial f_{\alpha}}{\partial t}+\dfrac{\partial F_{\alpha}}{\partial x}=0\\ f_{\alpha}(x,\,0)=\begin{cases}f_{\alpha}^{\mathrm{L}}, & x<x_{i+1/2}\\ f_{\alpha}^{\mathrm{R}}, & x>x_{i+1/2}\end{cases}\end{cases} \tag{2.15}$$

式中，f_{α}^{L} 和 f_{α}^{R} 分别为单元界面左右两侧的初始分布函数。上述 Riemann 问题的解为

$$f_{\alpha,\,i+1/2,\,j}=\begin{cases}f_{\alpha}^{\mathrm{L}}, & x<x_{i+1/2}\\ f_{\alpha}^{\mathrm{R}}, & x>x_{i+1/2}\end{cases} \tag{2.16}$$

因此，$F_{\alpha,\,i+1/2,\,j}^{n}$ 的解为

$$F_{\alpha,\,i+1/2,\,j}^{n}=f_{\alpha,\,i+1/2,\,j}e_{\alpha x}=\begin{cases}f_{\alpha}^{\mathrm{L}}e_{\alpha x}, & e_{\alpha x}>0\\ f_{\alpha}^{\mathrm{R}}e_{\alpha x}, & e_{\alpha x}<0\end{cases} \tag{2.17}$$

$F_{\alpha,\,i-1/2,\,j}^{n}$ 和 $G_{\alpha,\,i,\,j\pm1/2}^{n}$ 可以采用相同的方法来计算。为了确保数值通量的解具有高精度并能保持光滑，可以采用三阶 MUSCL 格式以及 van Albada 限制器[31]来重构单元界面两侧的初始分布函数。

DVBE 实际上是 CBE 在粒子速度空间中的离散形式。通过选择合适的平衡分布函数，它可以用于模拟稀薄流动或连续流动。具体来说，为了确保其在整个流动区间的通用适用性，应使用与粒子速度空间中大量离散点相关的离散 Maxwell 分布函数来恢复所有矩关系。然而，在连续流动假设下，通过保持一些必要的恢复 Euler 或 N－S 方程的矩关系可以简化计算过程。因此，可以得到在粒子速度空间中具有较少离散点的 LB 模型。基于 LB 模型的 DVBE 比基于离散 Maxwell 分布函数的 DVBE 效率更高。同时，DVBE 可以在有限体积框架内使用结构和非结构网

格离散求解，这增加了其在复杂几何问题上的灵活性。此外，还可以将传统 CFD 方法中使用的通量限制器引入 DVBE 中，以捕捉可压缩流动中的激波现象。

然而，DVBE 求解器也存在一些缺点，尤其是在模拟连续流动方面。首先是它的繁琐性。在 DVBE 中，未知量的数量等于粒子速度空间中离散点的数量，这远大于 Euler 或 N－S 方程中的变量数量。其次是 DVBE 求解器的临界稳定性条件。对于高雷诺数下的连续流，松弛时间 τ_v 非常小，导致计算所需的时间步长非常小、网格间距非常细，从而计算效率较低。最后一个限制与物理边界条件有关。由于 DVBE 求解的是分布函数，因此对于宏观变量的物理边界条件需要转换为分布函数的条件。这个过程非常复杂，特别是对于曲线或曲面边界。

2.3 格子玻尔兹曼方程

2.3.1 从 DVBE 到 LBE

在用有限体积法求解 DVBE 的过程中，必须在单元界面上计算通量，这不可避免地需要使用插值或重建算法，从而降低了格式的紧凑性。另一种策略是沿着特征线从 t 到 $t+\Delta t$ 积分 DVBE，并用梯形规则近似碰撞项，这样就有

$$
\begin{aligned}
&f_\alpha(\boldsymbol{x}+\boldsymbol{e}_\alpha\Delta t,\ t+\Delta t)-f_\alpha(\boldsymbol{x},\ t)\\
&=\frac{\Delta t}{2}\left[\frac{f_\alpha^{\mathrm{eq}}(\boldsymbol{x},\ t)-f_\alpha(\boldsymbol{x},\ t)}{\tau_v}+\frac{f_\alpha^{\mathrm{eq}}(\boldsymbol{x}+\boldsymbol{e}_\alpha\Delta t,\ t+\Delta t)-f_\alpha(\boldsymbol{x}+\boldsymbol{e}_\alpha\Delta t,\ t+\Delta t)}{\tau_v}\right]
\end{aligned}
\tag{2.18}
$$

这种近似方法具有时间的二阶精度。为了避免上式中的隐式计算，可以引入变换关系 $\bar{f}_\alpha=f_\alpha-\dfrac{\Delta t}{2\tau_v}(f_\alpha^{\mathrm{eq}}-f_\alpha)$。这样，式(2.18)可以改写为

$$
\bar{f}_\alpha(\boldsymbol{x}+\boldsymbol{e}_\alpha\Delta t,\ t+\Delta t)-\bar{f}_\alpha(\boldsymbol{x},\ t)=\frac{1}{\tau_v/\Delta t+0.5}\left[f_\alpha^{\mathrm{eq}}(\boldsymbol{x},\ t)-\bar{f}_\alpha(\boldsymbol{x},\ t)\right]
\tag{2.19}
$$

定义 $\tau_L=\tau_v/\Delta t+0.5$，并把式(2.19)中的 $\bar{f}_\alpha$ 记为 f_α，则可以得到格子 Boltzmann 方程：

$$
f_\alpha(\boldsymbol{x}+\boldsymbol{e}_\alpha\Delta t,\ t+\Delta t)-f_\alpha(\boldsymbol{x},\ t)=\frac{f_\alpha^{\mathrm{eq}}(\boldsymbol{x},\ t)-f_\alpha(\boldsymbol{x},\ t)}{\tau_L},\ \alpha=0,\ \cdots,\ N_v-1
\tag{2.20}
$$

通过对 f_α 求矩,可以计算流体的密度和速度:

$$\begin{cases}\rho = \sum_\alpha f_\alpha \\ \rho \boldsymbol{u} = \sum_\alpha \boldsymbol{e}_\alpha f_\alpha\end{cases} \tag{2.21}$$

格子 Boltzmann 方程(2.20)本质上是一个关于分布函数及其平衡态的线性代数方程。方程的左边表示粒子在一定时间间隔内从中心网格点流向相邻网格点(或相反)的过程,而方程的右边描述了在中心网格点瞬间发生的碰撞过程。

采用数值方法求解 LBE 通常被称为格子 Boltzmann 方法或格子 Boltzmann 模型。具有 BGK 碰撞算子的 LB 模型,或者简称 LBGK 模型,在碰撞过程中仅使用一个松弛时间。这意味着所有分布函数都以相同的松弛率朝着平衡态演化推进。尽管这种假设有时可能过于简化物理现象,但它为数学公式带来了简洁性。目前,LBGK 模型可能是 LBM 中最受欢迎的模型之一,它们在各种流动问题中得到了广泛的应用。LBGK 模型与特定的格子速度模型相关联,其中最成功的是 Qian 等[32]提出的 $DnQb$ 模型。这里,n 和 b 分别表示维度和格子速度向量的数量。在这些模型中,平衡分布函数可以通过将 Maxwell 分布函数以马赫数 Ma 的形式展开,并截断至 $O(Ma^3)$,即

$$\begin{aligned} f_\alpha^{\mathrm{eq}} &= \rho(2\pi RT)^{-D/2}\exp\left[-\frac{(\boldsymbol{e}_\alpha-\boldsymbol{u})\cdot(\boldsymbol{e}_\alpha-\boldsymbol{u})}{2RT}\right] \\ &= \rho(2\pi RT)^{-D/2}\exp\left(-\frac{\boldsymbol{e}_\alpha\cdot\boldsymbol{e}_\alpha-2\boldsymbol{e}_\alpha\cdot\boldsymbol{u}+\boldsymbol{u}\cdot\boldsymbol{u}}{2RT}\right) \\ &= \rho(2\pi RT)^{-D/2}\exp\left(-\frac{\boldsymbol{e}_\alpha\cdot\boldsymbol{e}_\alpha}{2RT}\right)\exp\left(\frac{2\boldsymbol{e}_\alpha\cdot\boldsymbol{u}-\boldsymbol{u}\cdot\boldsymbol{u}}{2RT}\right) \\ &= \omega_\alpha\rho\left[1+\frac{\boldsymbol{e}_\alpha\cdot\boldsymbol{u}}{c_s^2}+\frac{(\boldsymbol{e}_\alpha\cdot\boldsymbol{u})^2}{2c_s^4}-\frac{\boldsymbol{u}\cdot\boldsymbol{u}}{2c_s^2}\right]+O(Ma^2) \end{aligned} \tag{2.22}$$

式中,$\omega_\alpha=(2\pi RT)^{-D/2}\exp\left(-\frac{\boldsymbol{e}_\alpha\cdot\boldsymbol{e}_\alpha}{2RT}\right)$ 为权系数;D 为维数;$c_s=\sqrt{RT}$ 为声速。对于某个 $DnQb$ 模型,需要指定格子速度矢量 $\boldsymbol{e}_\alpha$ 以及权系数 ω_α 的值,以确保四阶格子张量的各向同性,并相应地调整声速 c_s。表 2.1 为一些典型 $DnQb$ 模型的参数取值。需要注意的是,截断误差为 $O(Ma^3)$ 对这些模型施加了低马赫数的限制,因此它们仅限用于模拟不可压流动问题。

表 2.1 典型 *DnQb* 模型的参数取值

DnQb 模型	$\boldsymbol{e}_\alpha$	ω_α
*D*1*Q*3	0,	2/3,
	±1	1/6
*D*2*Q*9	(0, 0),	4/9,
	(±1, 0), (0, ±1),	1/9,
	(±1, ±1)	1/36
*D*3*Q*15	(0, 0, 0),	2/9,
	(±1, 0, 0), (0, ±1, 0), (0, 0, ±1),	1/9,
	(±1, ±1, ±1)	1/72
*D*3*Q*19	(0, 0, 0),	1/3,
	(±1, 0, 0), (0, ±1, 0), (0, 0, ±1),	1/18,
	(±1, ±1, 0), (±1, 0, ±1), (0, ±1, ±1)	1/36

由于格子张量的各向同性特性,可以得出以下关于平衡分布函数的矩与宏观性质之间的关系:

$$\sum_\alpha f_\alpha^{\mathrm{eq}} = \rho \tag{2.23a}$$

$$\sum_\alpha \boldsymbol{e}_\alpha f_\alpha^{\mathrm{eq}} = \rho \boldsymbol{u} \tag{2.23b}$$

$$\sum_\alpha \boldsymbol{e}_\alpha \boldsymbol{e}_\alpha f_\alpha^{\mathrm{eq}} = \rho \boldsymbol{u}\boldsymbol{u} + p\boldsymbol{I} \tag{2.23c}$$

$$\sum_\alpha e_{\alpha i} e_{\alpha j} e_{\alpha k} f_\alpha^{\mathrm{eq}} = c_s^2 \rho (u_i \delta_{jk} + u_j \delta_{ki} + u_k \delta_{ij}) \tag{2.23d}$$

式中,$\boldsymbol{I}$ 为单位张量;$e_{\alpha i}$、$e_{\alpha j}$ 和 $e_{\alpha k}$ 为 $\boldsymbol{e}_\alpha$ 的分量;u_i、u_j 和 u_k 为 $\boldsymbol{u}$ 的分量;δ_{ij}、δ_{jk} 和 δ_{ki} 为克罗内克张量。

2.3.2 Chapman-Enskog 展开

物理上的一致性要求微观粒子的集体行为应恢复宏观流体系统。因此,在数学上,LBE 应与宏观尺度上的 N-S 方程保持一致。通过 Chapman-Enskog 展开分析[33,34],可以建立这种联系。Chapman-Enskog 展开分析的本质在于其多尺度特性。具体而言,它可以将密度分布函数、时间导数和空间导数展开为

$$f_\alpha = f_\alpha^{(0)} + \varepsilon f_\alpha^{(1)} + \varepsilon^2 f_\alpha^{(2)} \tag{2.24a}$$

$$\frac{\partial}{\partial t} = \varepsilon \frac{\partial}{\partial t_0} + \varepsilon^2 \frac{\partial}{\partial t_1} \tag{2.24b}$$

$$\nabla = \varepsilon \nabla_0 \tag{2.24c}$$

式中，ε 为一个正比于努森数的小量参数[35]；t_0 和 t_1 分别为对流时间尺度和扩散时间尺度。通过使用截断泰勒级数展开，格子 Boltzmann 方程(2.20)可以简化为以下形式，它在时间和空间上都具有二阶精度：

$$\left(\frac{\partial}{\partial t} + \boldsymbol{e}_\alpha \cdot \nabla\right) f_\alpha + \frac{\Delta t}{2}\left(\frac{\partial}{\partial t} + \boldsymbol{e}_\alpha \cdot \nabla\right)^2 f_\alpha + \frac{f_\alpha - f_\alpha^{\mathrm{eq}}}{\tau_{\mathrm{L}} \Delta t} + O(\Delta t^2) = 0 \tag{2.25}$$

把多尺度展开表达式(2.24)代入式(2.25)，可以得到关于 ε 不同阶数的等式：

$$O(\varepsilon^0): \frac{f_\alpha^{(0)} - f_\alpha^{\mathrm{eq}}}{\tau_{\mathrm{L}} \Delta t} = 0 \tag{2.26a}$$

$$O(\varepsilon^1): \left(\frac{\partial}{\partial t_0} + \boldsymbol{e}_\alpha \cdot \nabla_0\right) f_\alpha^{(0)} + \frac{1}{\tau_{\mathrm{L}} \Delta t} f_\alpha^{(1)} = 0 \tag{2.26b}$$

$$O(\varepsilon^2): \frac{\partial f_\alpha^{(0)}}{\partial t_1} + \left(1 - \frac{1}{2\tau_{\mathrm{L}}}\right)\left(\frac{\partial}{\partial t_0} + \boldsymbol{e}_\alpha \cdot \nabla_0\right) f_\alpha^{(1)} + \frac{1}{\tau_{\mathrm{L}} \Delta t} f_\alpha^{(2)} = 0 \tag{2.26c}$$

由式(2.26a)可知：

$$f_\alpha^{(0)} = f_\alpha^{\mathrm{eq}} \tag{2.27}$$

根据式(2.23a)、式(2.23b)和式(2.24a)，可以有

$$\begin{cases} \sum_\alpha f_\alpha^{(0)} = \rho \\ \sum_\alpha \boldsymbol{e}_\alpha f_\alpha^{(0)} = \rho \boldsymbol{u} \end{cases} \tag{2.28a}$$

$$\begin{cases} \sum_\alpha f_\alpha^{(n)} = 0 \\ \sum_\alpha \boldsymbol{e}_\alpha f_\alpha^{(n)} = \boldsymbol{0} \end{cases}, \quad n > 0 \tag{2.28b}$$

由式(2.26b)可知：

$$f_{\alpha}^{(1)} = -\tau_{\mathrm{L}}\Delta t\left(\frac{\partial}{\partial t_0} + \boldsymbol{e}_{\alpha}\cdot\nabla_0\right)f_{\alpha}^{\mathrm{eq}} \tag{2.29}$$

上式表明,如果分布函数截断至 $O(\varepsilon^2)$,其平衡态和非平衡态分别可以用 $f_{\alpha}^{(0)}$ 和 $\varepsilon f_{\alpha}^{(1)}$ 来表示,它们可以通过下式建立关系:

$$f_{\alpha}^{\mathrm{neq}} = \varepsilon f_{\alpha}^{(1)} = -\tau_{\mathrm{L}}\Delta t\left(\frac{\partial}{\partial t} + \boldsymbol{e}_{\alpha}\cdot\nabla\right)f_{\alpha}^{\mathrm{eq}} \tag{2.30}$$

为了揭示等效的宏观方程,可以分别将式(2.26b)和式(2.26c)在所有格子速度方向上求和,从而导出:

$$\frac{\partial\rho}{\partial t_0} + \nabla_0\cdot\left(\sum_{\alpha}\boldsymbol{e}_{\alpha}f_{\alpha}^{(0)}\right) = 0 \tag{2.31a}$$

$$\frac{\partial\rho}{\partial t_1} = 0 \tag{2.31b}$$

将式(2.31a)和式(2.31b)合并,则可以得到连续方程:

$$\frac{\partial\rho}{\partial t} + \nabla\cdot(\rho\boldsymbol{u}) = 0 \tag{2.32}$$

类似地,分别先将式(2.26b)和式(2.26c)乘以格子速度 $\boldsymbol{e}_{\alpha}$,然后在所有格子速度方向上求和,从而导出:

$$\frac{\partial(\rho\boldsymbol{u})}{\partial t_0} + \nabla_0\cdot\boldsymbol{\Pi}^{(0)} = 0 \tag{2.33a}$$

$$\frac{\partial(\rho\boldsymbol{u})}{\partial t_1} + \left(1 - \frac{1}{2\tau_{\mathrm{L}}}\right)\nabla_0\cdot\boldsymbol{\Pi}^{(1)} = 0 \tag{2.33b}$$

式中,$\boldsymbol{\Pi}^{(0)}$ 和 $\boldsymbol{\Pi}^{(1)}$ 分别为零阶和一阶动量通量张量:

$$\begin{cases}\boldsymbol{\Pi}^{(0)} = \sum_{\alpha}\boldsymbol{e}_{\alpha}\boldsymbol{e}_{\alpha}f_{\alpha}^{(0)}\\ \boldsymbol{\Pi}^{(1)} = \sum_{\alpha}\boldsymbol{e}_{\alpha}\boldsymbol{e}_{\alpha}f_{\alpha}^{(1)}\end{cases} \tag{2.34}$$

利用式(2.23a)~式(2.23d)中的各阶矩关系,$\boldsymbol{\Pi}^{(0)}$ 和 $\boldsymbol{\Pi}^{(1)}$ 能够与宏观性质建立关系:

$$\boldsymbol{\Pi}^{(0)} = \sum_{\alpha}\boldsymbol{e}_{\alpha}\boldsymbol{e}_{\alpha}f_{\alpha}^{(0)} = \rho\boldsymbol{u}\boldsymbol{u} + p\boldsymbol{I} \tag{2.35}$$

$$
\begin{aligned}
-\frac{1}{\tau_{\mathrm{L}}\Delta t}\Pi_{ij}^{(1)} &= -\frac{1}{\tau_{\mathrm{L}}\Delta t}\sum_{\alpha} e_{\alpha i}e_{\alpha j}f_{\alpha}^{(1)} \\
&= \frac{\partial}{\partial t_0}\sum_{\alpha} e_{\alpha i}e_{\alpha j}f_{\alpha}^{(0)} + \partial_{0k}\sum_{\alpha} e_{\alpha i}e_{\alpha j}e_{\alpha k}f_{\alpha}^{(0)} \\
&= \frac{\partial}{\partial t_0}(\rho u_i u_j + c_s^2\rho\delta_{ij}) + \partial_{0k}[c_s^2\rho(u_i\delta_{jk} + u_j\delta_{ki} + u_k\delta_{ij})] \\
&= c_s^2\left[\frac{\partial\rho}{\partial t_0} + \partial_{0k}(\rho u_k)\right]\delta_{ij} + u_j\left[\frac{\partial(\rho u_i)}{\partial t_0} + \partial_{0i}p\right] \\
&\quad + u_i\left(\frac{\rho\partial u_j}{\partial t_0} + \partial_{0j}p\right) + c_s^2\rho(\partial_{0i}u_j + \partial_{0j}u_i)
\end{aligned}
\tag{2.36}
$$

由于有

$$
\frac{\partial\rho}{\partial t_0} + \partial_{0i}(\rho u_i) = 0 \tag{2.37a}
$$

$$
\frac{\partial(\rho u_i)}{\partial t_0} = -\partial_{0i}p - \partial_{0j}(\rho u_i u_j) \tag{2.37b}
$$

$$
\frac{\rho\partial u_i}{\partial t_0} = -\partial_{0i}p - \rho u_j\partial_{0j}u_i \tag{2.37c}
$$

式(2.36)可以简化为

$$
\begin{aligned}
-\frac{1}{\tau_{\mathrm{L}}\Delta t}\Pi_{ij}^{(1)} &= c_s^2\rho(\partial_{0i}u_j + \partial_{0j}u_i) - \partial_{0k}(\rho u_i u_j u_k) \\
&= c_s^2\rho(\partial_{0i}u_j + \partial_{0j}u_i) + O(Ma^3)
\end{aligned}
\tag{2.38}
$$

上式在不可压流动的前提下,可以忽略 Ma^3 阶的小量项。

将式(2.35)和式(2.38)合并,则可以得到动量方程:

$$
\frac{\partial(\rho\boldsymbol{u})}{\partial t} + \nabla\cdot(\rho\boldsymbol{u}\boldsymbol{u}) = -\nabla p + \nabla\cdot[\rho\nu(\nabla\boldsymbol{u} + \nabla\boldsymbol{u}^{\mathrm{T}})] \tag{2.39}
$$

式中,ν 为运动黏性系数。它与松弛时间 τ_{L} 的关系为

$$
\nu = c_s^2(\tau_{\mathrm{L}} - 0.5)\Delta t \tag{2.40}
$$

经过几十年的发展,LBM 已经成为一种充满活力的方法,吸引了众多研究人员的关注[36-38]。相较于传统的 N-S 方程,LBM 具有一些引人注目的特点。其中最为显著的是其动理学性质。源于动理学理论的 LBM 不受像宏观方法所要求的连续性假设的限制。因此,它是一种更为一般化的方法,具备解决更为复杂的流动

问题的能力,甚至超越了宏观 N - S 求解器的能力。LBM 的演化方程本质上是代数方程,可以恢复具有复杂非线性的流场。

然而,LBM 的局限性与其优势一样明显。首先,LBM 需要大量的内存来存储分布函数。其次,LBM 需要将宏观变量的物理边界条件转换为分布函数的边界条件。最后,格子速度的对称性要求 LBM 采用均匀网格。LBM 的另一个局限性,更具体地说是 LBGK 模型的局限性,是其数值稳定性较差。

参考文献

[1] Harris S. An introduction to the theory of the Boltzmann equation[M]. New York: Holt, Rinehart and Winston, 1971.

[2] Grad H. Principles of the Kinetic theory of gases. In: Flügge S. (eds) thermodynamik der gase / thermodynamics of gases. handbuch der physik / encyclopedia of physics[M]. Berlin: Springer, 1958.

[3] Bhatnagar P L, Gross E P, Krook M. A model for collision processes in gases I: Small amplitude processes in charged and neutral one-component systems[J]. Physical Review, 1954, 94(3): 511 - 525.

[4] Holway L H. New statistical models for kinetic theory: Methods of construction[J]. Physics of Fluids, 1966, 9(9): 1658 - 1673.

[5] Shakhov E M. Generalization of the Krook kinetic equation[J]. Fluid Dynamics, 1968, 3: 95 - 96.

[6] Mieussens L. Discrete-velocity models and numerical schemes for the Boltzmann-BGK equation in plane and axisymmetric geometries[J]. Journal of Computational Physics, 2000, 162(2): 429 - 466.

[7] Li Z H, Zhang H X. Gas-kinetic numerical studies of three-dimensional complex flows on spacecraft re-entry[J]. Journal of Computational Physics, 2009, 228(4): 1116 - 1138.

[8] Xu K, Huang J C. A unified gas-kinetic scheme for continuum and rarefied flows[J]. Journal of Computational Physics, 2010, 229(20): 7747 - 7764.

[9] Guo Z, Xu K, Wang R. Discrete unified gas kinetic scheme for all Knudsen number flows: Low-speed isothermal case[J]. Physical Review E, 2013, 88(3): 033305.

[10] Yang L M, Shu C, Wu J, et al. Numerical simulation of flows from free molecular regime to continuum regime by a DVM with streaming and collision processes[J]. Journal of Computational Physics, 2016, 306: 219 - 310.

[11] Chen S, Chen H, Martnez D, et al. Lattice Boltzmann model for simulation of magnetohydrodynamics[J]. Physical Review Letters, 1991, 67: 3776 - 3779.

[12] He X, Chen S, Zhang R. A lattice Boltzmann scheme for incompressible multiphase flow and its application in simulation of Rayleigh-Taylor instability[J]. Journal of Computational Physics, 1999, 152(2): 642 - 663.

[13] Luo L S. Theory of the lattice Boltzmann method: lattice Boltzmann models for nonideal gases[J]. Physical Review E, 2000, 62(4): 4982 - 4996.

[14] Inamuro T, Ogata T, Tajima S, et al. A lattice Boltzmann method for incompressible two-phase flows with large density differences[J]. Journal of Computational Physics, 2004, 198(2): 628-644.

[15] Yan Y Y, Zu Y Q. A lattice Boltzmann method for incompressible two-phase flows on partial wetting surface with large density ratio[J]. Journal of Computational Physics, 2007, 227(1): 763-775.

[16] Zhang T, Shi B, Chai Z, et al. Lattice BGK model for incompressible axisymmetric flows[J]. Communications in Computational Physics, 2012, 11(5): 1569-1590.

[17] Hu S, Yan G, Shi W. A lattice Boltzmann model for compressible perfect gas[J]. Acta Mechanica Sinica, 1997, 13(3): 218-226.

[18] Sun C. Lattice-Boltzmann models for high speed flows[J]. Physical Review E, 1998, 58(6): 7283-7287.

[19] Qu K, Shu C, Chew Y T. Alternative method to construct equilibrium distribution functions in lattice-Boltzmann method simulation of inviscid compressible flows at high Mach number[J]. Physical Review E, 2007, 75(3): 036706.

[20] Dellar P J. Two routes from the Boltzmann equation to compressible flow of polyatomic gases[J]. Progress in Computational Fluid Dynamics, 2008, 8: 84-96.

[21] Kataoka T, Tsutahara M. Lattice Boltzmann method for the compressible Euler equations[J]. Physical Review E, 2004, 69(5): 056702.

[22] Mei R. Shyy W. On the finite difference-based lattice Boltzmann method in curvilinear coordinates[J]. Journal of Computational Physics, 1998, 143(2): 426-448.

[23] Watari M, Tsutahara M. Two-dimensional thermal model of the finite-difference lattice Boltzmann method with high spatial isotropy[J]. Physical Review E, 2003, 67(5): 036306.

[24] Mezrhab A, Bouzidi M, Lallemand P. Hybrid lattice-Boltzmann finite-difference simulation of convective flows[J]. Computers & Fluids, 2004, 33(4): 623-641.

[25] Huang J J. Hybrid lattice-Boltzmann finite-difference simulation of ternary fluids near immersed solid objects of general shapes[J]. Physics of Fluids, 2021, 33(7): 072105.

[26] Peng G, Xi H, Duncan C, et al. Finite volume scheme for the lattice Boltzmann method on unstructured meshes[J]. Physical Review E, 1999, 59(4): 4675-4682.

[27] Chew Y T, Shu C, Peng Y. On implementation of boundary conditions in the application of finite volume lattice Boltzmann method[J]. Journal of Statistical Physics, 2002, 107: 539-556.

[28] Stiebler M, Tölke J, Krafczyk M. An upwind discretization scheme for the finite volume lattice Boltzmann method[J]. Computers & Fluids, 2006, 35(8-9): 814-819.

[29] Patil D V, Lakshmisha K N. Finite volume TVD formulation of lattice Boltzmann simulation on unstructured mesh[J]. Journal of Computational Physics, 2009, 228(4): 5262-5279.

[30] Qu K, Shu C, Chew Y T. Simulation of shock-wave propagation with finite volume lattice Boltzmann method[J]. International Journal of Modern Physics C, 2007, 18(4): 447-454.

[31] Hussaini M Y, van Leer B, van Rosendale J. Upwind and high-resolution schemes[M]. Berlin: Springer, 1997.

[32] Qian Y H, D'Humières D, Lallemand P. Lattice BGK models for Navier-Stokes equation[J].

Europhysics Letters, 1992, 17(6): 479－484.

[33] Frisch U, d'Humieres D, Hasslacher B, et al. Lattice gas hydrodynamics in two and three dimensions[J]. Complex Systems, 1987, 1(4): 649－707.

[34] Benzi R, Succi S, Vergassola M. The lattice Boltzmann equation: Theory and applications [J]. Physics Reports, 1992, 222(3): 145－197.

[35] Inamuro T, Yoshino M, Ogino F. Accuracy of the lattice Boltzmann method for small Knudsen number with finite Reynolds number[J]. Physics of Fluids, 1997, 9(11): 3535－3542.

[36] Krüger T, Kusumaatmaja H, Kuzmin A, et al. The lattice Boltzmann method: Principles and practice[M]. Switzerland: Springer International Publishing, 2016.

[37] Montessori A, Falcucci G. Lattice Boltzmann modeling of complex flows for engineering applications[M]. California: Morgan & Claypool Publishers, 2018.

[38] Valero-Lara P. Analysis and applications of lattice Boltzmann simulations[M]. Pennsylvania: IGI Global, 2018.

第3章 高精度格式

3.1 高精度格式发展现状

除了发展不同层面（宏观和介观）的数值离散方法之外，构造高精度格式在CFD研究领域也备受关注。假设网格尺度为 h、数值解的误差为 e，如果 $e \propto h^k$ 成立，则称数值格式为 k 阶精度。当离散精度高于二阶（即 $k \geqslant 3$）时，这种数值格式被统称为高阶格式或者高精度格式[1]。目前，无论是基于宏观模型的软件，如Fluent、OpenFOAM，还是基于介观模型的软件，如PowerFlow、Palabos，它们核心算法的空间离散都采用的是二阶精度格式。尽管二阶精度格式能够在解决许多流动问题时提供可接受的结果，但对于多尺度、非定常问题（如湍流和气动噪声），需要一种同时具备稳定性、低耗散性、对小尺度结构的高分辨率和高效率特性的格式来精确捕捉不同尺度的流动结构[2]。虽然二阶格式具有较好的稳定性，但要获得精细的流场结果通常需要大量的网格量。这是因为二阶格式只能实现代数收敛速度，即当网格尺寸减小为原来的二分之一，误差会减小为原来的四分之一，从而大大降低计算效率。此外，由于二阶格式的数值耗散较大，可能会掩盖真实的物理黏性效果。由于误差与 h^k 成正比，因此当 k 增加时，误差会呈对数收敛。这就意味着，当误差量级相同时，使用高阶格式所需的自由度将远小于二阶格式，从而可以使计算效率提高数个量级。

在过去的几十年里，国内外学者提出了许多种高阶格式，如无波动无自由参数的耗散差分（non-oscillatory and non-free-parameters dissipative finite difference, NND）格式[3,4]、基本无振荡（essentially non-oscillatory, ENO）格式[5,6]、加权基本无振荡（weighted essentially non-oscillatory, WENO）格式[7,8]及其衍生格式[9-12]、加权紧致非线性格式（weighted compact nonlinear scheme, WCNS）[13,14]、间断伽辽金（discontinuous Galerkin, DG）[15-18]、谱差分（spectral difference, SD）[19-22]、谱体积（spectral volume, SV）[23,24]、通量重构（flux reconstruction, FR）[25-28]、PnPm[29,30]以及混合方法[31-34]等。总的来说，这些方法都可以纳入传统的三种离散方式：有限体积、有限差分和有限元。高精度有限差分一般局限于较为规则的几何，而高精度有限体积和有限元更适合复杂几何的工程模拟。在这其中，WENO格式和DG格式发展最为成功[35]。有一些专用的in-house求解器已经将这两种格式植入并逐步走上工程应用。

WENO 格式作为一种高精度激波捕捉格式,在可压缩流中运用最广。然而,无论是有限体积 WENO 还是有限差分 WENO,都会面临模板过大的问题,算法紧致性较差。而 DG 格式通过提高相应单元上的解函数多项式的次数,增加相应单元上解函数的自由度来获得解的高阶近似。这种方法具有很多优点,如能够保持单元平均值意义下守恒性,具有良好的稳定性和收敛性;通过改变插值多项式的阶数,很容易延拓到高阶,并且允许不同的单元采用不同的阶数,即 p-adaptivity;能够处理复杂的几何外形和物理边界条件,适用于不同类型的网格,极易实现网格自适应,即 h-adaptivity;具有紧致性,单元只与相邻单元有数据交换,很容易实现大规模并行计算且并行效率很高。因此,DG 在计算流体力学领域得到广泛的尝试并被寄予厚望。

这些高阶格式的理论研究与应用目前在国内外仍旧是 CFD 领域的绝对热点。国外方面,专注于高阶格式的研讨会“The International Workshop on High-Order CFD Methods”[36]已分别于 2012 年、2013 年、2015 年、2016 年和 2018 年举办了五届。欧盟、美国及日本在 21 世纪以来先后启动了各自的高精度方法及新一代 CFD 软件研究项目。其中具有代表性的是德国宇航院牵头组织的“面向工程应用的自适应高精度方法”项目[37]。参与单位还包括法、英、意、荷等 10 多个国家以及 20 多家空气动力研究机构。国内方面,已连续举办了三届(2018 年、2019 年和 2021 年)“计算流体力学中高精度数值方法及应用”研讨会。我国自主研制的大型 CFD 软件“风雷”(PHengLEI)也将高阶 WCNS 格式和 DG 格式植入其中。

2007 年,学界提出了另一种类有限元的内自由度高阶格式—FR 格式[25]。这种格式一经问世,便引起了广泛关注,主要是因为它将多种内自由度高阶格式,如 DG、SD、SV 等统一在一个框架之下[38]。因此,这种格式继承了 DG 的所有优点。与 DG 不同的是,FR 求解的是微分形式的控制方程,是一种无积分方法。实施起来的难度要远小于 DG,并且能获得比 DG 更高的效率。国外学者对 FR、DG 和 SD 进行了详细比较,结果证明 FR 的效率最高[39,40]。

近十年来,许多学者对 FR 格式进行了理论以及应用的研究。其中,美国斯坦福大学的 Jameson 团队和堪萨斯大学的王志坚团队的工作最为突出。他们开发了基于 FR 格式的可用于大规模 CPU 以及 GPU 并行的 CFD 软件,如 PyFR[41] 以及 hpMusic[42],并对美国航空航天学会发布的一些标模进行了计算,取得了良好的结果。然而,国内对 FR 的研究和应用明显滞后,仅开展了很少量与 FR 相关的研究工作。

3.2 谱差分格式

正如有限差分法,谱差分也是从微分形式的控制方程出发构建的一种数值计算方法。SD在每一个单元上定义了两组节点用于定义两组拉格朗日插值多项式，其中近似表达解的节点称为解点，近似表达通量的节点称为通量点。方程中的自由度是解点上的函数值，通过解的表达式可以计算通量点上的解，从而计算通量点上的通量，这样可以获得通量的插值表达式。对通量的表达式求导即可计算控制方程中出现的通量的导数项，从而可以推进求解控制方程。研究表明[43]，该方法线性稳定性只与通量点的位置有关，而与解点的位置无关，因此可以将解点与通量点重合，这样从解点的值计算通量点值的过程可以极大简化，从而减少了计算量。

SD最早是在三角形单元上提出的，随后推广至四边形和六面体单元，并可以在这两种单元上达到任意阶精度。然而，后续的研究发现，当阶数高于二时，在三角形单元上使用SD格式会出现弱不稳定现象。Balan等[22]通过引入Raviart-Thomas空间，成功地在三角形单元上实现了三阶和四阶稳定格式。Xie等[44]在SD格式中采用了分层多项式基，用以替代原本用于构造解多项式的拉格朗日插值基，并改变了解通量点的分布，从而降低了方法对内存的消耗，并提高了计算效率。由于SD求解的是差分形式的方程，无须进行复杂的高斯积分，因此具有计算量小、计算效率高的优点。此外，传统非结构网格高精度格式是通过多维耦合重构的，但SD格式在四边形和六面体单元上通过分维度构造格式，进一步减小了计算量[40]。

为方便起见，本节将采用标量双曲守恒律方程来描述SD格式的实施过程，向方程组推广时采用类似的过程推导即可。守恒形式的标量双曲型方程为

$$\frac{\partial u(\boldsymbol{x},\ t)}{\partial t} + \nabla\cdot \boldsymbol{f}(u) = 0 \tag{3.1}$$

式中，$\boldsymbol{x}$为坐标矢量；t为时间；u为守恒变量；$\boldsymbol{f}$为通量矢量。

SD格式将计算域划分为K个互不重叠的单元。由于该算法在每个单元上的实施都是一致的，因此物理空间上的单元通常映射到一个标准单元，称为参考单元。此种映射通过一个可逆变换实现，该变换的雅可比矩阵定义如下：

$$\boldsymbol{J} = \frac{\partial \boldsymbol{x}}{\partial \boldsymbol{\xi}} \tag{3.2}$$

式中，$\boldsymbol{\xi}$为参考空间上的坐标矢量。一维情况下，$\boldsymbol{x} = [x]^{\mathrm{T}}$，$\boldsymbol{\xi} = [\xi]^{\mathrm{T}}$；二维情况下，$\boldsymbol{x} = [x\ y]^{\mathrm{T}}$，$\boldsymbol{\xi} = [\xi\ \eta]^{\mathrm{T}}$；三维情况下，$\boldsymbol{x} = [x\ y\ z]^{\mathrm{T}}$，$\boldsymbol{\xi} = [\xi\ \eta\ \zeta]^{\mathrm{T}}$。因此，对于一维问题：

$$\boldsymbol{J} = \frac{\partial x}{\partial \xi} \tag{3.3}$$

对于二维问题：

$$
\boldsymbol{J}=\begin{bmatrix}\dfrac{\partial x}{\partial \xi} & \dfrac{\partial x}{\partial \eta}\\ \dfrac{\partial y}{\partial \xi} & \dfrac{\partial y}{\partial \eta}\end{bmatrix} \tag{3.4}
$$

对于三维问题：

$$
\boldsymbol{J}=\begin{bmatrix}\dfrac{\partial x}{\partial \xi} & \dfrac{\partial x}{\partial \eta} & \dfrac{\partial x}{\partial \zeta}\\ \dfrac{\partial y}{\partial \xi} & \dfrac{\partial y}{\partial \eta} & \dfrac{\partial y}{\partial \zeta}\\ \dfrac{\partial z}{\partial \xi} & \dfrac{\partial z}{\partial \eta} & \dfrac{\partial z}{\partial \zeta}\end{bmatrix} \tag{3.5}
$$

式(3.1)经过可逆变换后,其在参考空间上的表达式为

$$
\frac{\partial u(\boldsymbol{\xi},t)}{\partial t}+\frac{1}{|\boldsymbol{J}|}\nabla^{\xi}\cdot \boldsymbol{F}[u(\boldsymbol{\xi})]=0 \tag{3.6}
$$

式中,∇^{ξ} 为参考空间上的梯度算子;$|\boldsymbol{J}|$ 为雅可比矩阵的行列式;$\boldsymbol{F}(u)=|\boldsymbol{J}|\boldsymbol{J}^{-1}\boldsymbol{f}(u)$ 为参考空间上的通量。

在标准单元上,SD 格式定义的两组节点(解点和通量点)形成一套交错分布的网格。解点记为 $\boldsymbol{\xi}_j(j=1,\cdots,N_s)$,通量点记为 $\boldsymbol{\xi}_k(k=1,\cdots,N_f)$。其中 N_s 表示解需要的自由度数量,在单纯形单元上:

$$
N_s=N(p,d)=\frac{(p+d)!}{p!\ d!} \tag{3.7}
$$

式中,$N(p,d)$ 为 d 维数问题中 p 次多项式含有的自由度个数。N_f 表示定义一个表示通量的 $p+1$ 次多项式需要的点数。当定义了解点之后,每个单元上的解通过插值计算可以表示为

$$
u(\boldsymbol{\xi},t)=\sum_{j=1}^{N_s}u_j(t)B_j^s(\boldsymbol{\xi}) \tag{3.8}
$$

式中,u_j 为解点上守恒变量的值;$B_j^s(\boldsymbol{\xi})$ 为解点上的插值基函数。类似地,当定义了通量点之后,每个单元上的通量通过插值计算可以表示为

$$
\boldsymbol{F}[u(\boldsymbol{\xi}),t]=\sum_{k=1}^{N_f}\boldsymbol{F}_k(t)B_k^f(\boldsymbol{\xi}) \tag{3.9}
$$

式中,$\boldsymbol{F}_k$ 为通量点上通量的值;$B_k^f(\boldsymbol{\xi})$ 为通量点上的插值基函数。

由于每个单元上的解由不同的多项式定义,因此在单元边界上左右单元解不

一致,这导致了间断,进而使得该处的通量无法唯一确定。因此,为了确定单元边界上的法向通量,需要引入 Riemann 数值通量。对于标量方程,可以使用简单的迎风格式来计算此法向通量。然而,对于 Euler 方程,则可以使用 Roe 格式[45]的 Riemann 数值通量方法进行求解。至于切向通量,有两种选择[46]:一种是选择左右相邻单元的平均值来计算,这被称为“平均-迎风”方法;另一种是在左右单元上分别用各自的值,这被称为“半迎风”方案。对于单元角点[46],可以用单元上过该点的两条边在该点处的法向向量来唯一确定该点的通量,也可以用多维 Riemann 求解器直接确定,后者被称为“全迎风格式”。

由于式(3.9)给出了通量的表达式,那么通量的导数就可以直接对其中的多项式求导得出:

$$\nabla^{\xi} \cdot \boldsymbol{F}(u(\boldsymbol{\xi})) = \sum_{k=1}^{N_{\mathrm{f}}} \boldsymbol{F}_k \cdot [\nabla^{\xi} B_k^{\mathrm{f}}(\boldsymbol{\xi})] \tag{3.10}$$

这样,单元上解点的值可以沿着时间方向推进求解:

$$\frac{\mathrm{d}u_j}{\mathrm{d}t} + |\boldsymbol{J}|^{-1} \sum_{k=1}^{N_{\mathrm{f}}} \boldsymbol{F}_k \cdot [\nabla^{\xi} B_k^{\mathrm{f}}(\boldsymbol{\xi})] = 0,\ j = 1,\ \cdots,\ N_{\mathrm{s}} \tag{3.11}$$

上式可以写成矩阵形式:

$$\boldsymbol{L} \frac{\mathrm{d}\boldsymbol{U}_{\mathrm{h}}}{\mathrm{d}t} = \boldsymbol{R}(\boldsymbol{U}_{\mathrm{h}}) \tag{3.12}$$

式中,$\boldsymbol{L}$ 为单元质量矩阵;$\boldsymbol{U}_{\mathrm{h}}$ 为包含一个单元上全部自由度的向量;$\boldsymbol{R}$ 为残值向量。

对于四边形单元和六面体单元,SD 的构造非常简单直观,可以达到任意阶数的精度。但对于三角形单元,如果阶数大于 2 时,传统的 SD 会出现弱不稳定现象。此外,在三角形中,解点与通量点的分布并没有直接的关系,这意味着每一项插值仍然局限于二维。若要得到任一通量点处的守恒变量值,需要将单元上的所有解点共同进行插值计算。然而,在四边形中,可以直接从解点处获取通量点处的守恒变量值。因此,四边形中的插值将退化为一维,从而提高了计算效率。在三维情况下,六面体上的计算效率将进一步高于四面体。

3.3　通量重构格式

谱差分通过在每个单元内使用高阶多项式局部逼近解来实现高阶精度。在这种方法中,每个单元内的点是交错排列的。一组求解点用于计算解,而另一组通量点用于计算通量导数。通量重构是一种使用解的局部多项式近似来计算通量的方法。它通过单元间的数值通量和修正函数来实现连续性。FR 实现简单,通过选择不同修正函数可以恢复 DG、SD 等高阶精度格式。同时,它在复杂问题上也能够实现高效的计算。

与 3.2 节一样,本节仍将采用标量双曲守恒律方程来描述 FR 格式的实施过程,且仅考虑一维情况,它可以直接拓展到二维和三维情况。式(3.1)的一维形式为

$$\frac{\partial u(x,\ t)}{\partial t}+\frac{\partial f(u)}{\partial x}=0 \tag{3.13}$$

式中,x 为坐标;t 为时间;u 为守恒变量;f 为通量。

将计算域划分为若干单元。这些单元可以是均匀划分的,也可以是非均匀划分的。接着,在每个单元上布置 N 个解点。Huynh[25]通过分析指出,解点的类型并不会影响 Fourier 稳定性和计算结果精度,因此假定所有单元都使用相同类型的点。类似 SD,为便于计算,FR 通常也通过雅可比变换将每个原始单元都映射到一个标准单元上,其取值区间为$[-1,\ 1]$。雅可比矩阵的定义与式(3.3)相同。原始单元和标准单元分别采用全局坐标系 x 和局部坐标系 ξ。在每个单元上,可以用 $N-1$ 次多项式近似任意位置处的解。在全局坐标系和局部坐标系下分别表示为

$$\begin{cases} u(x)=\sum\limits_{j=1}^{N}u_j l_j(x) \\ u(\xi)=\sum\limits_{j=1}^{N}u_j l_j(\xi) \end{cases} \tag{3.14}$$

式中,$l_j(x)$ 和 $l_j(\xi)$ 分别为全局坐标系和局部坐标系下解点上的拉格朗日插值基函数。而对于每个单元上任意位置处的通量,可以用相同的 $N-1$ 次多项式近似:

$$\begin{cases} f(u(x))=f(x)=\sum\limits_{j=1}^{N}f_j l_j(x) \\ F(u(\xi))=F(\xi)=\sum\limits_{j=1}^{N}F_j l_j(\xi) \end{cases} \tag{3.15}$$

需要注意的是,式(3.15)中的通量多项式 $f(x)$ 或 $F(\xi)$ 在单元界面上通常是不连续的,所以称为间断通量函数。对于式(3.13),若不考虑间断通量函数在单元边界处的突变,直接对其求导计算,将会得到精度较差的解。这是因为这种导数计算忽略了相邻单元间数据相互影响的实际情况,从而使得边界条件无法在每个单元上发挥作用。

3.3.1 连续通量函数的构造

为了考虑相邻单元之间数据的相互影响,需要在每个单元上构造一个连续函

数$f^{c}(x)$或$F^{c}(\xi)$表示连续通量。这里，要求该连续函数是一个N次多项式，且近似于在式(3.15)中定义的间断通量函数。通常情况下，连续通量函数需要在单元界面处选取迎风通量的值f^{upw}或F^{upw}。在局部坐标系下的相邻单元界面$\xi=\pm1$处，$F^{c}(\xi)-F(\xi)$可以看作是一个跳跃函数：

$$\begin{cases}F^{c}(-1)-F(-1)=F_{L}^{upw}-F(-1)\\F^{c}(1)-F(1)=F_{R}^{upw}-F(1)\end{cases}\tag{3.16}$$

式中，F_{L}^{upw}和F_{R}^{upw}分别为局部坐标系下左边界和右边界的迎风通量值。因此，跳跃函数$F^{c}(\xi)-F(\xi)$是一个包含单元左右边界的N次多项式。

在标准单元的左边界上，设$g_{L}(\xi)$为修正函数，且有

$$\begin{cases}g_{L}(-1)=1\\g_{L}(1)=0\end{cases}\tag{3.17}$$

同样，$g_{R}(\xi)$为标准单元右边界上的修正函数，且有

$$\begin{cases}g_{R}(-1)=0\\g_{R}(1)=1\end{cases}\tag{3.18}$$

g_{L}和g_{R}有相同的性质，且都是一个N次多项式。这样，利用左右边界的修正函数，可以构造出如下的连续通量函数：

$$F^{c}(\xi)=F(\xi)+[F_{L}^{upw}-F(-1)]g_{L}(\xi)+[F_{R}^{upw}-F(1)]g_{R}(\xi)\tag{3.19}$$

根据式(3.17)和式(3.18)中修正函数的性质，可以验证得知$F^{c}(-1)=F_{L}^{upw}$和$F^{c}(1)=F_{R}^{upw}$。因此，式(3.19)中的$F^{c}(\xi)$也是N次多项式，它近似于间断通量函数$F(\xi)$，且在单元左右两个界面处的取值为迎风通量。

利用式(3.19)，可以计算连续通量函数在ξ方向的导数：

$$\frac{\partial F^{c}(\xi)}{\partial\xi}=\frac{\partial F(\xi)}{\partial\xi}+[F_{L}^{upw}-F(-1)]\frac{\partial g_{L}(\xi)}{\partial\xi}+[F_{R}^{upw}-F(1)]\frac{\partial g_{R}(\xi)}{\partial\xi}\tag{3.20}$$

这样，解点的值可以沿着时间方向推进求解：

$$\frac{\mathrm{d}u_{j}}{\mathrm{d}t}+|\boldsymbol{J}|^{-1}\frac{\partial F_{j}^{c}(\xi)}{\partial\xi}=0,\ j=1,\ \cdots,\ N\tag{3.21}$$

式中，u_{j}为解点上守恒变量的值；$|\boldsymbol{J}|$为雅可比矩阵的行列式；$F_{j}^{c}(\xi)$为解点上的连续通量函数。

3.3.2 修正函数的构造

根据上述构造连续通量函数的过程,可以发现,修正间断通量函数在单元左右边界的跳跃是关键。因此,选择合适的修正函数是通量重构方法的核心要素。然而,在式(3.17)和式(3.18)中,修正函数 $g_L(\xi)$ 和 $g_R(\xi)$ 并没有被唯一确定。另外,能量稳定格式能够保证数值解的某种范数随时间不增长,此类格式具有良好的非线性稳定性。Vincent 等[28]针对一维线性对流方程构造了一种具有能量稳定性质的 FR(energy stable flux reconstruction, ESFR),其中含有单个参数 c 的修正函数形式使得离散格式在 c 满足一定范围时是能量稳定的。对于式(3.21),ESFR 要求修正函数满足:

$$\begin{cases} g_L = \dfrac{(-1)^N}{2}\left(L_N - \dfrac{\eta_N L_{N-1} + L_{N+1}}{1+\eta_N}\right) \\ g_R = \dfrac{1}{2}\left(L_N + \dfrac{\eta_N L_{N-1} + L_{N+1}}{1+\eta_N}\right) \end{cases} \tag{3.22}$$

式中,L_N 为 N 次 Legendre 多项式;$\eta_N = c(2N+1)(a_N N!)^2/2$;$a_N$ 为 Legendre 多项式的首项系数。同时,要求参数 c 的取值范围为

$$\frac{-2}{(2N+1)(a_N N!)^2} < c < \infty \tag{3.23}$$

选取不同的 c 可以构造出不同的修正函数,ESFR 也就可以转换为不同的格式。例如,当 $c=0$ 时恢复成节点 DG 格式,对应的修正函数为

$$\begin{cases} g_L = \dfrac{(-1)^N}{2}(L_N - L_{N+1}) \\ g_R = \dfrac{1}{2}(L_N + L_{N+1}) \end{cases} \tag{3.24}$$

为了能使 ESFR 转换为 SD 格式,必须保证在单元内各解点上修正通量的总和为零,即修正函数在解点上的值为零。因此,参数 c 和对应的修正函数分别为

$$c = \frac{2N}{(2N+1)(N+1)(a_N N!)^2} \tag{3.25}$$

$$\begin{cases} g_L = \dfrac{(-1)^N}{2}\left[L_N - \dfrac{NL_{N-1} + (N+1)L_{N+1}}{2N+1}\right] \\ g_R = \dfrac{1}{2}\left[L_N + \dfrac{NL_{N-1} + (N+1)L_{N+1}}{2N+1}\right] \end{cases} \tag{3.26}$$

此外,ESFR 还可以转换为由 Huynh 提出的原始 FR 格式。此时,参数 c 和对应的修正函数分别为

$$c = \frac{2(N+1)}{(2N+1)N(a_N N!)^2} \tag{3.27}$$

$$\begin{cases} g_{\mathrm{L}} = \dfrac{(-1)^N}{2}\left[L_N - \dfrac{(N+1)L_{N-1} + NL_{N+1}}{2N+1}\right] \\ g_{\mathrm{R}} = \dfrac{1}{2}\left[L_N + \dfrac{(N+1)L_{N-1} + NL_{N+1}}{2N+1}\right] \end{cases} \tag{3.28}$$

3.4　WENO 格式

双曲守恒律的一个显著特点是它容易产生间断解。即使对于光滑的初始条件,随着计算时间的推进,也可能产生间断解。这种现象为构造高精度数值格式带来了巨大的挑战,因为在间断附近,这种格式往往会产生伪数值振荡。因此,研究和发展稳健的高精度数值方法自始至终都是一个重要的课题。由于在光滑区域能够获得高阶精度且在间断附近具备基本无振荡属性,ENO[5,6] 和 WENO[7,8] 格式受到了极为广泛的关注和大量的研究。

ENO 格式通过逐步扩展节点模板并依据各阶差商绝对值极小的原则选择模板来提高插值精度,从而实现高分辨率和无振荡的效果。WENO 格式则继承了 ENO 格式基本无振荡的优点,能够准确捕捉激波和强间断,同时通过引入非线性权因子使其在光滑区域达到高阶精度。WENO 格式最初由 Liu 等[7] 在 1994 年提出,将原 r 阶 ENO 格式的收敛精度提高到了 $r+1$ 阶。随后,Jiang 和 Shu[8] 在 1996 年进一步提出了构造 $2r-1$ 阶 WENO 格式的框架,并给出了非常经典的五阶 WENO-JS 格式。自那时起,众多学者投入到 WENO 格式的研究中,从而使得 WENO 格式在多个方面取得了显著的发展。

至今,WENO 格式的研究成果非常丰富,呈现出多点开花的局面。一直以来,$2r-1$ 阶的 WENO 格式最为典型,其中又以五阶 WENO-JS 格式使用最为广泛[47]。通常来说,$2r-1$ 阶 WENO 格式可以划分为三个典型的类别[48]:第一类以经典 WENO-JS 格式[8] 为代表,通过提出不同的光滑因子进而发展出了一系列格式;第二类以首个加映射的 WENO-M 格式[49] 为代表,通过设计不同的映射函数同样发展出了一系列格式;第三类以首个引入全局光滑因子的 WENO-Z 格式[50] 为代表,通过提出不同的全局光滑因子也发展出了一系列格式。

WENO 格式包括有限差分 WENO 格式和有限体积 WENO 格式,而 WENO 技术可用于方程的通量以及变量(包括守恒量、特征变量、原始变量)的重构。接下

来将以一维情况为例,分别介绍 WENO - JS 格式、WENO - M 格式和 WENO - Z 格式重构变量的具体实现过程。

3.4.1 WENO - JS 格式

将计算域均匀划分为 N 个单元,网格步长为 Δx,单元中心为 x_j,单元边界为 $x_{j\pm 1/2}=x_j\pm\Delta x/2$,其中 $j=1, 2, \cdots, N$。针对 x_j,选定一个包含五个节点的模板 $\boldsymbol{S}_5=[x_{j-2}\ x_{j-1}\ x_j\ x_{j+1}\ x_{j+2}]^{\mathrm{T}}$,将其分为三个子模板 $\boldsymbol{S}_3^k=[x_{j+k-2}\ x_{j+k-1}\ x_{j+k}]^{\mathrm{T}}$,其中 k 表示节点 x_j 右侧的单元个数,这里取 $k=0$、1 和 2。在子模板 $\boldsymbol{S}_3^k$ 上,关于边界值 $u(x_{j+1/2})$ 的单元边界左偏值的三阶近似计算为

$$u_{j+1/2}^{k,-}=\sum_{i=0}^{2}c_{ki}\bar{u}_{j+k-i} \tag{3.29}$$

式中,c_{ki} 为拉格朗日插值系数,其取值与 k 有关; $\bar{u}_{j+k-i}$ 为单元平均值。对于五阶 WENO 格式,Jiang 和 Shu[8] 给出了 c_{ki} 的具体取值,将其代入式(3.29)后,可以得到:

$$\begin{cases}u_{j+1/2}^{0,-}=\dfrac{1}{3}\bar{u}_{j-2}-\dfrac{7}{6}\bar{u}_{j-1}+\dfrac{11}{6}\bar{u}_j\\ u_{j+1/2}^{1,-}=-\dfrac{1}{6}\bar{u}_{j-1}+\dfrac{5}{6}\bar{u}_j+\dfrac{1}{3}\bar{u}_{j+1}\\ u_{j+1/2}^{2,-}=\dfrac{1}{3}\bar{u}_j+\dfrac{5}{6}\bar{u}_{j+1}-\dfrac{1}{6}\bar{u}_{j+2}\end{cases} \tag{3.30}$$

通过对式(3.29)或式(3.30)中的 $u_{j+1/2}^{k,-}$ 进行凸组合,可以建立满足 $u_{j+1/2}^{-}=u(x_{j+1/2})+O(\Delta x^5)$ 的五阶多项式近似:

$$u_{j+1/2}^{-}=\sum_{k=0}^{2}\omega_k u_{j+1/2}^{k,-} \tag{3.31}$$

式中,ω_k 为考虑解光滑性的加权系数,它满足 $\omega_k\geqslant 0$ 且 $\omega_0+\omega_1+\omega_2=1$。对于 WENO - JS 格式,其计算方法为

$$\begin{cases}\omega_k^{\mathrm{JS}}=\dfrac{\alpha_k}{\alpha_0+\alpha_1+\alpha_2}\\ \alpha_k=\dfrac{\gamma_k}{(\vartheta+\beta_k)^2}\end{cases} \tag{3.32}$$

式中,γ_k 为最佳权系数,它满足 $\sum_{k=0}^{2}\gamma_k u_{j+1/2}^{k,-}=u(x_{j+1/2})+O(\Delta x^5)$;$\vartheta$ 为一个小正数,

以避免分母为零(一般取为 10^{-6});β_k 为光滑因子。在 WENO－JS 格式中,最佳权系数和光滑因子分别为

$$\begin{cases} \gamma_0 = 0.1 \\ \gamma_1 = 0.6 \\ \gamma_2 = 0.3 \end{cases} \tag{3.33}$$

$$\begin{cases} \beta_0 = \dfrac{13}{12}(\bar{u}_{j-2} - 2\bar{u}_{j-1} + \bar{u}_j)^2 + \dfrac{1}{4}(\bar{u}_{j-2} - 4\bar{u}_{j-1} + 3\bar{u}_j)^2 \\ \beta_1 = \dfrac{13}{12}(\bar{u}_{j-1} - 2\bar{u}_j + \bar{u}_{j+1})^2 + \dfrac{1}{4}(\bar{u}_{j-1} - \bar{u}_{j+1})^2 \\ \beta_2 = \dfrac{13}{12}(\bar{u}_j - 2\bar{u}_{j+1} + \bar{u}_{j+2})^2 + \dfrac{1}{4}(3\bar{u}_j - 4\bar{u}_{j+1} + \bar{u}_{j+2})^2 \end{cases} \tag{3.34}$$

3.4.2　WENO－M 格式

WENO－M 格式开创性地提出了一个关于加权系数 ω 的映射函数,其表达式为

$$g_k(\omega) = \frac{\omega(\gamma_k + \gamma_k^2 - 3\gamma_k\omega + \omega^2)}{\gamma_k^2 + (1 - 2\gamma_k)\omega}, \ \omega \in [0,\ 1] \tag{3.35}$$

式中,γ_k 为 WENO－JS 格式中的最佳权系数。该映射函数在[0, 1]区间里以有限的速率单调递增。利用该映射函数,WENO－M 格式中加权系数的计算表达式为

$$\begin{cases} \omega_k^{\mathrm{M}} = \dfrac{\alpha_k^{\mathrm{M}}}{\alpha_0^{\mathrm{M}} + \alpha_1^{\mathrm{M}} + \alpha_2^{\mathrm{M}}} \\ \alpha_k^{\mathrm{M}} = g_k(\omega_k^{\mathrm{JS}}) \end{cases} \tag{3.36}$$

式中,ω_k^{JS} 为 WENO－JS 格式中的加权系数。Henrick 等[49]已经证明,在包含一阶临界点的光滑区域五阶 WENO－M 格式仍然能够达到理想的五阶精度。

3.4.3　WENO－Z 格式

WENO－Z 格式中加权系数的计算表达式为

$$\begin{cases} \omega_k^{\mathrm{Z}} = \dfrac{\alpha_k^{\mathrm{Z}}}{\alpha_0^{\mathrm{Z}} + \alpha_1^{\mathrm{Z}} + \alpha_2^{\mathrm{Z}}} \\ \alpha_k^{\mathrm{Z}} = \gamma_k\left[1 + \left(\dfrac{\tau_5}{\vartheta + \beta_k}\right)^p\right] \end{cases} \tag{3.37}$$

式中，γ_k 为 WENO－JS 格式中的最佳权系数；$\tau_5 = |\beta_0 - \beta_2|$ 为全局光滑因子；β_k 为 WENO－JS 格式中的光滑因子；p 为幂指数。在 WENO－Z 格式中，p 通常取 1 或者 2。当存在一阶临界点时[50]，$p = 1$ 只能获得四阶收敛精度，$p = 2$ 则能获得五阶收敛精度。

参考文献

[1] Ekaterinaris J A. High-order accurate, low numerical diffusion methods for aerodynamics[J]. Progress in Aerospace Sciences, 2005, 41(3－4): 192－300.

[2] Wang Z J. High-order methods for the Euler and Navier-Stokes equations on unstructured grids[J]. Progress in Aerospace Sciences, 2007, 43(1－3): 1－41.

[3] 张涵信. 无波动、无自由参数的耗散差分格式[J]. 空气动力学学报，1988，6(2): 143－165.

[4] 张涵信，贺国宏，张雷. 高精度差分求解气动方程的几个问题[J]. 空气动力学学报，1993，11(4): 347－356.

[5] Harten A, Osher S. Uniformly high-order accurate non-oscillatory schemes[J]. SIAM Journal on Numerical Analysis, 1987, 24(2): 279－309.

[6] Shu C W, Osher S. Efficient implementation of essentially non-oscillatory shock-capturing schemes[J]. Journal of Computational Physics, 1988, 77(2): 439－471.

[7] Liu X D, Osher S, Chan T. Weighted essentially non-oscillatory schemes[J]. Journal of Computational Physics, 1994, 115(1): 200－212.

[8] Jiang G S, Shu C W. Efficient implementation of weighted ENO schemes[J]. Journal of Computational Physics, 1996, 126(1): 202－228.

[9] Levy D, Puppo G, Russo G. Compact central WENO schemes for multidimensional conservation laws[J]. SIAM Journal on Scientific Computing, 2000, 22(2): 656－672.

[10] Qiu J, Shu C W. Hermite WENO schemes and their application as limiters for Runge-Kutta discontinuous Galerkin method: One-dimensional case[J]. Journal of Computational Physics, 2004, 193(1): 115－135.

[11] Henrick A K, Aslam T D, Powers J M. Mapped weighted essentially non-oscillatory schemes: Achieving optimal order near critical points[J]. Journal of Computational Physics, 2005, 207(2): 542－567.

[12] Borges R, Carmona M, Costa B, et al. An improved weighted essentially non-oscillatory scheme for hyperbolic conservation laws[J]. Journal of Computational Physics, 2008, 227(6): 3191－3211.

[13] Deng X, Zhang H. Developing high-order weighted compact nonlinear schemes[J]. Journal of Computational Physics, 2000, 165(1): 22－44.

[14] Nonomura T, Fujii K. Effects of difference scheme type in high-order weighted compact nonlinear schemes[J]. Journal of Computational Physics, 2009, 228(10): 3533－3539.

[15] Cockburn B, Lin S Y, Shu C W. TVB Runge-Kutta local projection discontinuous Galerkin finite element method for conservation laws III: One-dimensional systems[J]. Journal of Computational Physics, 1989, 84(1): 90－113.

[16] Atkins H L, Shu C W. Quadrature-free implementation of discontinuous Galerkin method for hyperbolic equations[J]. AIAA Journal, 1998, 36(5): 775-782.

[17] Cockburn B, Shu C W. Runge-Kutta discontinuous Galerkin methods for convection-dominated problems[J]. Journal of Scientific Computing, 2001, 16(3): 173-261.

[18] Hesthaven J S, Warburton T. Nodal discontinuous Galerkin methods: Algorithms, analysis, and applications[M]. New York: Springer, 2008.

[19] Kopriva D A. A staggered-grid multidomain spectral method for the compressible Navier-Stokes equations[J]. Journal of Computational Physics, 1998, 143(1): 125-158.

[20] Sun Y, Wang Z J, Liu Y. High-order multidomain spectral difference method for the Navier-Stokes equations on unstructured hexahedral grids[J]. Communications in Computational Physics, 2007, 2(2): 310-333.

[21] Liang C, Jameson A, Wang Z J. Spectral difference method for compressible flow on unstructured grids with mixed elements[J]. Journal of Computational Physics, 2009, 228(8): 2847-2858.

[22] Balan A, May G, Schöberl J. A stable high-order spectral difference method for hyperbolic conservation laws on triangular elements[J]. Journal of Computational Physics, 2012, 231(5): 2359-2375.

[23] Wang Z J. Spectral (finite) volume method for conservation laws on unstructured grids: Basic formulation[J]. Journal of Computational Physics, 2002, 178(1): 210-251.

[24] Chen Q Y. Partitions for spectral (finite) volume reconstruction in the tetrahedron[J]. Journal of Scientific Computing, 2006, 29(3): 299-319.

[25] Huynh H T. A flux reconstruction approach to high-order schemes including discontinuous Galerkin methods[C]//18th AIAA Computational Fluid Dynamics Conference, Miami, 2007.

[26] Huynh H T. A reconstruction approach to high-order schemes including discontinuous Galerkin for diffusion[C]//47th AIAA Aerospace Sciences Meeting including the New Horizons Forum and Aerospace Exposition, Orlando, 2009.

[27] Wang Z J, Gao H. A unifying lifting collocation penalty formulation including the discontinuous Galerkin, spectral volume/difference methods for conservation laws on mixed grids[J]. Journal of Computational Physics, 2009, 228(21): 8161-8186.

[28] Vincent P E, Castonguay P, Jameson A. A new class of high-order energy stable flux reconstruction schemes[J]. Journal of Scientific Computing, 2011, 47(1): 50-72.

[29] Dumbser M, Balsara D S, Toro E F, et al. A unified framework for the construction of one-step finite volume and discontinuous Galerkin schemes on unstructured meshes[J]. Journal of Computational Physics, 2008, 227(18): 8209-8253.

[30] Dumbser M. Arbitrary high order $P_N P_M$ schemes on unstructured meshes for the compressible Navier-Stokes equations[J]. Computers & Fluids, 2010, 39(1): 60-76.

[31] Luo H, Baum J D, Löhner R. A discontinuous Galerkin method based on a Taylor basis for the compressible flows on arbitrary grids[J]. Journal of Computational Physics, 2008, 227(20): 8875-8893.

[32] Wang Z J, Shi L, Fu S, et al. A $P_N P_M$-CPR framework for hyperbolic conservation laws[C]// 20th AIAA Computational Fluid Dynamics Conference, Honolulu, 2011.

[33] Zhang L, Liu W, He L, et al. A class of hybrid DG/FV methods for conservation laws I: Basic formulation and one-dimensional systems[J]. Journal of Computational Physics, 2012, 231(4): 1081-1103.

[34] Luo H, Xia Y, Spiegel S, et al. A reconstructed discontinuous Galerkin method based on a hierarchical WENO reconstruction for compressible flows on tetrahedral grids[J]. Journal of Computational Physics, 2013, 236: 477-492.

[35] Shu C W. High order WENO and DG methods for time-dependent convection-dominated PDEs: A brief survey of several recent developments[J]. Journal of Computational Physics, 2016, 316: 598-613.

[36] Wang Z J, Fidkowski K, Abgrall R, et al. High-order CFD methods: Current status and perspective[J]. International Journal for Numerical Methods in Fluids, 2013, 72(8): 811-845.

[37] Kroll N. ADIGMA-A European project on the development of adaptive higher order variational methods for aerospace applications[C]//47th AIAA Aerospace Sciences Meeting including the New Horizons Forum and Aerospace Exposition, Orlando, 2009.

[38] Jameson A., Vincent P E, Castonguay P. On the non-linear stability of flux reconstruction schemes[J]. Journal of Scientific Computing, 2012, 50(2): 434-445.

[39] Huynh H T, Wang Z J, Vincent P E. High-order methods for computational fluid dynamics: A brief review of compact differential formulations on unstructured grids[J]. Computers & Fluids, 2014, 98: 209-220.

[40] Yu M, Wang Z J, Liu Y. On the accuracy and efficiency of discontinuous Galerkin, spectral difference and correction procedure via reconstruction methods[J]. Journal of Computational Physics, 2014, 259: 70-95.

[41] Witherden F D, Farrington A M, Vincent P E. PyFR: An open source framework for solving advection-diffusion type problems on streaming architectures using the flux reconstruction approach[J]. Computer Physics Communications, 2014, 185(11): 3028-3040.

[42] Jia F, Ims J, Wang Z J, et al. Evaluation of second- and high-order solvers in wall-resolved large-eddy simulation[J]. AIAA Journal, 2019, 57(4): 1636-1648.

[43] Jameson A. A proof of the stability of the spectral difference method for all orders of accuracy [J]. Journal of Scientific Computing, 2010, 45(1-3): 348-358.

[44] Xie L, Xu M, Zhang B, et al. A new spectral difference method using hierarchical polynomial bases for hyperbolic conservation laws[J]. Journal of Computational Physics, 2015, 284: 434-461.

[45] Roe P L. Approximate Riemann solvers, parameter vectors, and difference schemes[J]. Journal of Computational Physics, 1981, 43(2): 357-372.

[46] van den Abeele K, Lacor C, Wang Z J. On the stability and accuracy of the spectral difference method[J]. Journal of Scientific Computing, 2008, 37(2): 162-188.

[47] Shu C W. High order weighted essentially nonoscillatory schemes for convection dominated problems[J]. SIAM Review, 2009, 51(1): 82-126.

[48] Castro M, Costa B, Don W S. High order weighted essentially non-oscillatory WENO-Z schemes for hyperbolic conservation laws[J]. Journal of Computational Physics, 2011, 230

(5): 1766 - 1792.

[49] Henrick A K, Aslam T D, Powers J M. Mapped weighted essentially non-oscillatory schemes: Achieving optimal order near critical points[J]. Journal of Computational Physics, 2005, 207 (2): 542 - 567.

[50] Borges R, Carmona M, Costa B, et al. An improved weighted essentially non-oscillatory scheme for hyperbolic conservation laws[J]. Journal of Computational Physics, 2008, 227 (6): 3191 - 3211.

第4章　不可压等温流的高精度玻尔兹曼方法

通常，当流动马赫数低于0.3时，流体的压缩性可以忽略不计，这样的流动称为不可压流。不可压流在工业生产和日常生活中都有广泛的应用。例如，风力发电、汽车、船舶、石油开采、建筑等行业涉及的流场环境都可以视为不可压。因此，对不可压流的研究对于工业生产的设计具有重要的指导作用。在计算机技术和数值方法快速发展的当下，计算流体力学（CFD）是解决工程实际问题的重要手段之一。传统CFD方法求解不可压流动问题通常是基于连续介质假设，通过求解不可压N－S方程获得相应的流场变量。

4.1　FR－LBM

在过去的三十年间，格子Boltzmann方法（LBM）已经被发展到诸多领域，除了作为N－S方程的替代工具，还可以用作其他偏微分方程的解法器。尤其是在不可压流动模拟方面，LBM被广泛认为是一种简单高效的数值工具。LBM中的格子Boltzmann方程（LBE）可以看作是离散速度Boltzmann方程（DVBE）的一种差分格式。已证明，物理对称性和格子对称性可以分开处理[1]，物理空间的离散可以独立于速度空间的离散，这样就可以将离散速度和计算网格进行解耦。在这一思想指导下建立起来的方法一般称为非标准LBM（OLBM）。

早期的OLBM大多只有二阶精度，并且相比标准LBM会引入更大的数值耗散。近十多年来，高精度格式开始引起学者们的广泛关注。但是，利用高精度格式求解N－S方程数值模拟不可压流的算法一般较为复杂，主要因为N－S方程的对流项是非线性，黏性项包含二阶偏导数，以及压强和速度的耦合。而DVBE可以看成一组线性偏微分方程，它的曲线坐标形式相比N－S方程也要简洁得多，所以用高精度格式求解DVBE要容易得多。近年来，研究人员发展了若干种高阶的OLBM[2-7]。然而，这些高阶OLBM的时间离散都采用显式格式。当雷诺数较高时，DVBE碰撞项的刚性将严重限制时间步长，大大降低计算效率。目前应对这种问题的方法主要有两种，一种是将碰撞项隐式处理，直接求解DVBE（直接法），常用的方法有基于半隐格式的显式方法[8]和隐式-显式（IMEX）Runge-Kutta方法[9]；另一种是将计算分为两步（分步法），首先执行碰撞步,这和标准 LBM 一样,然后在迁移步采用高精度格式求解一个纯对流方程。

本节提供一种基于通量重构(FR)[10]的高精度 LBM(FR－LBM)。该方法使用高阶 FR 方法对广义曲线坐标系中的 DVBE 进行空间离散,采用高阶 IMEX Runge-Kutta 方法[9]进行时间离散。相比于现有的高阶 OLBM,FR－LBM 具有更高的效率,尤其是在高雷诺数情况下,并且能更好地适应复杂的几何形状。

4.1.1　控制方程

本节考虑二维黏性不可压等温流问题,在不考虑外力情况下,基于 BGK 碰撞模型的离散速度 Boltzmann 方程[11]可写为

$$\frac{\partial f_\alpha}{\partial t} + \boldsymbol{e}_\alpha \cdot \nabla f_\alpha = \frac{f_\alpha^{\mathrm{eq}} - f_\alpha}{\tau_{\mathrm{v}}} \tag{4.1}$$

式中,t 为时间;下标 α 为离散速度方向;f_α 为分布函数;f_α^{eq} 为相应的平衡分布函数;$\boldsymbol{e}_\alpha$ 为格子速度矢量;τ_{v} 为松弛时间。为了减少压缩性误差,本节采用 He 和 Luo 提出不可压模型[12],平衡分布函数 f_α^{eq} 定义为

$$f_\alpha^{\mathrm{eq}} = \omega_\alpha \left\{ p + p_0 \left[\frac{\boldsymbol{e}_\alpha \cdot \boldsymbol{u}}{c_s^2} + \frac{(\boldsymbol{e}_\alpha \cdot \boldsymbol{u})^2}{2c_s^4} - \frac{\boldsymbol{u} \cdot \boldsymbol{u}}{2c_s^2} \right] \right\} \tag{4.2}$$

式中,ω_α 为权系数;p 为流体压强;p_0 为参考压强;$\boldsymbol{u}$ 为流体速度矢量;c_s 为声速。压强和速度矢量的计算表达式为

$$\begin{cases} p = \sum_\alpha f_\alpha \\ p_0 \boldsymbol{u} = \sum_\alpha \boldsymbol{e}_\alpha f_\alpha \end{cases} \tag{4.3}$$

本节采用 $D2Q9$ 模型,相应的格子速度矢量和权系数为

$$\boldsymbol{e}_\alpha = \begin{cases} (0,\ 0), & \alpha = 0 \\ (\pm 1,\ 0), (0,\ \pm 1), & \alpha = 1,\ 2,\ 3,\ 4 \\ (\pm 1,\ \pm 1), & \alpha = 5,\ 6,\ 7,\ 8 \end{cases} \tag{4.4}$$

$$\omega_\alpha = \begin{cases} 4/9, & \alpha = 0 \\ 1/9, & \alpha = 1,\ 2,\ 3,\ 4 \\ 1/36, & \alpha = 5,\ 6,\ 7,\ 8 \end{cases} \tag{4.5}$$

此外，$c_s = 1/\sqrt{3}$，$p_0 = 1$。流体的运动黏性系数 ν 与松弛时间 τ_v 的关系为 $\nu = \tau_v c_s^2$。

4.1.2 方程离散

1. FR 方法空间离散

本节使用 FR 方法对方程(4.1)进行空间离散。为此，首先需要将整个计算域划分为 N 个相互不重叠的四边形物理单元。为了在每个物理单元内采用统一的插值函数，简化计算过程，需要把不规则的物理单元映射到一个$[-1, 1]\times[-1, 1]$的标准单元，每个求解点在标准单元的坐标是一致的。物理空间全局坐标系(x, y)与标准单元局部坐标系(ξ, η)之间的可逆转换关系为

$$\begin{bmatrix} x(\xi, \eta) \\ y(\xi, \eta) \end{bmatrix} = \sum_{i=1}^{K} M_i(\xi, \eta) \begin{pmatrix} x_i \\ y_i \end{pmatrix} \tag{4.6}$$

式中，K 为单元中定义的节点的数量；$M_i(\xi, \eta)$为映射函数。本节的数值模拟将使用直边单元和曲边单元，如图 4.1 所示。

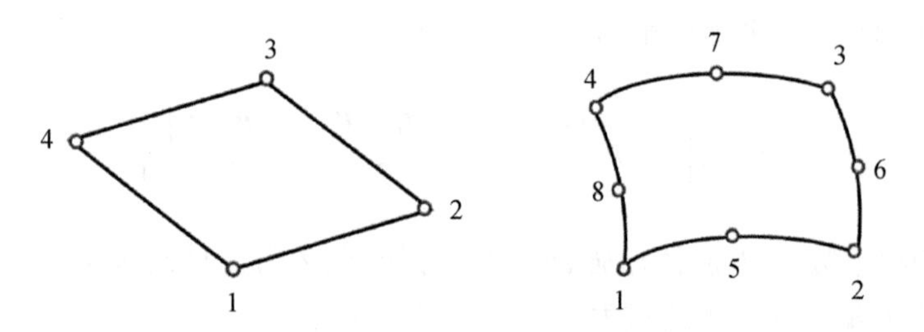

图 4.1　直边单元(左)和曲边单元(右)

对于直边单元，$K = 4$，$M_i(\xi, \eta)$的定义为

$$\begin{cases} M_1(\xi, \eta) = \dfrac{1}{4}(1-\xi)(1-\eta) \\ M_2(\xi, \eta) = \dfrac{1}{4}(1+\xi)(1-\eta) \\ M_3(\xi, \eta) = \dfrac{1}{4}(1+\xi)(1+\eta) \\ M_4(\xi, \eta) = \dfrac{1}{4}(1-\xi)(1+\eta) \end{cases} \tag{4.7}$$

对于曲边单元，$K = 8$，$M_i(\xi, \eta)$的定义为

$$\begin{cases} M_1(\xi,\ \eta)=\dfrac{1}{4}(1-\xi)(1-\eta)(-\xi-\eta-1) \\ M_2(\xi,\ \eta)=\dfrac{1}{4}(1+\xi)(1-\eta)(\xi-\eta-1) \\ M_3(\xi,\ \eta)=\dfrac{1}{4}(1+\xi)(1+\eta)(\xi+\eta-1) \\ M_4(\xi,\ \eta)=\dfrac{1}{4}(1-\xi)(1+\eta)(-\xi+\eta-1) \\ M_5(\xi,\ \eta)=\dfrac{1}{2}(1-\xi^2)(1-\eta) \\ M_6(\xi,\ \eta)=\dfrac{1}{2}(1-\eta^2)(1+\xi) \\ M_7(\xi,\ \eta)=\dfrac{1}{2}(1-\xi^2)(1+\eta) \\ M_8(\xi,\ \eta)=\dfrac{1}{2}(1-\eta^2)(1-\xi) \end{cases} \tag{4.8}$$

根据坐标变换关系,方程(4.1)在标准单元中的表达形式为

$$\frac{\partial \hat{f}_\alpha}{\partial t}+\frac{\partial \hat{F}_\xi}{\partial \xi}+\frac{\partial \hat{F}_\eta}{\partial \eta}=\frac{\hat{f}_\alpha^{eq}-\hat{f}_\alpha}{\tau_v} \tag{4.9}$$

式中,$\hat{f}_\alpha$、$\hat{f}_\alpha^{eq}$、$\hat{F}_\xi$ 和 $\hat{F}_\eta$ 分别为局部坐标系下的分布函数、平衡分布函数、ξ 方向和 η 方向的通量。它们的表达式为

$$\begin{cases} \hat{f}_\alpha=|\boldsymbol{J}|\ f_\alpha \\ \hat{f}_\alpha^{eq}=|\boldsymbol{J}|\ f_\alpha^{eq} \\ \hat{F}_\xi=|\boldsymbol{J}|\ \boldsymbol{J}^{-1}e_{\alpha x}f_a \\ \hat{F}_\eta=|\boldsymbol{J}|\ \boldsymbol{J}^{-1}e_{\alpha y}f_a \end{cases} \tag{4.10}$$

式中,$\boldsymbol{J}$ 为映射函数 $M_i(\xi,\ \eta)$ 的雅可比矩阵;$|\boldsymbol{J}|$ 为雅可比矩阵的行列式。$\boldsymbol{J}$ 的计算表达式为

$$\boldsymbol{J}=\begin{bmatrix} \dfrac{\partial x}{\partial \xi} & \dfrac{\partial x}{\partial \eta} \\ \dfrac{\partial y}{\partial \xi} & \dfrac{\partial y}{\partial \eta} \end{bmatrix} \tag{4.11}$$

为了在标准单元内构造高阶的连续通量插值多项式,需要定义两类点集,即解

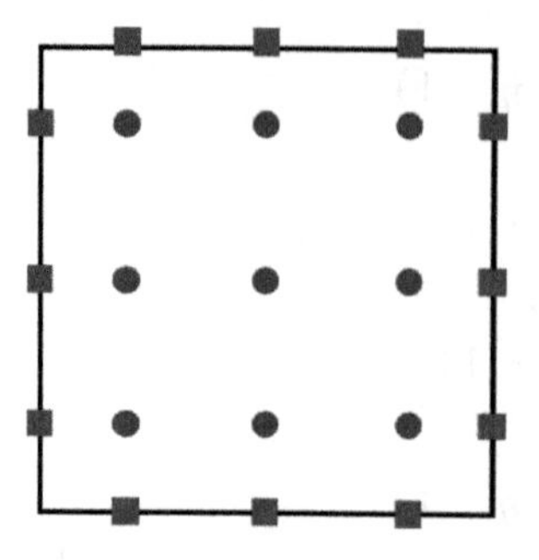

图 4.2 FR 方法标准单元中解点(圆形)和通量点(正方形)分布

点和通量点。在本节中,选择 Gauss-Legendre 点作为解点,通量点为每个方向上的边界点,如图 4.2 所示。为了取得 $P+1$ 阶精度,需要在标准单元内布置 $(P+1)\times(P+1)$ 个的解点。

在标准单元内,通过两个一维插值基函数的张量积,可以构建方程(4.9)中两个二维通量 $\hat{F}_{\xi}$ 和 $\hat{F}_{\eta}$ 的插值多项式:

$$\begin{cases} \hat{F}_{\xi}^{\mathrm{D}}(\xi,\ \eta) = \sum_{i=1}^{P+1} \sum_{j=1}^{P+1} \hat{F}_{\xi,\ i,\ j} \ell_i(\xi) \ell_j(\eta) \\ \hat{F}_{\eta}^{\mathrm{D}}(\xi,\ \eta) = \sum_{i=1}^{P+1} \sum_{j=1}^{P+1} \hat{F}_{\eta,\ i,\ j} \ell_i(\xi) \ell_j(\eta) \end{cases} \tag{4.12}$$

式中,$\hat{F}_{\xi,\ i,\ j}$ 和 $\hat{F}_{\eta,\ i,\ j}$ 分别为解点$(\xi_i,\ \eta_j)$上的 ξ 方向和 η 方向的通量;ℓ_i(或 ℓ_j)为拉格朗日插值基函数。ℓ_i 的定义为

$$\ell_i(X) = \prod_{k=1,\ i\neq k}^{P+1} \left(\frac{X - X_k}{X_i - X_k}\right),\ i = 1,\ 2,\ 3,\ \cdots,\ P+1 \tag{4.13}$$

式(4.12)构建的通量插值多项式 $\hat{F}_{\xi}^{\mathrm{D}}$ 和 $\hat{F}_{\eta}^{\mathrm{D}}$ 未考虑相邻单元的影响,所以它们在单元界面上是不连续的,这是非物理的。定义每个单元 ξ 方向和 η 方向的连续通量多项式为 $\hat{F}_{\xi}^{\mathrm{C}}(\xi)$ 和 $\hat{F}_{\eta}^{\mathrm{C}}(\eta)$。为了重构 $\hat{F}_{\xi}^{\mathrm{C}}(\xi)$ 和 $\hat{F}_{\eta}^{\mathrm{C}}(\eta)$,需要利用单元界面上的公共通量 $\hat{F}_{\xi}^{\mathrm{com}}$ 和 $\hat{F}_{\eta}^{\mathrm{com}}$ 对不连续通量多项式 $\hat{F}_{\xi}^{\mathrm{D}}$ 和 $\hat{F}_{\eta}^{\mathrm{D}}$ 进行修正,即

$$\begin{cases} \hat{F}_{\xi}^{\mathrm{C}}(\xi) = \hat{F}_{\xi}^{\mathrm{D}}(\xi) + (\hat{F}_{\xi,\ \mathrm{L}}^{\mathrm{com}} - \hat{F}_{\xi}^{\mathrm{D}}(-1))g_{\mathrm{L}}(\xi) + (\hat{F}_{\xi,\ \mathrm{R}}^{\mathrm{com}} - \hat{F}_{\xi}^{\mathrm{D}}(1))g_{\mathrm{R}}(\xi) \\ \hat{F}_{\eta}^{\mathrm{C}}(\eta) = \hat{F}_{\eta}^{\mathrm{D}}(\eta) + (\hat{F}_{\eta,\ \mathrm{D}}^{\mathrm{com}} - \hat{F}_{\eta}^{\mathrm{D}}(-1))g_{\mathrm{D}}(\eta) + (\hat{F}_{\eta,\ \mathrm{U}}^{\mathrm{com}} - \hat{F}_{\eta}^{\mathrm{D}}(1))g_{\mathrm{U}}(\eta) \end{cases} \tag{4.14}$$

式中,$\hat{F}_{\xi}^{\mathrm{D}}(\xi)$ 为式(4.12)中 η 取某常数的 ξ 方向通量;$\hat{F}_{\eta}^{\mathrm{D}}(\eta)$ 为式(4.12)中 ξ 取某常数的 η 方向通量;下标 L 和 R 分别为单元的左边界和右边界;下标 U 和 D 分别为单元的上边界和下边界;$g_{\mathrm{L}}(\xi)$ 和 $g_{\mathrm{R}}(\xi)$ 分别为 ξ 方向的左右边界修正函数;$g_{\mathrm{U}}(\eta)$ 和 $g_{\mathrm{D}}(\eta)$ 分别为 η 方向的上下边界修正函数。修正函数满足的条件为:$g_{\mathrm{L}}(-1) = g_{\mathrm{D}}(-1) = 1,\ g_{\mathrm{L}}(1) = g_{\mathrm{D}}(1) = 0,\ g_{\mathrm{R}}(-1) = g_{\mathrm{U}}(-1) = 0,\ g_{\mathrm{R}}(1) = g_{\mathrm{U}}(1) = 1$。单元界面上的公共通量 $\hat{F}^{\mathrm{com}}$ 和 $\hat{\boldsymbol{G}}^{\mathrm{com}}$ 可以采用 Roe 格式[13]计算。

分别对式(4.14)中的 $\hat{F}_{\xi}^{\mathrm{C}}(\xi)$ 和 $\hat{F}_{\eta}^{\mathrm{C}}(\eta)$ 关于 ξ 和 η 求导,可得式(4.9)中对流项的空间离散,即

$$\begin{cases}\dfrac{\mathrm{d}\hat{F}_{\xi}^{\mathrm{C}}(\xi)}{\mathrm{d}\xi}=\dfrac{\mathrm{d}\hat{F}_{\xi}^{\mathrm{D}}(\xi)}{\mathrm{d}\xi}+(\hat{F}_{\xi,\mathrm{L}}^{\mathrm{com}}-\hat{F}_{\xi}^{\mathrm{D}}(-1))\dfrac{\mathrm{d}g_{\mathrm{L}}(\xi)}{\mathrm{d}\xi}\\ \qquad\qquad+(\hat{F}_{\xi,\mathrm{R}}^{\mathrm{com}}-\hat{F}_{\xi}^{\mathrm{D}}(1))\dfrac{\mathrm{d}g_{\mathrm{R}}(\xi)}{\mathrm{d}\xi}\\ \dfrac{\mathrm{d}\hat{F}_{\eta}^{\mathrm{C}}(\eta)}{\mathrm{d}\eta}=\dfrac{\mathrm{d}\hat{F}_{\eta}^{\mathrm{D}}(\eta)}{\mathrm{d}\eta}+(\hat{F}_{\eta,\mathrm{D}}^{\mathrm{com}}-\hat{F}_{\eta}^{\mathrm{D}}(-1))\dfrac{\mathrm{d}g_{\mathrm{D}}(\eta)}{\mathrm{d}\eta}\\ \qquad\qquad+(\hat{F}_{\eta,\mathrm{U}}^{\mathrm{com}}-\hat{F}_{\eta}^{\mathrm{D}}(1))\dfrac{\mathrm{d}g_{\mathrm{U}}(\eta)}{\mathrm{d}\eta}\end{cases} \tag{4.15}$$

2. IMEX Runge-Kutta 方法时间离散

当使用显式时间推进格式时,时间步长受到 CFL 条件数和碰撞松弛时间的限制。对于雷诺数较高的流动问题,时间步长会进一步受到松弛时间的限制,方程呈现强刚性,从而导致计算效率较低。为了提高计算效率并保持高阶时间离散的精度,本节采用 IMEX Runge-Kutta 方法。该方法对方程(4.9)右端的碰撞项进行隐式时间离散,对方程(4.9)左端的对流项进行显式时间离散。隐式处理碰撞项可以克服方程的刚性,从而使得时间步长的限制仅取决于对流项的显式离散。该方案可以表示为

$$\begin{cases}f_{\alpha}^{(j)}=f_{\alpha}^{t}-\Delta t\sum\limits_{k=1}^{j-1}\tilde{m}_{jk}(\boldsymbol{e}_{\alpha}\cdot\nabla f_{\alpha}^{(k)})-\Delta t\sum\limits_{k=1}^{j}m_{jk}\dfrac{f_{\alpha}^{(k)}-f_{\alpha}^{\mathrm{eq}(k)}}{\tau_{\mathrm{v}}}\\ f_{\alpha}^{t+\Delta t}=f_{\alpha}^{t}-\Delta t\sum\limits_{j=1}^{r}\tilde{n}_{j}(\boldsymbol{e}_{\alpha}\cdot\nabla f_{\alpha}^{(k)})-\Delta t\sum\limits_{j=1}^{r}n_{j}\dfrac{f_{\alpha}^{(k)}-f_{\alpha}^{\mathrm{eq}(k)}}{\tau_{\mathrm{v}}}\end{cases} \tag{4.16}$$

式中,$f_{\alpha}^{(j)}$ 和$f_{\alpha}^{\mathrm{eq}(j)}$ 分别为第j时间步的分布函数和平衡分布函数;r 为一个时间层内的步数; $\tilde{m}_{jk}$ 和 m_{jk} 分别为 $r\times r$ 矩阵 $\tilde{\boldsymbol{M}}$ 和 $\boldsymbol{M}$ 的元素; $\tilde{n}_j$ 和 n_j 分别为 r 维向量 $\tilde{\boldsymbol{n}}$ 和 $\boldsymbol{n}$ 的元素。$f_{\alpha}^{(j)}$ 的最终表达式为[9]

$$f_{\alpha}^{(j)}=\frac{f_{\alpha}^{t}-\Delta t\sum\limits_{k=1}^{j-1}\tilde{m}_{jk}(\boldsymbol{e}_{\alpha}\cdot\nabla f_{\alpha}^{(k)})-\Delta t\sum\limits_{k=1}^{j-1}m_{jk}\dfrac{f_{\alpha}^{(k)}-f_{\alpha}^{\mathrm{eq}(k)}}{\tau_{\mathrm{v}}}+\dfrac{\Delta t}{\tau_{\mathrm{v}}}m_{jj}f_{\alpha}^{\mathrm{eq}(j)}}{1+\dfrac{\Delta t}{\tau_{\mathrm{v}}}m_{jj}} \tag{4.17}$$

这样,隐式被完全消除,无须迭代。因此,该方法保持了隐式求解快速和显式求解适用于非稳态问题的双重优点。

本节采用三步二阶和四步三阶 IMEX Runge-Kutta 方法进行数值模拟。对于定

常问题，采用二阶 IMEX Runge-Kutta 方法以实现快速收敛，矩阵和向量为

$$\begin{cases} \tilde{\boldsymbol{M}} = \begin{bmatrix} 0 & 0 & 0 \\ 0 & 0 & 0 \\ 0 & 1 & 0 \end{bmatrix} \\ \boldsymbol{M} = \begin{bmatrix} 1/2 & 0 & 0 \\ -1/2 & 1/2 & 0 \\ 0 & 1/2 & 1/2 \end{bmatrix} \\ \tilde{\boldsymbol{n}} = \boldsymbol{n} = [0 \quad 1/2 \quad 1/2] \end{cases} \tag{4.18}$$

对非定常问题，采用三阶 MEX Runge-Kutta 方法以保证时间精度，矩阵和向量为

$$\begin{cases} \tilde{\boldsymbol{M}} = \begin{bmatrix} 0 & 0 & 0 & 0 \\ 0 & 0 & 0 & 0 \\ 0 & 1 & 0 & 0 \\ 0 & 1/4 & 1/4 & 0 \end{bmatrix} \\ \boldsymbol{M} = \begin{bmatrix} m_{11} & 0 & 0 & 0 \\ -m_{11} & m_{11} & 0 & 0 \\ 0 & 1-m_{11} & m_{11} & 0 \\ m_{41} & m_{42} & 1/2 - m_{11} - m_{41} - m_{42} & m_{11} \end{bmatrix} \\ \tilde{\boldsymbol{n}} = \boldsymbol{n} = [0 \quad 1/6 \quad 1/6 \quad 2/3] \end{cases} \tag{4.19}$$

式中，$m_{11} = 0.241\,694\,260\,788\,21$，$m_{41} = 0.060\,423\,565\,197\,05$，$m_{42} = 0.129\,152\,869\,605\,9$。

3. 边界条件

Li[6]采用非平衡外推方法[14]处理除周期边界之外的其他边界条件。他在所有粒子方向上都使用非平衡外推。平衡部分可以根据边界的宏观量直接求得，而非平衡部分可以由求解点的非平衡部分通过拉格朗日插值得到。然而，通过数值试验发现这种方法的稳定性较差，本节仅在飞向壁面的粒子方向使用非平衡外推。

4.1.3 数值模拟与结果讨论

本小节开展若干典型黏性不可压等温流问题的数值模拟，以测试所提出的 FR－LBM 的稳定性、精度和效率。这些问题包括双周期剪切层流、圆柱 Couette 流以及圆柱绕流。这些问题涉及均匀和非均匀、直线和曲线边界的网格。此外，还与

现有的高阶 OLBM 以及其他数值方法的结果和实验结果进行对比。

1. 双周期剪切层流

双周期剪切层流是测试数值方法稳定性的经典算例，它也被标准 LBM 和几种高阶 OLBM 测试过。本算例描述了两个扰动薄剪切层的卷起，由于 Kelvin-Helmholtz 不稳定性，最终形成了两个逆时针旋转的涡旋。在本算例中，无量纲的初始速度场为

$$\begin{cases} \dfrac{u}{u_0} = \begin{cases} \tanh[4(y - 1/4)/w], & y \leqslant 1/2 \\ \tanh[4(3/4 - y)/w], & y > 1/2 \end{cases} \\ \dfrac{v}{u_0} = \delta \sin[2\pi(x + 1/4)] \end{cases} \tag{4.20}$$

式中，$w = 0.05$、$\delta = 0.05$ 和 $u_0 = 0.1$ 分别为初始剪切层宽度、初始扰动强度和参考速度。计算域范围为$[0, 1] \times [0, 1]$，所有边界使用周期性边界条件。使用 40×40 的均匀直角网格离散计算域，运动黏性系数设为 $\nu = 0.000\,1$，相应的雷诺数为 1 000。分别采用 3 阶（记为 p^3）和 4 阶（记为 p^4）精度的 FR－LBM 进行计算。

图 4.3 展示了在无量纲时间 $t^* = tu_0/1 = 1.0$ 和 1.5 时的涡量等值线。由图可知，本节提出的 FR－LBM 和 Hejranfar 等[5]提出的五阶 WENO－LBM 都能准确地解析剪切层的卷起现象，而无须使用任何耗散或滤波方法。需要说明的是，WENO－LBM 使用了 120×120 的均匀直角网格。然而，Ricot 等[15]以及 Hejranfar 和 Ezzatneshan[16]发现，采用标准 LBM 和高阶 CFD－LBM 模拟该问题时，在没有引入额外耗散的情况下会变得不稳定。此外，p^4 FR－LBM 的结果相比 p^3 FR－LBM 的结果更加平滑。图 4.4 给出了在 $x = 0.25$ 和 0.75 位置处当 $t^* = 1.0$ 时的涡量分布。由图可知，使用粗网格（40×40）的高阶 FR－LBM 可以获得与使用细网格（120×120）的高阶 WENO－LBM 相媲美的结果。

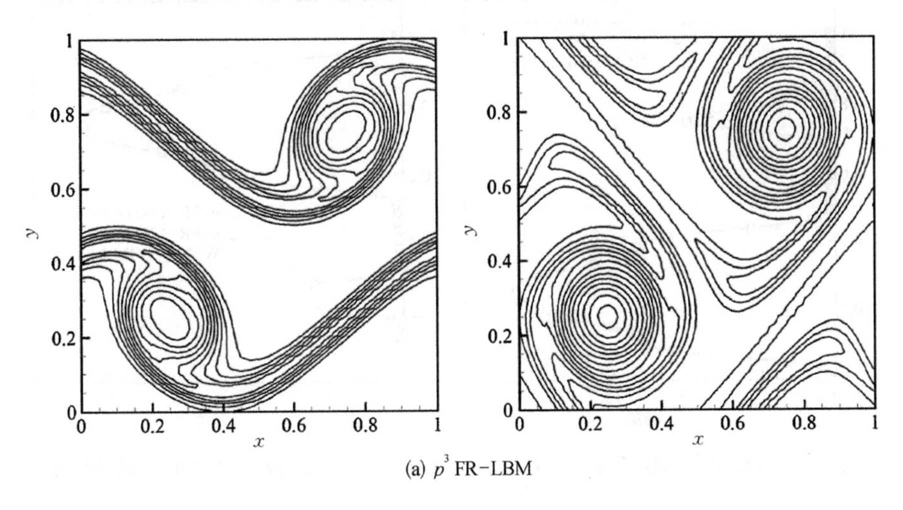

(a) p^3 FR-LBM

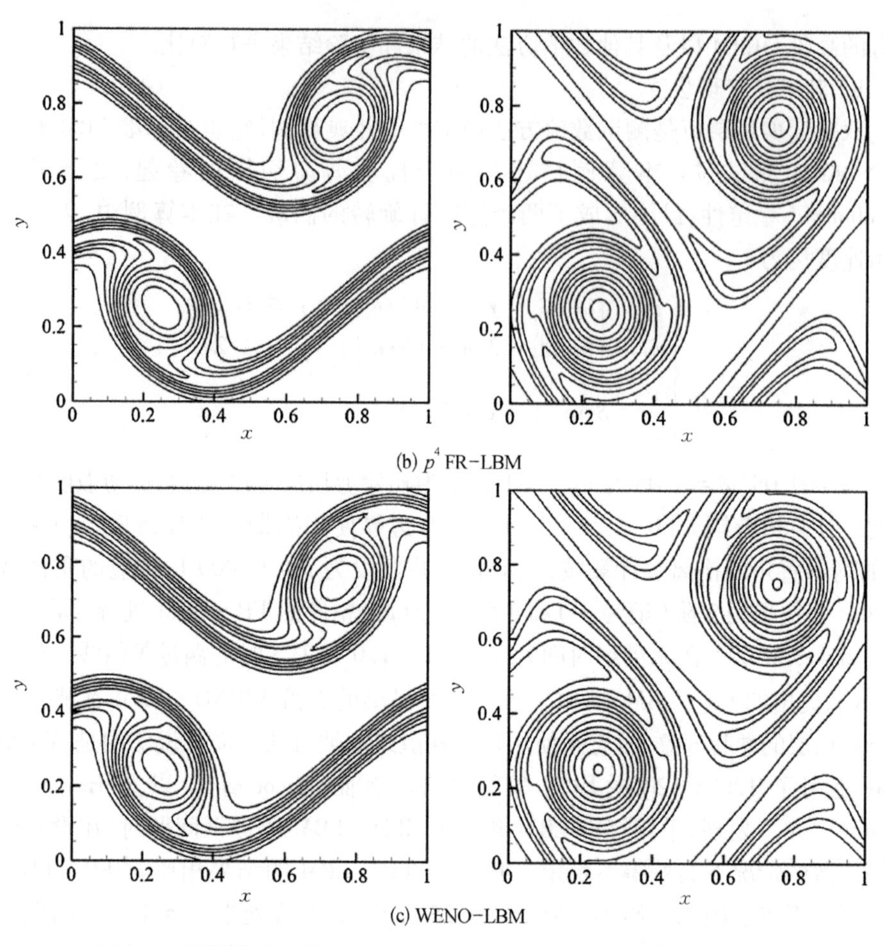

图 4.3　双周期剪切层流在 $t^* = 1.0$(左)和 1.5(右)时的涡量等值线

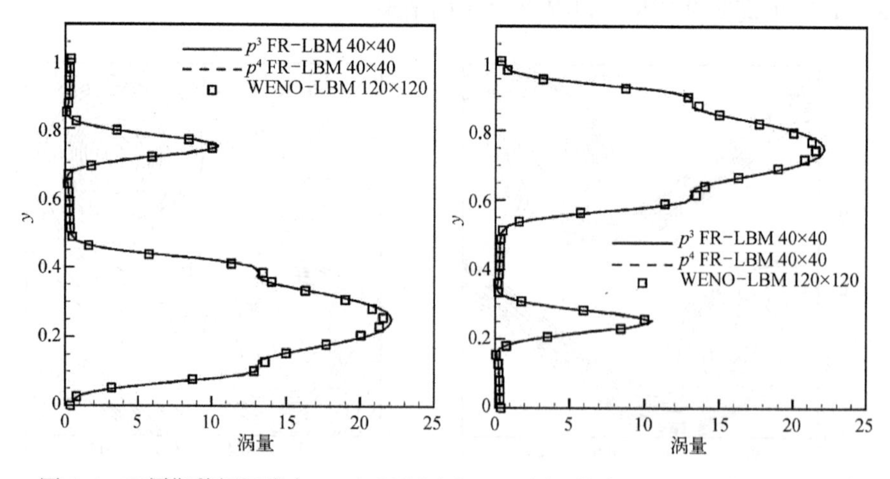

图 4.4　双周期剪切层流在 $x = 0.25$(左)和 0.75(右)处当 $t^* = 1.0$ 时的涡量分布

为进一步测试本节 FR－LBM 在高雷诺数下的稳定性和效率,将雷诺数提高到 10 000。Sun 和 Tian[7] 提出的五阶 UCD－LBM 也模拟了该问题。选取与 UCD－LBM[7] 相同的初始速度场:

$$\begin{cases} \dfrac{u}{u_0} = \begin{cases} \tanh[(y-\pi/2)/w], & y \leqslant \pi \\ \tanh[(3\pi/2-y)/w], & y > \pi \end{cases} \\ \dfrac{v}{u_0} = \delta \sin(x) \end{cases} \tag{4.21}$$

式中,$w=\pi/15$、$\delta=0.05$ 和 $u_0=0.057$。计算域范围为$[0,\ 2\pi]\times[0,\ 2\pi]$,所有边界使用周期性边界条件。$p^4$ FR－LBM 使用 80×80 的网格,p^5 FR－LBM 使用 60×60 的网格。

图 4.5 显示了 p^4 FR－LBM、p^5 FR－LBM 和 UCD－LBM 在 $t^*=10$ 时的涡量等值线。其中,UCD－LBM 使用了 257×257 的均匀直角网格。可以看出,本节的方

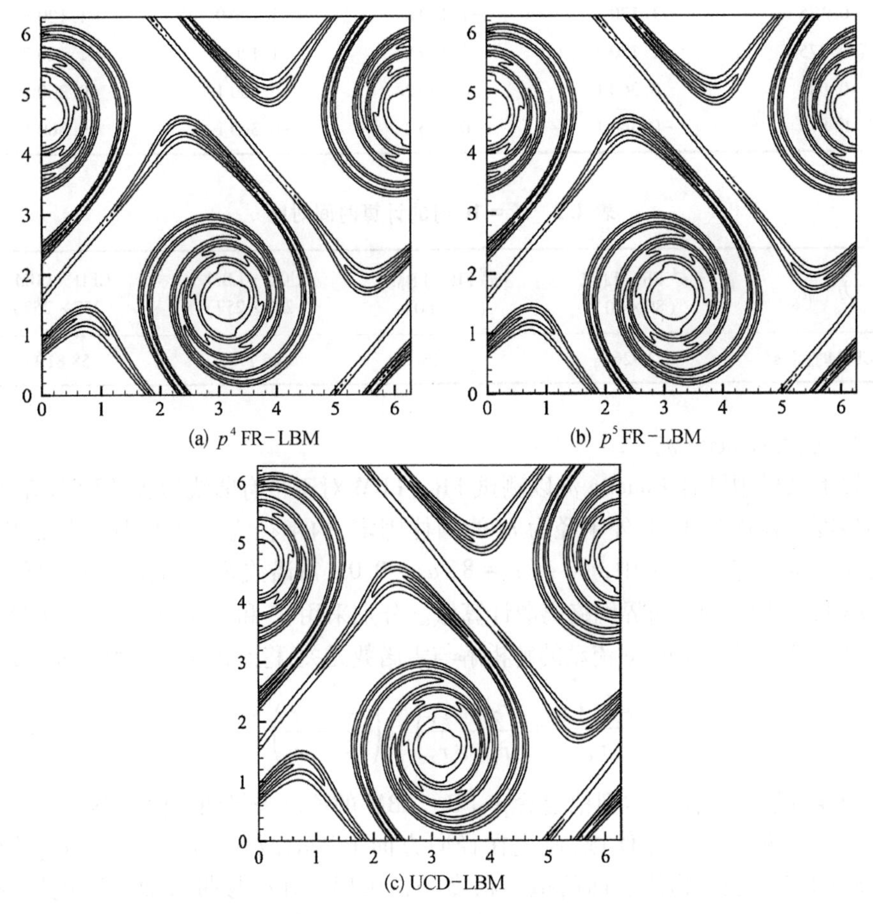

(a) p^4 FR－LBM　　(b) p^5 FR－LBM

(c) UCD－LBM

图 4.5　双周期剪切层流在 $t^*=10$ 时的涡量等值线

法能够准确捕捉到高雷诺数下的薄剪切层，并且很好地保留了涡旋中心附近的细节。尽管 FR－LBM 使用的网格较少，但与 UCD－LBM 的结果非常一致。

为了进行定量比较，表 4.1 给出了 $t^* = 10$ 时沿着垂直中心线的速度 u。本节方法的结果与五阶 UCD－LBM[7] 和六阶 CFD－LBM[7] 的结果几乎一致。为了展示 FR－LBM 的高效性，表 4.2 列出了 p^4 FR－LBM 和 p^5 FR－LBM 的计算时间以及另外两种高阶 OLBM 的数据。可以看出，FR－LBM 的计算时间约比 UCD－LBM 和 CFD－LBM 低一个数量级。因此，本节的 FR－LBM 对于模拟非定常流动问题是稳定且高效的，即使雷诺数相对较高。

表 4.1 $t^* = 10$ 时沿着垂直中心线的速度 u 对比

$y/2\pi$	p^4 FR－LBM (80×80)	p^5 FR－LBM (60×60)	UCD－LBM (257×257)	CFD－LBM (257×257)
0.125	−1.120 7	−1.120 8	−1.120 9	−1.120 8
0.375	1.120 7	1.120 8	1.120 9	1.120 8
0.645	0.360 1	0.360 2	0.360 1	0.360 1
0.875	−0.360 1	−0.360 2	−0.360 1	−0.360 1

表 4.2 $t^* = 10$ 时的计算时间对比

方　法	p^4 FR－LBM (80×80)	p^5 FR－LBM (60×60)	UCD－LBM (257×257)	CFD－LBM (257×257)
CPU 时间/s	2 926	3 346	26 770	58 819

2. 圆柱 Couette 流

接下来模拟圆柱 Couette 流以测试 FR－LBM 对于带有曲线边界的稳态流动问题的精度。在该问题中，外半径为 r_1 的圆柱固定，内半径为 r_2 的圆柱以恒定的角速度 u_0 旋转。在本算例中，$r_1 = 4$，$r_2 = 8$，$u_0 = 0.01$，雷诺数 $Re = 2r_1u_0r_2/\nu = 50$。使用 16×16 的均匀曲线边界网格离散计算域。分别采用 p^3 和 p^4 精度的 FR－LBM 进行计算。稳态圆柱 Couette 流动的解析解与雷诺数无关，稳态角速度的解析表达式为

$$\frac{u_\theta^*(r)}{u_0} = \left(\frac{r_2}{r_1} - \frac{r_1}{r_2}\right)^{-1}\left(\frac{r_2}{r} - \frac{r}{r_2}\right) \tag{4.22}$$

图 4.6 展示了流动达到稳定后 p^4 FR－LBM 的速度矢量图。由于黏性的影响，内圆的旋转驱动整个流体域，速度在径向方向上逐渐减小。Bassi 和 Rebay[17] 发现，高阶 DG 方法对物体表面的拟合精度非常敏感。在模拟带有曲线壁边界的问题时，线性网格可能导致不准确的结果，甚至计算发散。因此，图 4.7 对比了 FR－

LBM 使用曲线边界网格和直线边界网格计算的稳态角速度分布。由图可知,FR－LBM 在这两种网格上都能得到收敛的结果。然而,从图4.7中可以看出,曲线边界网格的结果与解析解吻合得相当,而直线边界网格的结果稍有偏差。

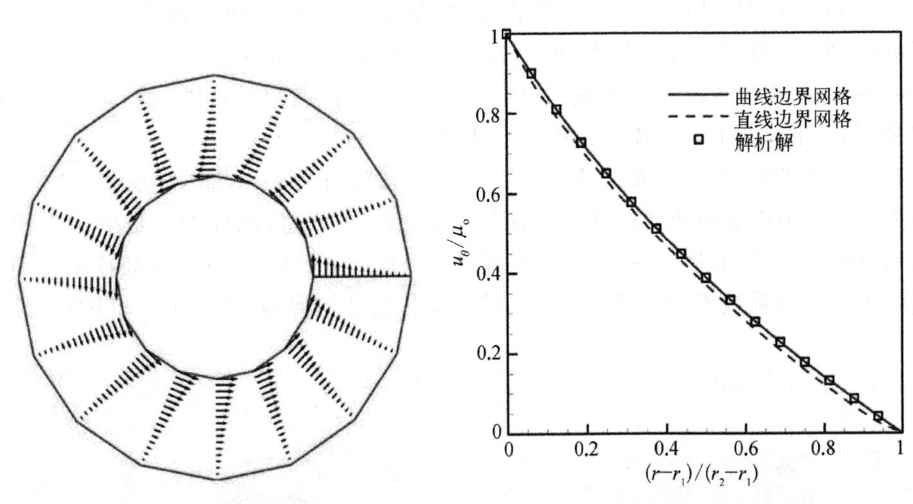

图4.6 圆柱 Couette 流达到稳定后 p^4 FR－LBM 的速度矢量

图4.7 曲线边界网格和直线边界网格的稳态角速度分布对比

为了衡量 FR－LBM 的精度,需要开展网格收敛性研究。基于稳态角速度的解析解,可以定义本算例的 L_2 误差:

$$L_2=\frac{1}{u_0}\sqrt{\frac{1}{N_rN_\theta(P+1)^2}\sum_{i=1}^{N_r}\sum_{j=1}^{N_\theta}\sum_{m=1}^{P+1}\sum_{n=1}^{P+1}[(u_\theta)_{ijmn}-(u_\theta^*)_{ijmn}]^2}\tag{4.23}$$

式中,N_r 和 N_θ 分别为径向和周向的网格数量。本节方法的阶数由线性最小二乘拟合 $\log_{10}(\Delta x)\propto\log_{10}(L_2)$ 的斜率确定,其中 Δx 为网格单元尺寸,得到的结果如图4.8所示。与文献[6]类似,当达到 DVBE 建模误差时,L_2 误差的斜率开始减小。在此之前,收敛阶数与理论阶数非常吻合。本算例证明在带有曲线边界的稳态流问题中,本节的 FR－LBM 可以获得预期的高阶精度。

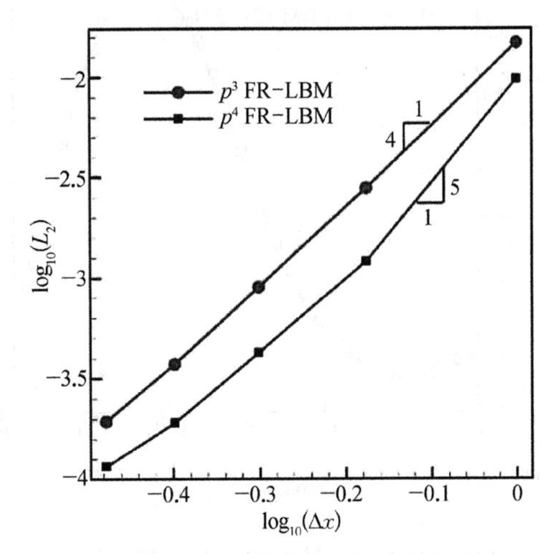

图4.8 圆柱 Couette 流的网格收敛性研究

3. 圆柱绕流

圆柱绕流是验证算法模拟曲线边界

几何绕流的经典算例之一，随着雷诺数的增大（$Re = u_0D/\nu$，其中 D 为圆柱直径，$u_0 = 0.1$ 为来流速度），流动将从稳态过渡到非稳态。作为经典的基准测试算例，圆柱绕流问题已被广泛研究，因此文献中有大量的实验和数值结果可供参考。为了测试 FR－LBM，选取三个典型的雷诺数 $Re = 20$、40 和 200。前人的研究表明，当 $Re = 20$ 和 40 时流动为稳态，而当 $Re = 200$ 时流动为非稳态。使用 $N_r \times N_\theta = 60 \times 40$ 的曲线边界网格离散计算域，其中径向为非均匀拉伸分布，周向均匀分布。仍然采用 p^3 和 p^4 精度的 FR－LBM 进行计算。

首先模拟稳态流动（$Re = 20$ 和 40）。图 4.9 显示了流线和涡量云图。在圆柱后方，FR－LBM 清晰地捕捉到了回流区，该回流区关于过圆柱中心点的水平线具有对称性。图 4.10 展示了 $Re = 40$ 时采用 p^3 FR－LBM 和 p^4 FR－LBM 模拟得到的圆柱表面摩擦系数 C_f 和压强系数 C_p 的分布。这些结果与四阶 CFD－LBM[4] 的数

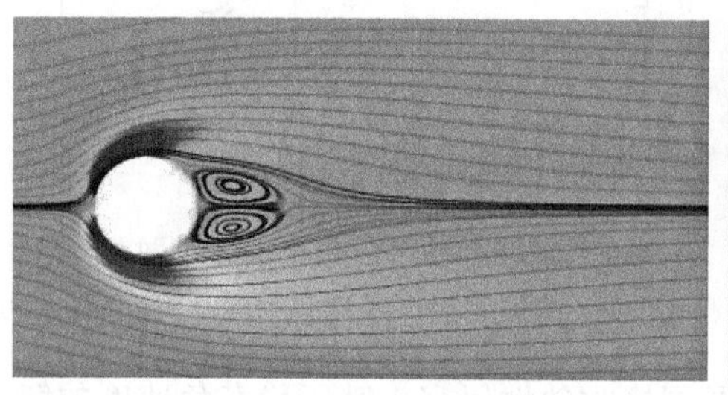

(a) Re=20

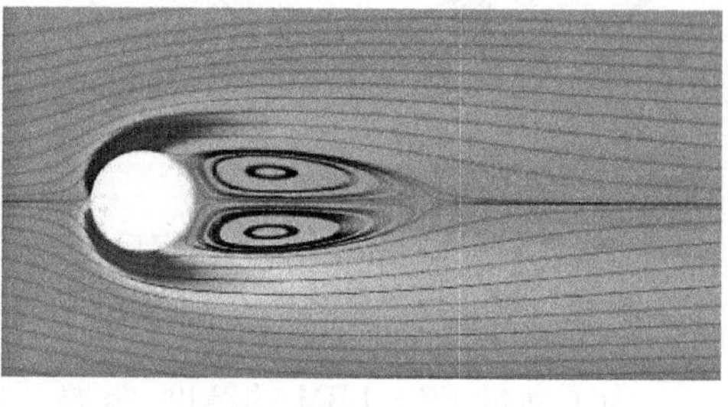

(b) Re=40

图 4.9　稳态圆柱绕流的流线和涡量云图

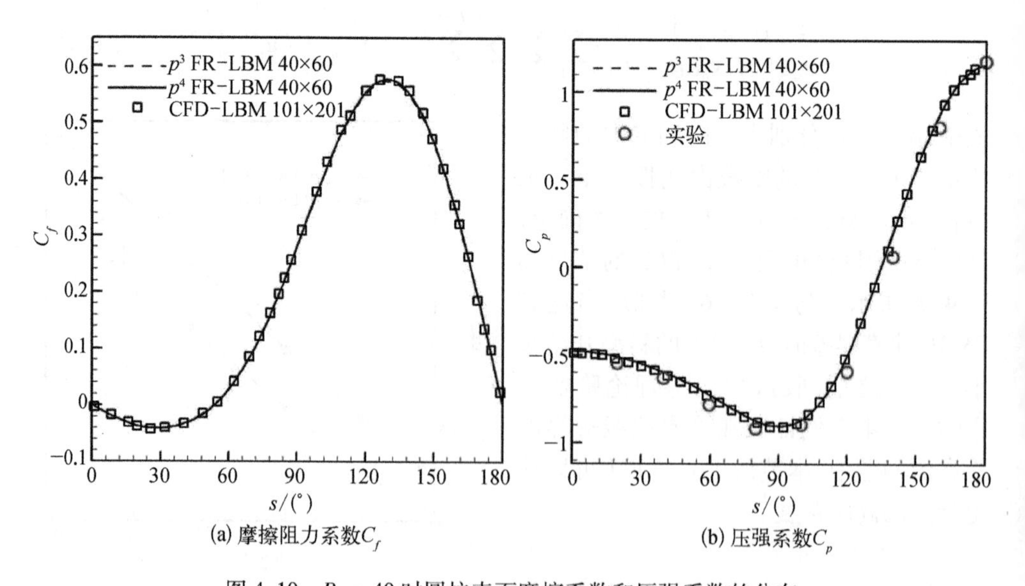

(a) 摩擦阻力系数C_f　　　　(b) 压强系数C_p

图 4.10　$Re = 40$ 时圆柱表面摩擦系数和压强系数的分布

值结果和实验数据[18]一致。其中,CFD－LBM 使用了 101×201 的计算网格。表 4.3 列出了 $Re=20$ 和 40 时的圆柱阻力系数 C_d、前缘点和后缘点压强系数 C_p、回流区长度 L_s 以及分离角 θ_s,并把 FR－LBM 的计算结果与现有的数值结果和实验结果进行了比较。从表中可以看出,尽管在 FR－LBM 使用了相对较少的网格,但得到的结果与文献[4,5,19－22]中的结果吻合较好。

表 4.3　$Re=20$ 和 40 时的流动特征参数对比

Re	方　法	C_d	C_p(前缘)	C_p(后缘)	$2L_s/D$	θ_s
20	实验[19]	2.200	—	—	—	—
20	实验[20]	—	—	—	1.86	44.8°
20	N－S 方程[21]	2.045	1.269	−0.589	1.88	43.7°
20	ISLBM[22]	2.152	1.233	−0.567	1.84	43.0°
20	CFD－LBM[4]	2.021	1.266	−0.547	1.85	43.6°
20	WENO－LBM[5]	2.062	1.281	−0.565	1.80	43.9°
20	p^3 FR－LBM	2.013	1.273	−0.545	1.80	42.7°
20	p^4 FR－LBM	2.027	1.276	−0.544	1.81	43.8°
40	实验[19]	1.650	—	—	—	—
40	实验[20]	—	—	—	4.46	53.5°
40	N－S 方程[21]	1.522	1.144	−0.509	4.69	53.8°
40	ISLBM[22]	1.499	1.113	−0.487	4.49	52.8°
40	CFD－LBM[4]	1.515	1.154	−0.481	4.51	51.9°
40	WENO－LBM[5]	1.524	1.158	−0.476	4.57	53.3°
40	p^3 FR－LBM	1.514	1.159	−0.477	4.44	53.5°
40	p^4 FR－LBM	1.516	1.160	−0.475	4.49	53.7°

其次模拟非稳态流动($Re=200$)。图 4.11 展示了瞬时流线和涡量云图。在圆柱后方,可以清晰地观察到卡门涡街。图 4.12 展示了采用 p^4 FR－LBM 计算的圆柱阻力系数 C_d 和升力系数 C_l 随时间的变化过程。由于稳定的涡脱落过程,C_d 和 C_l 均呈周期性变化,其中 C_l 周期约为 C_d 周期的一半。此外,表 4.4 比较了 FR－LBM 计算得到的 C_d、C_l 和 Strouhal 数($St=f_qD/u_0$,其中 f_q 为涡脱落频率)与文献[4,23－25]中的结果。从表中可以看出,本节方法的结果与文献结果相符。这进一步证明了高阶 FR－LBM 对模拟具有曲面边界几何体的非稳态流动是可靠和准确的。

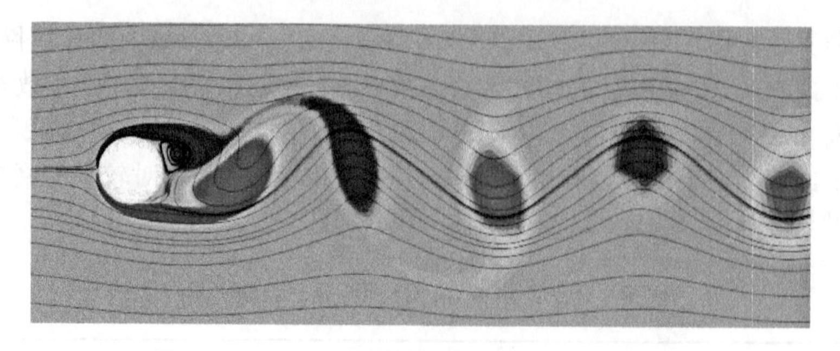

图 4.11　Re = 200 时的圆柱瞬时流线和涡量云图

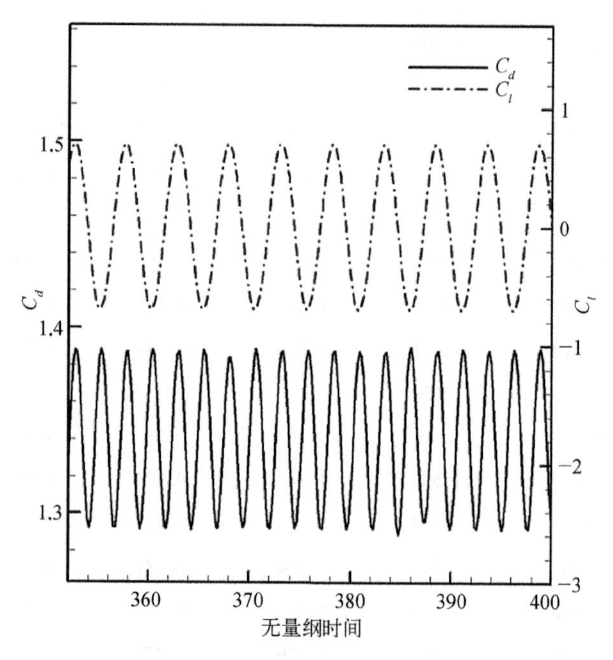

图 4.12　Re = 200 时的圆柱阻力系数和升力系数随时间的变化过程

表 4.4　Re = 200 时的流动特征参数对比

方　法	C_d	C_l	St
实验[23]	1.30	—	0.19
N－S 方程[24]	1.37 ± 0.051	±0.71	0.198
RBF－SL－LBM[25]	1.315 ± 0.045	±0.68	0.197
CFD－LBM[4]	1.329 ± 0.044	±0.681 4	0.194 1
p^3 FR－LBM	1.336 ± 0.046	±0.695 6	0.193 6
p^4 FR－LBM	1.341 ± 0.050	±0.691 5	0.193 8

本节提供了一种高阶 IMEX Runge-Kutta FR－LBM，用于高效且精确模拟黏性不可压等温流问题。采用高阶 FR 方法进行空间离散，采用高阶 IMEX Runge-Kutta 方法进行时间离散。FR－LBM 具有低耗散的优点，并且可以准确捕捉流场细节。即使在高雷诺数下，它也是稳健有效的。同时，FR－LBM 仍然保持了标准 LBM 的紧致性，但大大提高了对复杂几何的适应性。

4.2　FR－LBFS

为了有效结合 N－S 求解器和 LBE 求解器的优点并消除它们的一些缺点，Shu 等[26]提出并发展了格子 Boltzmann 通量求解器（LBFS）。通过 Chapman-Enskog 展开分析，从 LBE 推导出了一个特殊形式的控制方程。该方程求解的是宏观变量，通过局部重构 LBE 解来同时得到单元界面处的无黏和黏性通量。因为通量也满足控制方程，所以这个过程更符合物理规律。与 OLBM 类似，LBFS 不需要处理压强-速度耦合问题，也不需要离散二阶导数，但 LBFS 更高效、存储量更少，这是由于宏观变量的数量远小于分布函数的数量。此外，在 LBFS 中不需要特殊的时间推进格式来克服控制方程的刚度。最初的 LBFS 是一种二阶有限体积格式。最近，研究人员开始发展结合高阶格式的 LBFS。Liu 等[27]提出了一种高阶最小二乘有限差分-有限体积法，结合 LBFS 在非结构化网格上进行不可压流动的模拟。他们[28]还提出了一种基于径向基函数的微分求和-有限体积法，结合 LBFS 模拟不可压流。这两种方法属于基于重构的高阶有限体积法，其主要缺点是在增加精度阶数时需要使用大量的模板点进行高阶逼近，不适合并行计算或并行计算效率偏低。

本节提供一种新型的高阶不可压等温流求解器，它具有算法相对简单、耗散低、结构紧致、效率良好和存储量小等特点。采用高阶 FR 方法和 LBFS 求解一个特殊形式的 N－S 方程，该方程将宏观流动变量与分布函数联系起来。因此，本方法继承了 FR 和 LBFS 的优点（FR－LBFS）。为了保持简洁性，本方法采用显式时间推进格式，非常适合 GPU 和多核处理器等现代硬件架构的并行计算。值得一提的是，现有的 LBFS 都是基于有限体积的框架，本节首次将 LBFS 扩展到其他离散框架。

4.2.1　控制方程

本节考虑二维黏性不可压等温流问题，在不考虑外力情况下，基于 BGK 碰撞模型的标准单松弛 LBE 可写为

$$f_\alpha(\boldsymbol{x}+\boldsymbol{e}_\alpha\Delta t,\ t+\Delta t)-f_\alpha(\boldsymbol{x},\ t)=\frac{f_\alpha^{\mathrm{eq}}(\boldsymbol{x},\ t)-f_\alpha(\boldsymbol{x},\ t)}{\tau_{\mathrm{L}}}\tag{4.24}$$

式中,$\boldsymbol{x}$ 为位置矢量;Δt 为时间步长;τ_{L} 为松弛时间。平衡分布函数 f_{α}^{eq} 定义为

$$f_{\alpha}^{\mathrm{eq}}=\rho\omega_{\alpha}\left[1+\frac{\boldsymbol{e}_{\alpha}\cdot\boldsymbol{u}}{c_{\mathrm{s}}^{2}}+\frac{(\boldsymbol{e}_{\alpha}\cdot\boldsymbol{u})^{2}}{2c_{\mathrm{s}}^{4}}-\frac{\boldsymbol{u}\cdot\boldsymbol{u}}{2c_{\mathrm{s}}^{2}}\right] \tag{4.25}$$

式中,ρ 为流体密度。本节采用 $D2Q9$ 模型,相应的格子速度矢量 $\boldsymbol{e}_{\alpha}$ 和权系数 ω_{α} 与式(4.4)和式(4.5)相同。流体的运动黏性系数 ν 与松弛时间 τ_{L} 的关系为 $\nu=(\tau_{\mathrm{L}}-0.5)\Delta t/3$。

通过 Chapman-Enskog 展开分析,并利用质量和动量守恒律,从方程(4.24)最终可以推导出如下的形式[26]:

$$\frac{\partial\rho}{\partial t}+\nabla\cdot\boldsymbol{P}=0 \tag{4.26a}$$

$$\frac{\partial(\rho\boldsymbol{u})}{\partial t}+\nabla\cdot\boldsymbol{\Pi}=0 \tag{4.26b}$$

式中,$\boldsymbol{P}$ 为质量通量矢量;$\boldsymbol{\Pi}$ 为动量通量张量。它们的计算表达式为

$$\begin{cases}\boldsymbol{P}=\sum\limits_{\alpha}\boldsymbol{e}_{\alpha}f_{\alpha}^{\mathrm{eq}}\\ \boldsymbol{\Pi}=\sum\limits_{\alpha}\boldsymbol{e}_{\alpha}\boldsymbol{e}_{\alpha}\hat{f}_{\alpha}\end{cases} \tag{4.27}$$

式中,

$$\begin{cases}\hat{f}_{\alpha}=f_{\alpha}^{\mathrm{eq}}+\left(1-\dfrac{1}{2\tau_{\mathrm{L}}}\right)f_{\alpha}^{\mathrm{neq}}\\ f_{\alpha}^{\mathrm{neq}}=-\tau\Delta t\left(\dfrac{\partial}{\partial t}+\boldsymbol{e}_{\alpha}\cdot\nabla\right)f_{\alpha}^{\mathrm{eq}}\end{cases} \tag{4.28}$$

式中,$f_{\alpha}^{\mathrm{neq}}$ 为非平衡分布函数。方程(4.26)可以看成 N - S 方程的另一种表达形式,它写成矢量形式为

$$\frac{\partial\boldsymbol{W}}{\partial t}+\frac{\partial\boldsymbol{F}_{x}}{\partial x}+\frac{\partial\boldsymbol{F}_{y}}{\partial y}=0 \tag{4.29}$$

式中,$\boldsymbol{W}$ 为守恒变量矢量;$\boldsymbol{F}_{x}$ 和 $\boldsymbol{F}_{y}$ 分别为 x 方向和 y 方向的对流通量矢量。它们的表达式为

$$\begin{cases}\boldsymbol{W}=[\rho\quad\rho u\quad\rho v]^{\mathrm{T}}\\ \boldsymbol{F}_{x}=[P_{x}\quad\Pi_{xx}\quad\Pi_{xy}]^{\mathrm{T}}\\ \boldsymbol{F}_{y}=[P_{y}\quad\Pi_{xy}\quad\Pi_{yy}]^{\mathrm{T}}\end{cases} \tag{4.30}$$

与传统的 N－S 方程不同，方程(4.29)的对流通量矢量仅包含平衡和非平衡分布函数，且式中没有出现二阶偏导数。

4.2.2　方程离散

从 4.1.2 小节中关于 FR 的介绍可以知道，FR 离散需要两种类型的通量，一种是存储在解点上的原始通量，用于构建间断通量多项式；另一种是存储在通量点上的公共通量，用于修正间断通量多项式。这两种通量在本节中采用 LBFS 同时计算。式(4.28)中的非平衡分布函数 f_α^{neq} 可以近似为[26]

$$f_\alpha^{\text{neq}}(\boldsymbol{x},\ t) = -\tau_{\text{L}}[f_\alpha^{\text{eq}}(\boldsymbol{x},\ t) - f_\alpha^{\text{eq}}(\boldsymbol{x} - \boldsymbol{e}_\alpha \Delta t,\ t - \Delta t)] + O(\Delta t^2) \tag{4.31}$$

式中，$f_\alpha^{\text{eq}}(\boldsymbol{x},\ t)$ 和 $f_\alpha^{\text{eq}}(\boldsymbol{x} - \boldsymbol{e}_\alpha \Delta t,\ t - \Delta t)$ 分别为解点(或通量点)和周围虚拟点 $\boldsymbol{x} - \boldsymbol{e}_\alpha \Delta t$ 的平衡分布函数。虽然 LBFS 只具有二阶精度，但该精度是以格子间距 Δ 而非网格间距 h 来衡量的[27]。为了保持整体解的精度，通常选择 Δt 远小于 h。

由于解点处的宏观变量在时间层 $t - \Delta t$ 是已知的，因此可以在 FR 框架中直接构造一个高阶的守恒变量插值多项式：

$$\hat{\boldsymbol{W}}^{\text{D}} = \sum_{i=1}^{P+1} \sum_{j=1}^{P+1} \hat{\boldsymbol{W}}_{i,j} \ell_i(\xi) \ell_j(\eta) \tag{4.32}$$

式中，$\hat{\boldsymbol{W}}_{i,j}$ 为解点$(\xi_i,\ \eta_j)$上的守恒变量矢量。

式(4.32)是在标准单元内构建的，相应的对流通量矢量也是在标准单元内定义的。因此，周围虚拟点 $\boldsymbol{x} - \boldsymbol{e}_\alpha \Delta t$ 的物理空间位置需要转换成标准单元内的位置。利用式(4.32)可以计算得到解点或通量点周围虚拟点上的守恒变量。由于本节采用的是 *D2Q9* 模型，每个解点或通量点周围有 8 个虚拟点。当通量点周围虚拟点恰好位于单元的界面上时，这些点上的守恒变量可以通过左右侧的平均值获得。然后，利用式(4.25)可以计算得到 $f_\alpha^{\text{eq}}(\boldsymbol{x} - \boldsymbol{e}_\alpha \Delta t,\ t - \Delta t)$。这样，就能够计算解点或通量点上的守恒变量[26]：

$$\begin{cases} \rho(\boldsymbol{x},\ t) = \sum_\alpha f_\alpha^{\text{eq}}(\boldsymbol{x} - \boldsymbol{e}_\alpha \Delta t,\ t - \Delta t) \\ \rho(\boldsymbol{x},\ t)\boldsymbol{u}(\boldsymbol{x},\ t) = \sum_\alpha \boldsymbol{e}_\alpha f_\alpha^{\text{eq}}(\boldsymbol{x} - \boldsymbol{e}_\alpha \Delta t,\ t - \Delta t) \end{cases} \tag{4.33}$$

随后，再次利用式(4.25)可以计算得到 $f_\alpha^{\text{eq}}(\boldsymbol{x},\ t)$。一旦获得 $f_\alpha^{\text{eq}}(\boldsymbol{x},\ t)$ 和 $f_\alpha^{\text{eq}}(\boldsymbol{x} - \boldsymbol{e}_\alpha \Delta t,\ t - \Delta t)$，利用式(4.31)可以计算得到 $f_\alpha^{\text{neq}}(\boldsymbol{x},\ t)$。最终，可以利用式(4.27)计算方程(4.29)中需要的质量通量 P_x、P_y 和动量通量 Π_{xx}、Π_{xy}、Π_{yy}。

一旦获得了方程(4.29)中的通量，就可以应用常微分方程的积分技术进行时间离散。在本节的模拟中，对于非定常流动，采用三阶显式 Runge-Kutta 方法；而对于定常流动，则采用一阶显式 Euler 方法。

实施边界条件的直接方法是计算位于物理边界面通量点上的通量。然而，在本节方法中，直接使用式(4.27)很难获得边界通量。原因是部分虚拟点 $\boldsymbol{x}-\boldsymbol{e}_\alpha\Delta t$ 可能位于计算域之外，且 $f_\alpha^{\mathrm{eq}}(\boldsymbol{x}-\boldsymbol{e}_\alpha\Delta t,\ t-\Delta t)$ 的值未知。由于式(4.26)是传统 N－S 方程的特殊形式，边界通量可以从传统 N－S 方程中获得。式(4.26)与传统 N－S 方程之间可以建立如下等价关系：

$$\begin{cases}[P_x \quad \Pi_{xx} \quad \Pi_{xy}]^{\mathrm{T}}=[\rho u \quad \rho u^2+p-\tau_{11} \quad \rho uv-\tau_{12}]^{\mathrm{T}} \\ [P_y \quad \Pi_{xy} \quad \Pi_{yy}]^{\mathrm{T}}=[\rho v \quad \rho uv-\tau_{12} \quad \rho v^2+p-\tau_{22}]^{\mathrm{T}}\end{cases} \tag{4.34}$$

式中，p 为流体压强；τ_{ij} 为黏性剪切应力。它们的定义为

$$\begin{cases}p=\rho/3 \\ \tau_{ij}=\mu\left(\dfrac{\partial u_i}{\partial x_j}+\dfrac{\partial u_j}{\partial x_i}-\dfrac{2}{3}\delta_{ij}\dfrac{\partial u_k}{\partial x_k}\right)\end{cases} \tag{4.35}$$

式中，$\mu=\rho\nu$ 为动力黏性系数；δ_{ij} 为克罗内克张量。式(4.35)中的偏导数可以通过 FR 方法离散求解。这样，利用式(4.34)从宏观物理量中获得边界通量。

4.2.3 数值模拟与结果讨论

本小节开展若干典型黏性不可压等温流问题的数值模拟，以测试所提出的 FR－LBFS 的稳定性、精度和效率。这些问题包括 Taylor-Green 涡、顶盖驱动方腔流以及方柱绕流。格子间距 $\Delta=\theta d_{\min}$，其中 θ 是控制参数，取值范围为 $[0,\ 1]$，$d_{\min}$ 是在所有单元中第一个解点和对应左侧通量点之间的最小物理距离。

1. Taylor-Green 涡

Taylor-Green 涡被广泛用于研究非定常不可压流动算法的收敛性，该问题的解析解为

$$\begin{cases}u^*(x,\ y,\ t)=-U\cos(\pi x/L)\sin(\pi y/L)\mathrm{e}^{-2\pi^2Ut/(ReL)} \\ v^*(x,\ y,\ t)=U\sin(\pi x/L)\cos(\pi y/L)\mathrm{e}^{-2\pi^2Ut/(ReL)} \\ \rho^*(x,\ y,\ t)=\rho_0-\dfrac{\rho_0U^2}{4c_s^2}[\cos(2\pi x/L)+\cos(2\pi y/L)]\mathrm{e}^{-4\pi^2Ut/(ReL)}\end{cases} \tag{4.36}$$

式中，U 为初始速度的值；L 为特征长度。在本小节的模拟中，$\rho_0=1$，$L=1$，雷诺数 $Re=UL/\nu=10$。为了防止 LBFS 对全局精度的影响，控制参数 $\theta=0.1$。计算域范

围为[-1, 1] × [-1, 1],所有边界使用周期性边界条件。使用均匀直角网格离散计算域。基于速度的解析解 u^*,可以定义本算例的 L_2 误差:

$$L_2 = \frac{1}{U}\sqrt{\frac{1}{N_x N_y (P+1)^2}\sum_{i=1}^{N_x}\sum_{j=1}^{N_y}\sum_{m=1}^{P+1}\sum_{n=1}^{P+1}(u_{ijmn} - u^*_{ijmn})^2} \tag{4.37}$$

式中,N_x 和 N_y 分别为 x 方向和 y 方向的网格数量。本节方法的阶数由线性最小二乘拟合 $\log_{10}(h) \propto \log_{10}(L_2)$ 的斜率确定。

为了展示高精度的影响,图 4.13 给出了 $t = 1$ 时的 p^2、p^3 和 p^4 精度 FR - LBFS 计算得到的水平和垂直中心线上的速度分布以及解析解。采用的计算网格尺寸为 48×48。由图可知,p^3 FR - LBFS 和 p^4 FR - LBFS 的结果与解析解吻合得很好,而 p^2 FR - LBFS 的结果则与解析解稍微偏差。

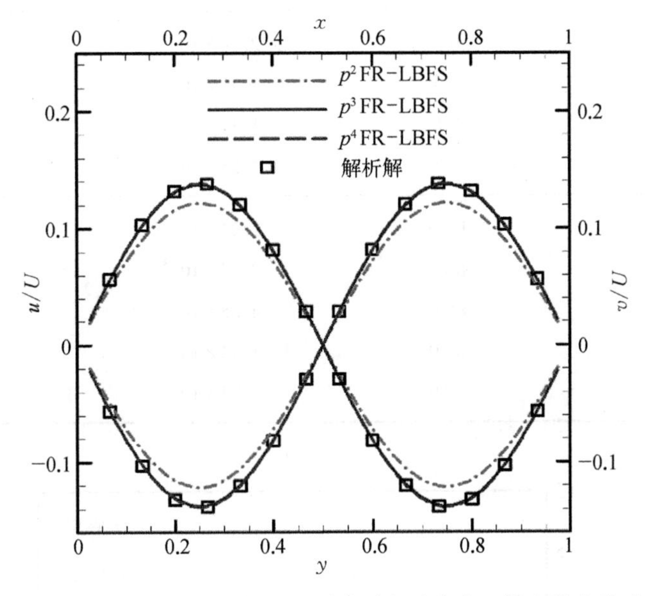

图 4.13　Taylor-Green 涡在 $t = 1$ 时水平和垂直中心线上的速度对比

为了衡量 FR - LBFS 的精度,需要开展网格收敛性研究。表 4.5 显示了 $t = 1$ 时不同网格尺寸下 p^3、p^4 和 p^5 FR - LBFS 的 L_2 误差。为了比较,表中还列出了结合 LBFS 的四阶 LSFD - FV[27] 的结果。图 4.14 给出了线性拟合线的斜率。从表 4.5 和图 4.14 可以发现,p^3、p^4 和 p^5 FR - LBFS 都能获得较高的收敛阶数(>2),它们的对应阶数分别为 2.498、3.998 和 4.703,与它们的理论阶数 3、4 和 5 相近。此外,对比 p^4 FR - LBFS 的 L_2 误差和结合 LBFS 的四阶 LSFD - FV 的误差,可以发现,即使网格数量更少,本节方法也可以获得更小的误差,这表明 FR - LBFS 具有更低的数值耗散。

表 4.5　$t=1$ 时不同网格尺寸下的 L_2 误差

方　法	网格步长 h	L_2 误差	阶　数
p^3 FR－LBFS	1/4	1.20×10^{-2}	—
	1/8	1.76×10^{-3}	2.772
	1/16	3.31×10^{-4}	2.408
	1/32	6.52×10^{-5}	2.343
p^4 FR－LBFS	1/4	8.96×10^{-4}	—
	1/8	6.25×10^{-5}	3.841
	1/16	1.17×10^{-5}	4.137
	1/32	3.48×10^{-6}	4.207
p^5 FR－LBFS	1/2	2.34×10^{-3}	—
	1/4	7.13×10^{-5}	5.039
	1/6	1.17×10^{-5}	4.452
	1/8	3.55×10^{-6}	4.153
四阶 LSFD－FV	1/10	2.24×10^{-2}	—
	1/20	2.24×10^{-3}	3.323
	1/30	4.55×10^{-4}	3.933
	1/40	1.43×10^{-4}	4.032
	1/80	8.23×10^{-6}	4.115

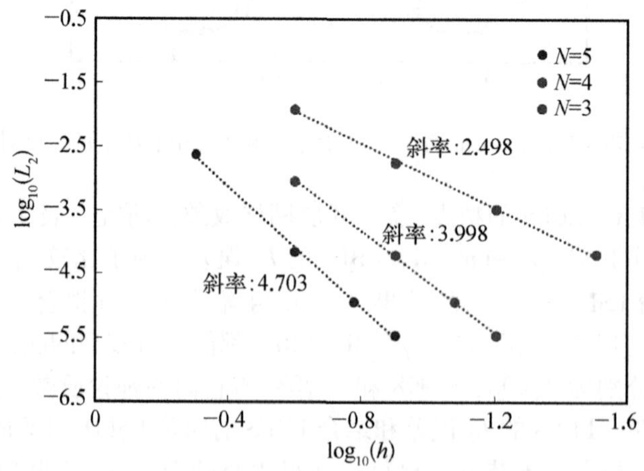

图 4.14　Taylor-Green 涡的网格收敛性研究

2. 顶盖驱动方腔流

顶盖驱动方腔流因其流动结构丰富和流场变化受雷诺数影响明显的特点，是不可压流算法的经典校核算例之一。在本算例中，计算域是一个边长 $L = 1$ 的方腔，顶盖驱动速度 $u_0 = 0.1$，其他三个边为无滑移壁面。雷诺数定义为 $Re = u_0L/\nu$，本小节计算的 4 个稳态 Re 分别为 1 000、3 200、5 000 和 7 500。在腔体的角落处，小涡通常很难被捕捉到，有必要在这些角落附近细化网格。因此，采用非均匀网格离散计算域。

首先，使用非常粗的网格测试 p^4 FR－LBFS。粗网格的尺寸分别为 8×8(Re = 1 000 和 3 200)、10×10(Re = 5 000)和 15×15(Re = 7 500)。为了展示高阶方法的优越性，将采用更多网格单元的 p^2 FR－LBFS 的结果与 p^4 FR－LBFS 的结果进行比较。图 4.15 展示了 p^4 FR－LBFS 在 Re = 1 000、3 200、5 000 和 7 500 时计算得到

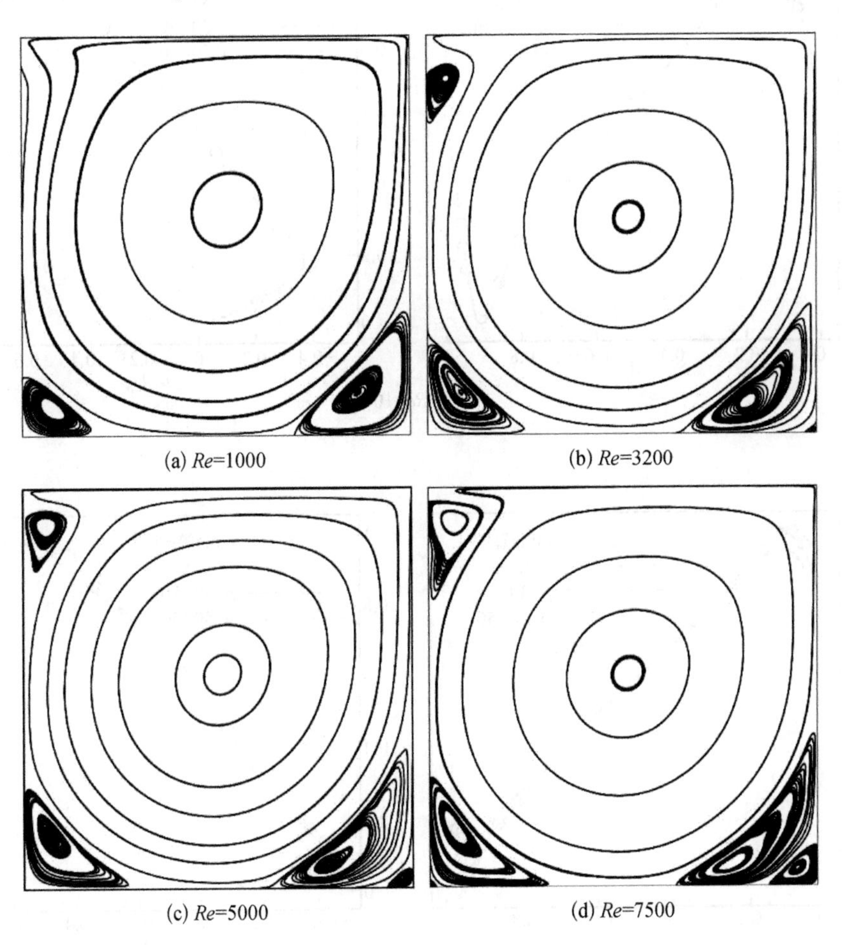

(a) Re=1000　(b) Re=3200　(c) Re=5000　(d) Re=7500

图 4.15　顶盖驱动方腔流在不同雷诺数下时的流线

的流线。由图可知,随着雷诺数的增加,Re = 3 200 时右下角出现小涡旋,Re = 7 500 时左下角出现小涡旋,并且底部角落出现三级涡旋。尽管采用粗网格,得益于 FR - LBFS 的高精度和高分辨率,依然能清晰地捕捉到流动细节,且这些现象与已有研究[29,30]的结果一致。

图 4.16 展示了不同雷诺数下方腔垂直中心线的 u 速度分布和水平中心线的 v 速度分布,选取 Ghia 等[29]的数据作为基准。相比使用密网格的 p^2 FR - LBFS,使用 8×8 网格的 p^4 FR - LBFS 的结果与基准数据更加吻合。在进一步细化 p^2 FR - LBFS 使用的网格后,可以达到与 p^4 FR - LBFS 相近的结果。

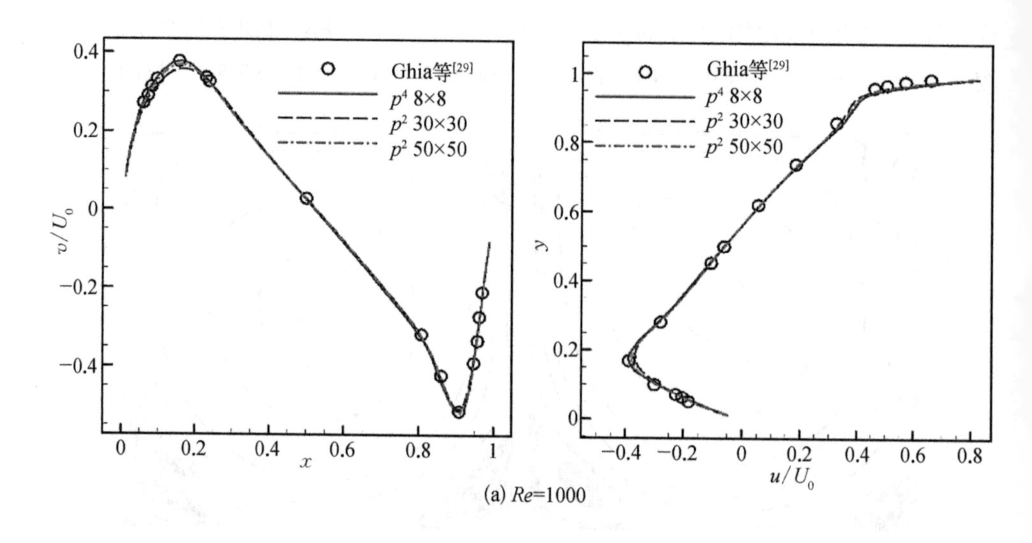

(a) Re=1000

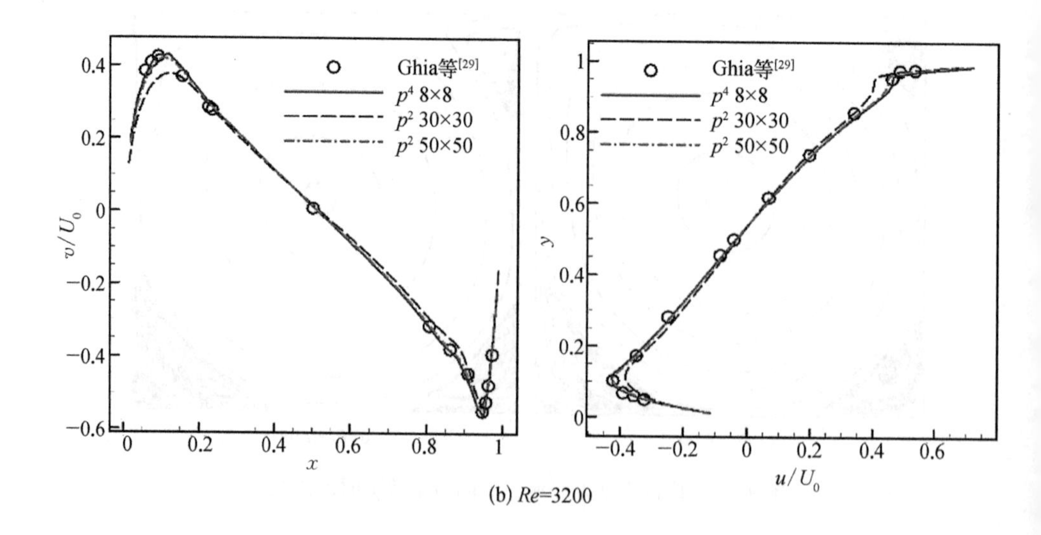

(b) Re=3200

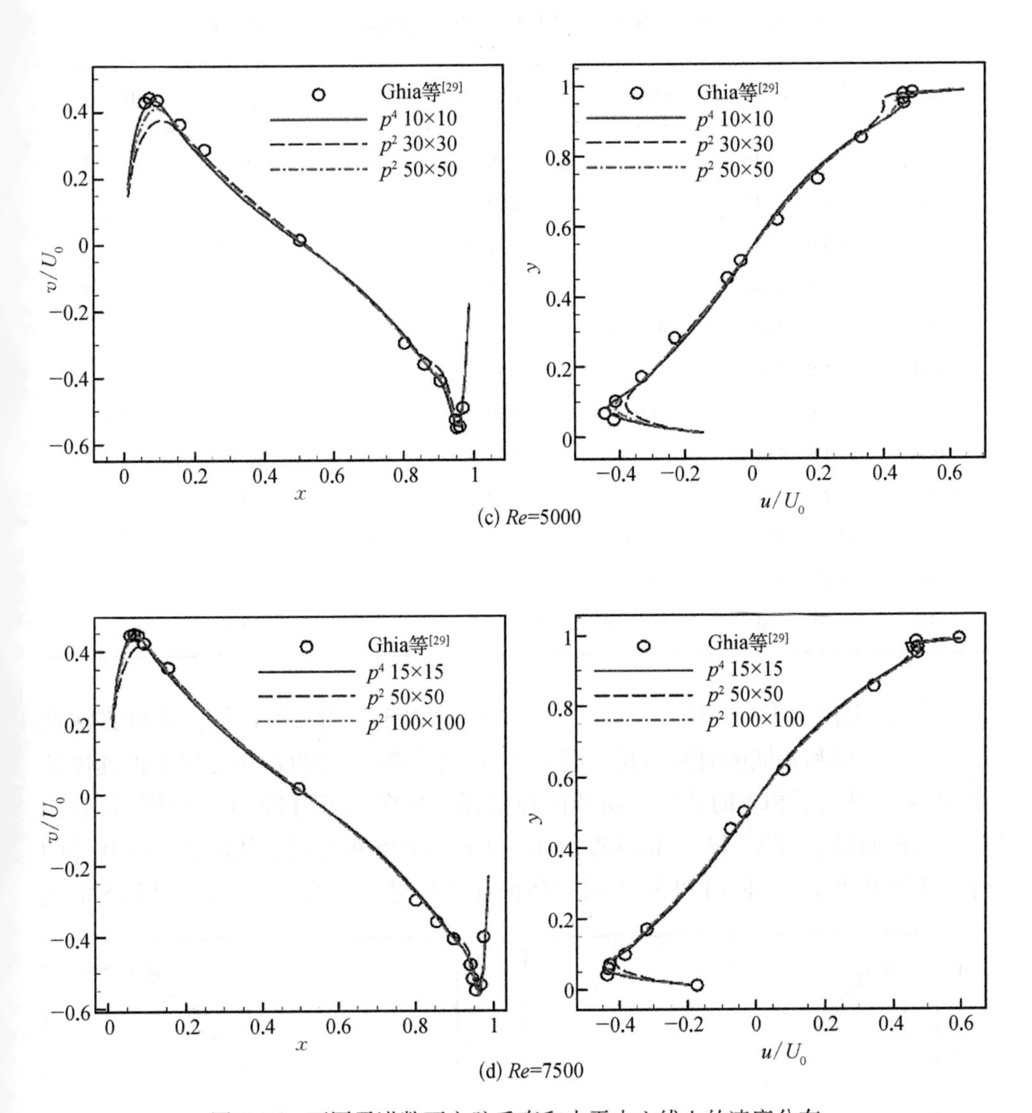

图 4.16 不同雷诺数下方腔垂直和水平中心线上的速度分布

表 4.6 比较了 p^2 FR－LBFS 和 p^4 FR－LBFS 的计算时间和内存消耗。可以发现，当获得相近的精度时，p^4 FR－LBFS 的计算时间比 p^2 FR－LBFS 低一个数量级以上，p^4 FR－LBFS 的内存消耗也远小于 p^2 FR－LBFS，因为 p^4 FR－LBFS 使用的网格量比 p^2 FR－LBFS 小得多。这些结果有力证明，在数值精度、计算效率和内存消耗方面，高阶 FR－LBFS 比低阶 FR－LBFS 表现更好。

表 4.6　p^2 FR－LBFS 和 p^4 FR－LBFS 的计算时间和内存消耗

Re	方　法	网格尺寸	CPU 时间/s	加速比	内存/MB	耗费比
1 000	p^4 FR－LBFS	8×8	89.3	12.0	0.8	5.373
1 000	p^2 FR－LBFS	30×30	289.1	—	1.7	—
1 000	p^2 FR－LBFS	50×50	1 071.9	—	4.3	—
3 200	p^4 FR－LBFS	8×8	215.7	12.9	0.8	5.373
3 200	p^2 FR－LBFS	30×30	704.7	—	1.7	—
3 200	p^2 FR－LBFS	50×50	2 792.8	—	4.3	—
5 000	p^4 FR－LBFS	10×10	320.6	12.3	1.0	4.3
5 000	p^2 FR－LBFS	30×30	938.4	—	1.7	—
5 000	p^2 FR－LBFS	50×50	3 949.1	—	4.3	—
7 500	p^4 FR－LBFS	15×15	2 886.5	15.9	1.7	9.2
7 500	p^2 FR－LBFS	50×50	6 298.7	—	4.3	—
7 500	p^2 FR－LBFS	100×100	45 842.7	—	15.7	—

然后，比较 p^2 FR－LBFS 和原始二阶 FV－LBFS[26] 的数值性能。两种方法使用均匀的网格和相同的时间步长。图 4.17 对比了 $Re=3\,200$ 时中心线上的速度分布，表 4.7 对比了相应的计算时间和内存消耗。从图 4.17 和表 4.7 可以看出，当自由度相同时，p^2 FR－LBFS 的速度分布比 FV－LBFS 更准确。然而，FV－LBFS 的计算速度几乎是 p^2 FR－LBFS 的两倍，但内存消耗更大。当减少 p^2 FR－LBFS 的网

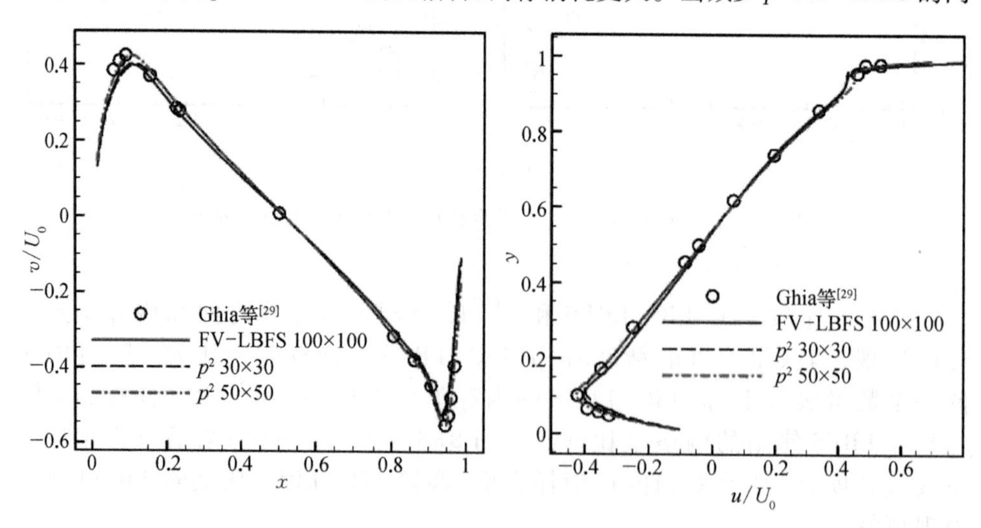

图 4.17　$Re=3\,200$ 时方腔垂直和水平中心线上的速度分布

格数量以获得与 FV - LBFS 相近的结果时，p^2 FR - LBFS 的计算时间低于 FV - LBFS。这些结果表明，p^2 FR - LBFS 比 FV - LBFS 的数值耗散小，且在实现相近精度时更高效且存储量较低。

表 4.7　*Re* = 3 200 时 p^2 FR - LBFS 和 FV - LBFS 的计算时间和内存消耗

方　法	网格尺寸	自由度	CPU 时间/s	内存/MB
FV - LBFS	100 × 100	10 000	980.5	9.9
p^2 FR - LBFS	30 × 30	3 600	653.8	1.7
p^2 FR - LBFS	50 × 50	10 000	2 107.1	4.3

最后，表 4.8 比较了 $Re = 3\,200$ 时 p^3 和 p^4 精度的 FR - LBFS 和 FR - LBM 的计算时间和内存消耗。FR - LBFS 的内存消耗几乎是 FR - LBM 的一半，而计算时间大致相同。对于 FR - LBFS，最耗时的步骤是在解点和通量点周围虚拟点上进行插值以获得宏观变量；而对于 FR - LBM，需要求解的 DVBE 以及需要存储的宏观变量和分布函数，数量非常多。然而，可以预见的是，在三维情况下，FR - LBM 的计算效率会高于 FR - LBFS，因为三维的插值过程更加耗时。

表 4.8　*Re* = 3 200 时 p^3 和 p^4 精度的 FR - LBFS 和 FR - LBM 的计算时间和内存消耗

方　法	网格尺寸	自由度	CPU 时间/s	内存/MB
p^3 FR - LBFS	20 × 20	3 600	2 132.1	1.7
P^3 FR - LBM	20 × 20	3 600	2 156.2	3.6
p^4 FR - LBFS	20 × 20	6 400	4 287.2	2.6
p^4 FR - LBM	20 × 20	6 400	4 350.7	5.9

3. 方柱绕流

为了展示高阶方法模拟钝体绕流的能力和效果，本小节采用 p^4 FR - LBFS 模拟方柱的非定常绕流。雷诺数 $Re = u_0 D/\nu = 100$，其中 D 为方柱的边长，自由来流速度 $u_0 = 0.1$。计算域范围为 $[-9.5D,\ 41.5D] \times [-15D,\ 15D]$，方柱中心位于 $(0,\ 0)$。方柱表面采用无滑壁边界条件，计算域左边界使用入口边界条件，其他边界使用远场边界条件。采用非均匀网格离散计算域。

图 4.18 展示了瞬时流线和涡量云图。在方柱尾流中可以明显观察到卡门涡街。图 4.19 展示了使用 p^4 FR - LBFS 计算得到的方柱阻力系数 C_d 和升力系数 C_l

随时间的变化过程。由于涡脱落，C_d 和 C_l 都呈周期性变化。此外，表 4.9 比较了 FR－LBFS 计算得到的平均阻力系数 $\bar{C}_d$、升力系数均方根 C_l^{rms} 和 Strouhal 数与文献[31－34]中的结果。从表中可以看出，本节方法的结果与文献结果一致。这表明高阶 FR－LBFS 模拟钝体绕流是可靠且准确的。

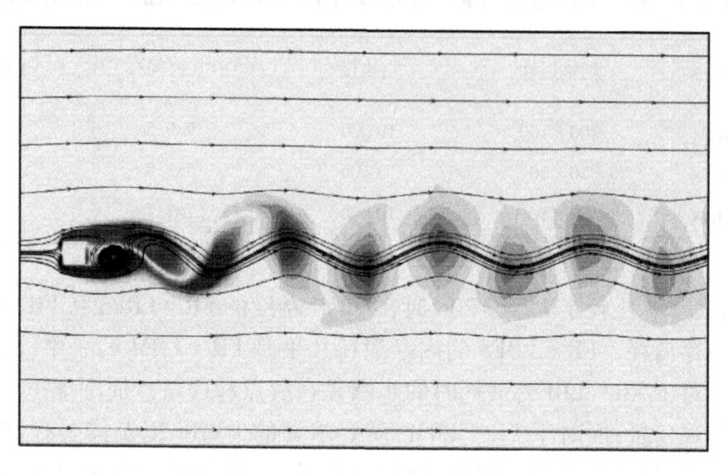

图 4.18　Re = 100 时的方柱瞬时流线和涡量云图

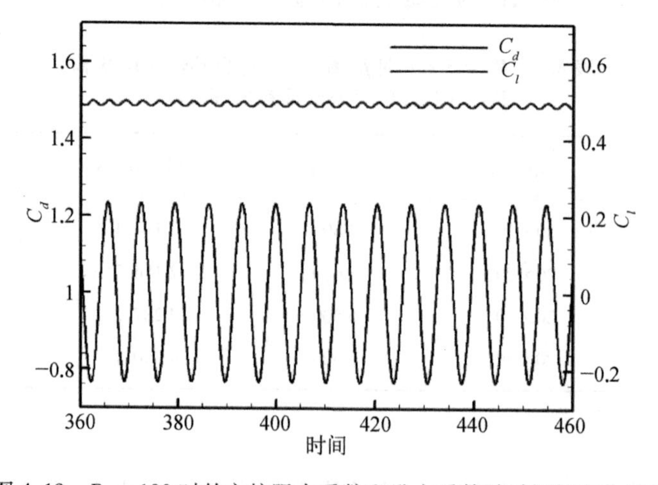

图 4.19　Re = 100 时的方柱阻力系数和升力系数随时间的变化过程

表 4.9　Re = 100 时的流动特征参数对比

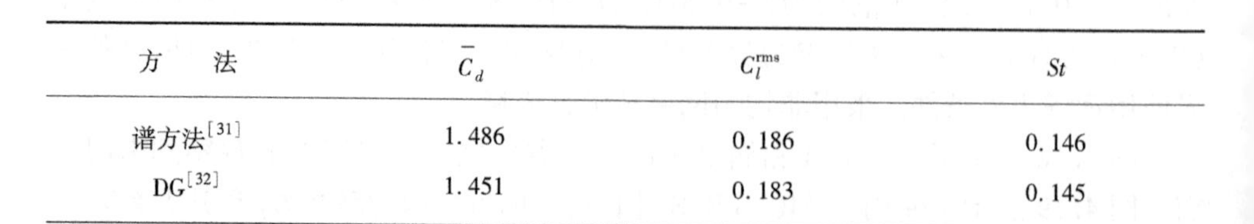

方　法	$\bar{C}_d$	C_l^{rms}	St
谱方法[31]	1.486	0.186	0.146
DG[32]	1.451	0.183	0.145

续　表

方　法	$\bar{C}_d$	C_l^{rms}	St
CPR - GKS[33]	1.475	0.184	0.143
LBM[34]	1.443	—	0.140
p^4 FR - LBFS	1.491	0.183	0.144

本节提供了一种高阶 FR - LBFS,用于有效和精确模拟黏性不可压等温流问题。采用高阶 FR 方法求解同时包含宏观变量和微观分布函数的特殊形式的 N - S 方程,采用 LBFS 同时计算解点和通量点上的无黏和黏性通量。FR - LBFS 无须处理二阶偏导数和压强-速度耦合。相比于高阶 FV - LBFS, FR - LBFS 的紧致性更好,且可以灵活调整精度阶数。

4.3　FR - DUGKS

离散统一气体动理学格式(discrete unified gas-kinetic scheme, DUGKS)是由 Guo 等[35]于 2013 年提出的一种从连续到稀薄流的多尺度模拟方法。该方法具有物理背景清晰、数值耗散低、计算网格灵活和数值稳定性好等优点。类似 LBM, DUGKS 基于离散的粒子速度空间,只对分布函数进行演化。在连续流区域,可以把 DUGKS 看成一种有限体积 LBM。该方法的最大特点是,单元界面上的分布函数利用动理学方程的时空耦合特征解求得,所以在构造通量时考虑了粒子的碰撞。DUGKS 的时间步长不受松弛时间的限制,相比绝大多数界面通量不考虑碰撞的有限体积 LBM,DUGKS 的误差更小[36]。此外,虽然 DUGKS 的耗散比标准 LBM 大,但其稳定性好很多。尽管 DUGKS 的计算效率低于标准 LBM,但可以通过采用非均匀网格来减少网格量,提升其计算效率。

原始 DUGKS 的时空精度为二阶,Wu 等[37]借鉴两步四阶时间推进方法[38]的构造思路,提出一种时间精度为三阶的 DUGKS。然而,通过简化的 von Neumann 分析表明,该方法的时间步长有一定限制。现有的 DUGKS 都基于有限体积方法,本节提出一种基于 FR 方法的 DUGKS(FR - DUGKS),拓展 DUGKS 的应用范围。

4.3.1　一步二阶 FR - DUGKS

DUGKS 的控制方程为无外力项的单松弛 DVBE:

$$\frac{\partial f_\alpha}{\partial t} + \boldsymbol{e}_\alpha \cdot \nabla f_\alpha = \frac{f_\alpha^{eq} - f_\alpha}{\tau_v} = \Omega_\alpha \tag{4.38}$$

对式(4.38)从时间 t_n 到 $t_{n+1}=t_n+\Delta t$ 积分，对其中的对流项和碰撞项分别应用中点公式和梯形公式可得

$$f_\alpha^{n+1}-f_\alpha^n+\Delta t F_\alpha^{n+1/2}=\frac{\Delta t}{2}(\Omega_\alpha^{n+1}+\Omega_\alpha^n) \tag{4.39}$$

式中，$F_\alpha=\boldsymbol{e}_\alpha\cdot\nabla f_\alpha$。由于 t_{n+1} 时刻的宏观量未知，式(4.39)是隐式的，可以通过引入以下两个辅助分布函数，化隐式为显式：

$$\begin{cases}\tilde{f}_\alpha=f_\alpha-\dfrac{\Delta t}{2}\Omega_\alpha\\ \tilde{f}_\alpha^+=f_\alpha+\dfrac{\Delta t}{2}\Omega_\alpha\end{cases} \tag{4.40}$$

将式(4.40)代入式(4.39)，可得 DUGKS 的演化方程：

$$\tilde{f}_\alpha^{n+1}=\tilde{f}_\alpha^{+,n}-\Delta t F_\alpha^{n+1/2} \tag{4.41}$$

根据粒子碰撞过程中的质量和动量守恒律，流体的宏观量可以通过对 $\tilde{f}$ 求矩得到：

$$\begin{cases}\rho=\sum\limits_\alpha\tilde{f}_\alpha\\ \rho\boldsymbol{u}=\sum\limits_\alpha\boldsymbol{e}_\alpha\tilde{f}_\alpha\end{cases} \tag{4.42}$$

根据式(4.41)可知，DUGKS 的核心在于计算 $F_\alpha^{n+1/2}$。在现有的工作中，这一项采用有限体积方法进行离散。本节首次采用 FR 方法对其进行离散。首先对式(4.38)在半个时间步长 $h=\Delta t/2$ 内沿着以解点 $\boldsymbol{x}$ 为终点的特征线上积分，应用梯形公式近似碰撞项，可得

$$f_\alpha(\boldsymbol{x},t_n+h)-f_\alpha(\boldsymbol{x}-\boldsymbol{e}_\alpha h,t_n)=\frac{\Omega_\alpha(\boldsymbol{x},t_n+h)-\Omega_\alpha(\boldsymbol{x}-\boldsymbol{e}_\alpha h,t_n)}{2}h \tag{4.43}$$

类似地，为了避免隐式计算，引入两个辅助分布函数：

$$\begin{cases}\bar{f}_\alpha=f_\alpha-\dfrac{h}{2}\Omega_\alpha\\ \bar{f}_\alpha^+=f_\alpha+\dfrac{h}{2}\Omega_\alpha\end{cases} \tag{4.44}$$

将式(4.44)代入式(4.43)，可得

$$\bar{f}_\alpha(\boldsymbol{x},t_n+h)=\bar{f}_\alpha^+(\boldsymbol{x}-\boldsymbol{e}_\alpha h,t_n) \tag{4.45}$$

在传统的 DUGKS 中,可通过泰勒展开计算$\bar{f}^{+}_{\alpha}(\boldsymbol{x}-\boldsymbol{e}_{\alpha}h,\ t_{n})$。在 FR 方法中,可通过高阶拉格朗日插值对其求解。由碰撞算子的相容性可知:

$$\begin{cases}\rho = \sum\limits_{\alpha}\bar{f}_{\alpha}\\ \rho\boldsymbol{u} = \sum\limits_{\alpha}\boldsymbol{e}_{\alpha}\bar{f}_{\alpha}\end{cases}\tag{4.46}$$

这样,利用式(4.25)可以求得每个解点上的平衡分布函数$f^{\mathrm{eq}}_{\alpha}(\boldsymbol{x},\ t_{n}+h)$,联合式(4.44)可以得到每个解点上 t_n+h 时刻的分布函数:

$$f_{\alpha}(\boldsymbol{x},\ t_{n}+h) = \frac{2\tau_{\mathrm{v}}}{2\tau_{\mathrm{v}}+h}\bar{f}_{\alpha}(\boldsymbol{x},\ t_{n}+h) + \frac{h}{2\tau_{\mathrm{v}}+h}f^{\mathrm{eq}}_{\alpha}(\boldsymbol{x},\ t_{n}+h)\tag{4.47}$$

然后,就可以采用 4.1.2 小节中的 FR 方法进行离散。边界实施采用 4.1.2 小节中的非平衡外推方法。这样,就能够利用 FR 方法得到 $F^{n+1/2}_{\alpha}$ 的高阶近似。计算过程中涉及的辅助分布函数之间的关系式为

$$\begin{cases}\bar{f}^{+}_{\alpha} = \dfrac{2\tau_{\mathrm{v}}-h}{2\tau_{\mathrm{v}}+\Delta t}\tilde{f}_{\alpha} + \dfrac{3h}{2\tau_{\mathrm{v}}+\Delta t}f^{\mathrm{eq}}_{\alpha}\\ \tilde{f}^{+}_{\alpha} = \dfrac{4}{3}\bar{f}^{+}_{\alpha} - \dfrac{1}{3}\tilde{f}_{\alpha}\end{cases}\tag{4.48}$$

一步二阶 FR－DUGKS 的实施步骤如下:

(1) 根据式(4.48)计算每个单元解点上的$\bar{f}^{+}_{\alpha}$;

(2) 利用拉格朗日插值得到每个单元解点上的$\bar{f}^{+}_{\alpha}(\boldsymbol{x}-\boldsymbol{e}_{\alpha}h,\ t_{n})$;

(3) 根据式(4.46)计算解点上半个时间步长后的宏观量,进而确定$f^{\mathrm{eq}}_{\alpha}(\boldsymbol{x},\ t_{n}+h)$;

(4) 根据式(4.47)计算解点上半个时间步长后的原始分布函数$f_{\alpha}(\boldsymbol{x},\ t_{n}+h)$;

(5) 利用 FR 方法计算对流项 $F^{n+1/2}_{\alpha}$;

(6) 根据式(4.48)得到$\tilde{f}^{+}_{\alpha}$,从而根据式(4.41)更新得到$\tilde{f}^{n+1}_{\alpha}$。

4.3.2　两步三阶 FR－DUGKS

两步三阶 DUGKS 的演化方程为

$$\hat{f}^{n+1}_{\alpha} = \hat{f}^{+,n}_{\alpha} + \frac{3}{4}\Delta t\Omega_{\alpha}(f') + \frac{1}{7}\Delta t[3F_{\alpha}(f^{*}) + 4F_{\alpha}(f^{**})]\tag{4.49}$$

式中，$\Omega_\alpha(f')$ 为碰撞项；$F_\alpha(f^*)$ 和 $F_\alpha(f^{**})$ 为对流项。$\hat{f}_\alpha$ 和 $\hat{f}_\alpha^+$ 的定义为

$$\begin{cases} \hat{f}_\alpha = f_\alpha - \dfrac{1}{4}\Delta t \Omega_\alpha \\ \hat{f}_\alpha^+ = \hat{f}_\alpha + \dfrac{1}{4}\Delta t \Omega_\alpha \end{cases} \tag{4.50}$$

中间步的时刻为 $t_* = t_n + \Delta t/6$，$t' = t_n + \Delta t/3$ 和 $t_{**} = t_n + 3\Delta t/4$。需要用到的辅助分布函数之间的关系式为

$$\begin{cases} \tilde{f}_\alpha^+ = \dfrac{6\tau_v - \Delta t}{6\tau_v + \Delta t}\tilde{f}_\alpha + \dfrac{2\Delta t}{6\tau_v + \Delta t} f_\alpha^{eq} \\ \Omega_\alpha(f') = -\dfrac{6}{6\tau_v + \Delta t}(\tilde{f}_\alpha - f_\alpha^{eq}) \end{cases} \tag{4.51}$$

其中，$\tilde{f}_\alpha = f_\alpha - \Delta t \Omega_\alpha/6$ 等同于标准二阶 DUGKS 中定义的 $\tilde{f}_\alpha$ [式(4.40)]，此时的时间步长为 $\Delta t/3$。

根据式(4.49)可知，求解该方程需要确定一个碰撞项和两个对流项。可以利用标准二阶 DUGKS 计算碰撞项 $\Omega_\alpha(f')$，只是时间步长变为 $\Delta t/3$。对流项 $F_\alpha(f^*)$ 和 $F_\alpha(f^{**})$ 的离散思路类似二阶 DUGKS，只是中间的时间步长不一样。对于式(4.45)，如果 $h = \Delta t/6$ 或 $5\Delta t/12$，则辅助函数为

$$\bar{f}_\alpha^{+,h} = \frac{2\tau_v - h}{2\tau_v + h}\bar{f}_\alpha + \frac{2h}{2\tau_v + h} f_\alpha^{eq} \tag{4.52}$$

在 FR 方法中，通过高阶拉格朗日插值计算 $\bar{f}_\alpha^+(\boldsymbol{x} - \boldsymbol{e}_\alpha h, t_n)$，联合式(4.44)可以得到每个解点上 $t_n + h$ 时刻的分布函数，其形式与式(4.47)一致。接着，就可以采用 FR 方法离散对流项。计算过程中需要用到的辅助分布函数之间的关系式为

$$\begin{cases} \bar{f}_\alpha^{+,\Delta t/6}(\boldsymbol{x}, t_n) = \dfrac{12\tau_v - \Delta t}{12\tau_v + 3\Delta t}\hat{f}_\alpha(\boldsymbol{x}, t_n) + \dfrac{4\Delta t}{12\tau_v + 3\Delta t} f_\alpha^{eq}(\boldsymbol{x}, t_n) \\ \tilde{f}_\alpha(\boldsymbol{x}, t_n) = \dfrac{5}{4}\bar{f}_\alpha^{+,\Delta t/6}(\boldsymbol{x}, t_n) - \dfrac{1}{4}\hat{f}_\alpha(\boldsymbol{x}, t_n) \\ \bar{f}_\alpha^{+,5\Delta t/12}(\boldsymbol{x}, t_n + \Delta t/3) = \dfrac{24\tau_v - 5\Delta t}{24\tau_v + 4\Delta t}\tilde{f}_\alpha(\boldsymbol{x}, t_n + \Delta t/3) \\ \qquad\qquad + \dfrac{9\Delta t}{24\tau_v + 4\Delta t} f_\alpha^{eq}(\boldsymbol{x}, t_n + \Delta t/3) \\ \hat{f}_\alpha^+(\boldsymbol{x}, t_n) = \dfrac{1}{4}\hat{f}_\alpha(\boldsymbol{x}, t_n) + \dfrac{3}{4}\bar{f}_\alpha^{+,\Delta t/6}(\boldsymbol{x}, t_n) \end{cases} \tag{4.53}$$

两步三阶 FR－DUGKS 的实施步骤可以归纳为如下四大步。

第一大步。计算时间步从 t_n 到 $t_n+\Delta t/3$ 的对流项 $F_\alpha(f^*)$，该大步可以分为以下几个小步：

(1) 根据式(4.53)计算每个单元解点上的 $\bar{f}_\alpha^{+,\,\Delta t/6}(\boldsymbol{x},\,t_n)$。

(2) 利用拉格朗日插值得到每个单元解点上的 $\bar{f}_\alpha^{+}(\boldsymbol{x}-\boldsymbol{e}_\alpha h,\,t_*)$，此时 $h=\Delta t/6$，然后计算宏观量并确定平衡分布函数。

(3) 根据式(4.47)计算原始分布函数 $f_\alpha(\boldsymbol{x},\,t_*)$。

(4) 利用 FR 方法计算对流项 $F_\alpha(f^*)$。

第二大步。计算碰撞项 $\Omega_\alpha(f')$，该大步可以分为以下几个小步：

(1) 根据式(4.53)计算 $\tilde{f}_\alpha(\boldsymbol{x},\,t_n)$。

(2) 根据式(4.51)计算 $\tilde{f}_\alpha^{+}(\boldsymbol{x},\,t_n)$。

(3) 利用第一大步得到的 $F_\alpha(f^*)$，根据式(4.41)，并将其时间步长改为 $\Delta t/3$，可得 $\tilde{f}_\alpha(\boldsymbol{x},\,t')$；求矩可得 t' 时刻的宏观量，进一步可得平衡分布函数；根据式(4.51)可得 $\Omega_\alpha(f')$。

第三大步。计算时间步从 $t_n+\Delta t/3$ 到 $t_n+3\Delta t/4$ 的对流项 $F_\alpha(f^{**})$，该大步可以分为以下几个小步：

(1) 根据式(4.53)计算每个单元解点上的 $\bar{f}_\alpha^{+,\,5\Delta t/12}(\boldsymbol{x},\,t_n+\Delta t/3)$。

(2) 利用拉格朗日插值得到每个单元解点上的 $\bar{f}_\alpha^{+}(\boldsymbol{x}-\boldsymbol{e}_\alpha h,\,t_{**})$，此时 $h=5\Delta t/12$，然后计算宏观量并确定平衡分布函数。

(3) 根据式(4.47)计算原始分布函数 $f_\alpha(\boldsymbol{x},\,t_{**})$。

(4) 利用 FR 方法计算对流项 $F_\alpha(f^{**})$。

第四大步。根据式(4.53)得到 $\hat{f}_\alpha^{+}(\boldsymbol{x},\,t_n)$，最终根据演化方程(4.49)更新得到 $\hat{f}_\alpha(\boldsymbol{x},\,t_{n+1})$。

4.3.3　数值模拟与结果讨论

本小节通过模拟 $Re=3\,200$ 的顶盖驱动方腔流比较 p^3 FR－DUGKS 和 p^3 FR－LBM 的精度、效率和稳定性。采用 15×15 的均匀网格。p^3 FR－DUGKS 得到的流线如图 4.20 所示。可以看出，一步二阶格式和两步三阶格式都能得到正确的流场结果。图 4.21 比较了 FR－DUGKS 和 FR－LBM 得到的方腔中线的无量纲速度。可以看出，一步二阶 FR－DUGKS 和二阶 IMEX FR－LBM 的结果以及两步三阶 FR－DUGKS 和三阶 IMEX FR－LBM 的结果基本一致，都与 Ghia 等[29]的结果吻合，表明两种方法的精度基本一致。

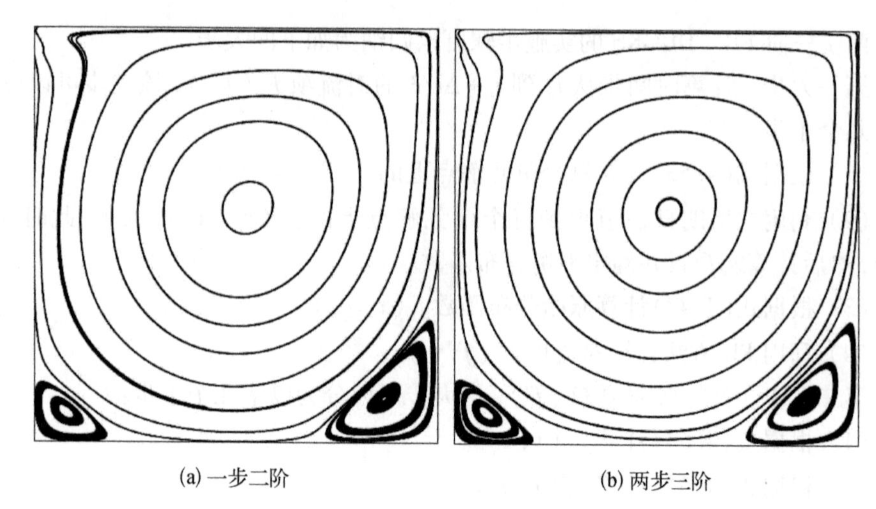

(a) 一步二阶　　(b) 两步三阶

图 4.20　p^3 FR－DUGKS 计算得到的 Re = 3 200 时顶盖驱动方腔流的流线

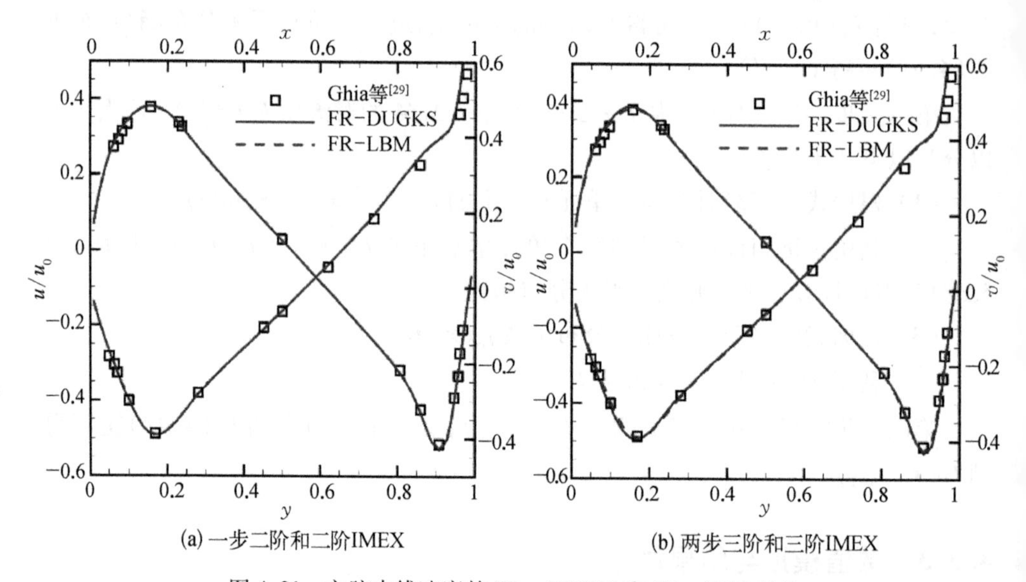

(a) 一步二阶和二阶IMEX　　(b) 两步三阶和三阶IMEX

图 4.21　方腔中线速度的 FR－DUGKS 和 FR－LBM 对比

表 4.10 比较了 FR－DUGKS 和 FR－LBM 的计算效率。可以看出，一步二阶 FR－DUGKS 的计算效率大约为二阶 IMEX FR－LBM 的 2 倍，两步三阶 FR－DUGKS 的计算效率大约为三阶 IMEX FR－LBM 的 1.5 倍。这是由于 FR－LBM 需要多步求解 DVBE，而 FR－DUGKS 中间时刻的分布函数可以利用特征线的性质插值得到。需要说明的是，根据 Wu 等[37] 对两步三阶 DUGKS 进行的 von Neumann 稳定性分析得知，该格式会有 $\Delta t/\tau_v \leqslant 12$ 的限制，但三阶 IMEX 格式并不存在这一限制。此外，对这两种方法的稳定性进行了比较，它们能够计算收敛所需的最小网格

单元都为2×2。这一网格数量是非常少的,可见这两种方法都具有极佳的稳定性。

表4.10　FR-DUGKS和FR-LBM计算时间对比

方　法	二阶 FR-DUGKS	二阶 FR-LBM	三阶 FR-DUGKS	三阶 FR-LBM
CPU时间/s	142.4	284.1	316.9	496.4

本节将有限体积形式的DUGKS拓展到FR框架下,提供了一种高阶FR-DUGKS。类似Lax-Wendroff格式,DUGKS是一种时空耦合的方法,可以实现时间精度上的一步两阶和两步三阶。在空间精度上,传统DUGKS实现高精度需要高阶泰勒展开,用到的模板点较多,紧致性较差。本节的FR-DUGKS能够紧致且灵活地实现空间上的高阶精度。与4.1节的FR-LBM相比,FR-DUGKS每个解点上中间时刻的分布函数可以通过动理学方程时空耦合的特征解求得,不需要多步求解控制方程。一步二阶FR-DUGKS时间步长同样不受松弛时间限制,因此效率更高。而两步三阶FR-DUGKS的时间步长会受到松弛时间限制。不过,两种方法的精度和稳定性基本一致。整体而言,FR-DUGKS是一个效率高、稳定性好的高阶离散Boltzmann方法。

4.4　隐式大涡模拟

4.4.1　方法简介

高阶方法的一个重要且具有挑战性的应用是湍流模拟。湍流流动广泛存在于工业中,例如气体涡轮机和压缩机内流动、气动声学、流动分离和失速现象、激波和湍流边界层相互作用等。到目前为止,RANS是湍流模拟应用最广泛的方法,湍流由模型捕捉而不是直接数值模拟(direct numerical simulation, DNS)。然而,RANS湍流模型在适用范围和精度方面存在着众所周知的局限性。随着计算机能力的增强,以及高阶方法的日趋成熟,大涡模拟(large eddy simulation, LES)逐渐走向工业级应用。LES首先对N-S方程进行过滤,大尺度湍流结构直接模拟,而低于某个特定截断长度的小尺度结构可以使用亚格子尺度(sub-grid scale, SGS)模型处理,这一类称为显式LES;或者可以根据数值格式的特性而无需SGS模型,这一类称为隐式LES(implicit large eddy simulation, ILES)。

Ghosal等[39]已证明,即使是八阶精度的格式,离散误差可能与SGS项具有相同甚至更高的数量级。然而,这些误差在最小可解尺度上最大,而传统的SGS模型正是在该尺度上起作用。SGS 模型的基本特征是在最小的湍流尺度上耗散能量，该尺度位于计算网格可表示的最高波数处。Vincent 等[40]的研究表明，无论是多少精度阶，FR 格式在高波数上基本都是耗散性的。

另一方面，构造更低耗散和色散且兼具稳定性的格式也是发展湍流 ILES 的途径之一。Asthana 和 Jameson[41]提出了一种具有最小色散和耗散的优化 FR(optimal flux reconstruction, OFR)格式。OFR 格式是通过应用一种新颖的目标函数来构造的，该目标函数考虑了解的多模态性质，以最大限度地减少在可分辨波数范围内与波传播相关的耗散和色散误差，求解寻找修正函数的零点的多维优化问题。OFR 格式比传统的能量稳定 FR 格式具有更高的谱精度。然而，基于传统 N - S 方程的 FR 求解器用于湍流的 ILES 一般还需要采取一些稳定性措施抑制混淆误差引起的数值不稳定，混淆误差的产生是因为 FR 方法用于非线性方程的求解时，通过插值基函数在网格单元内构造数值解高阶多项式，非线性项的模态超出了基函数张成的空间。这一过程无疑增加了算法复杂度。

无论是 LBFS 还是 OLBM，用于模拟湍流的研究还相当匮乏。Pellerin 等[42]利用 LBFS 和 Spalart-Allmaras 湍流模型模拟了 NACA0012 翼型绕流，Xia 和 Li[43]利用 DG - LBM 直接数值模拟了壁湍流。本节将 4.1 节的二维 FR - LBM 和 4.2 节的二维 FR - LBFS 拓展到三维，并应用它们对各向同性湍流中 Re = 1 600 时的 Taylor-Green 涡和槽道湍流进行 ILES 研究。其中，FR - LBM 采用 $D3Q19$ 模型，其格子速度矢量和权系数为

$$\boldsymbol{e}_\alpha=\begin{cases}(0,\ 0,\ 0), & \alpha=0\\ (\pm1,\ 0,\ 0),(0,\ \pm1,\ 0),(0,\ 0,\ \pm1), & \alpha=1\sim6\\ (\pm1,\ \pm1,\ 0),(\pm1,\ 0,\ \pm1),(0,\ \pm1,\ \pm1), & \alpha=7\sim18\end{cases}\tag{4.54a}$$

$$\omega_\alpha=\begin{cases}1/3, & \alpha=0\\ 1/18 & \alpha=1\sim6\\ 1/36, & \alpha=7\sim18\end{cases}\tag{4.54b}$$

FR - LBFS 采用 $D3Q15$ 模型，其格子速度矢量和权系数为

$$\boldsymbol{e}_\alpha=\begin{cases}(0,\ 0,\ 0), & \alpha=0\\ (\pm1,\ 0,\ 0),(0,\ \pm1,\ 0),(0,\ 0,\ \pm1), & \alpha=1\sim6\\ (\pm1,\ \pm1,\ \pm1), & \alpha=7\sim14\end{cases}\tag{4.55a}$$

$$\omega_\alpha=\begin{cases}2/9, & \alpha=0\\ 1/9 & \alpha=1\sim6\\ 1/72, & \alpha=7\sim14\end{cases}\tag{4.55b}$$

4.4.2　各向同性湍流

本小节考虑 $Re = 1\ 600$ 的 Taylor-Green 涡。该问题几何简单却能有效检验数值方法能否稳定精确地模拟出涡旋拉伸及其相互作用产生的三维湍流结构。该算例已被众多数值方法广泛研究,包括基于 FR 和 Riemann 通量的 ILES 或 DNS 求解器[44-46],以及 LBM 或 GKS 求解器[47-49]。该问题的计算域是一个边长为 2π 的立方体,所有面都为周期性边界条件。初始条件为

$$\begin{cases} u = U_0\sin(x/L)\cos(y/L)\cos(z/L) \\ v = -U_0\cos(x/L)\sin(y/L)\cos(z/L) \\ w = 0 \\ p = p_0 + \dfrac{\rho_0 U_0^2}{16}[\cos(2x/L) + \cos(2y/L)][2 + \cos(2z/L)] \end{cases} \tag{4.56}$$

本小节的模拟中,$p_0 = 1$, $U_0 = 0.1$, $L = 1$。采用三种不同尺寸的网格,分别为 16^3 个单元的粗网格、32^3 个单元的中等网格和 64^3 个单元的细网格。通过该算例研究 FR－DG 和 OFR 格式结合 LBFS 或 LBM 的数值性能。在无量纲时间 $t = 20t^*$ 时停止计算,其中 $t^* = L/U_0$。为了直观比较数值方法的特性,需要计算三个典型的特征量随时间的演变。首先,定义体积平均动能为

$$E_k = \frac{1}{\rho_0 \Omega}\int_\Omega \rho \frac{\boldsymbol{u}\cdot\boldsymbol{u}}{2}\mathrm{d}\Omega \tag{4.57}$$

动能的耗散率为

$$\varepsilon_1 = \varepsilon(E_k) = -\frac{\mathrm{d}E_k}{\mathrm{d}t} \tag{4.58}$$

在不可压流动中,耗散率与涡量积分之间存在一个常数关系:

$$\begin{cases} \varepsilon_2 = \varepsilon(\zeta) = \dfrac{2\mu}{\rho_0}\zeta \\ \zeta = \dfrac{1}{\rho_0 \Omega}\displaystyle\int_\Omega \frac{1}{2}\rho\boldsymbol{\omega}\cdot\boldsymbol{\omega}\mathrm{d}\Omega \end{cases} \tag{4.59}$$

式中,$\boldsymbol{\omega}$ 为涡量矢量。

图 4.22 展示了 p^2 FR－DG LBFS、p^3 FR－DG LBFS 和 p^4 FR－DG LBFS 在中等

网格上计算得到的三个特征量随时间的演化。可以看到，随着精度增加，本小节结果逐渐趋近于 Debonis[50] 使用 512^3 个单元的 DNS 结果。此外，随着精度增加，ε_1 与 ε_2 趋于一致，这两个量的差代表数值耗散的大小。

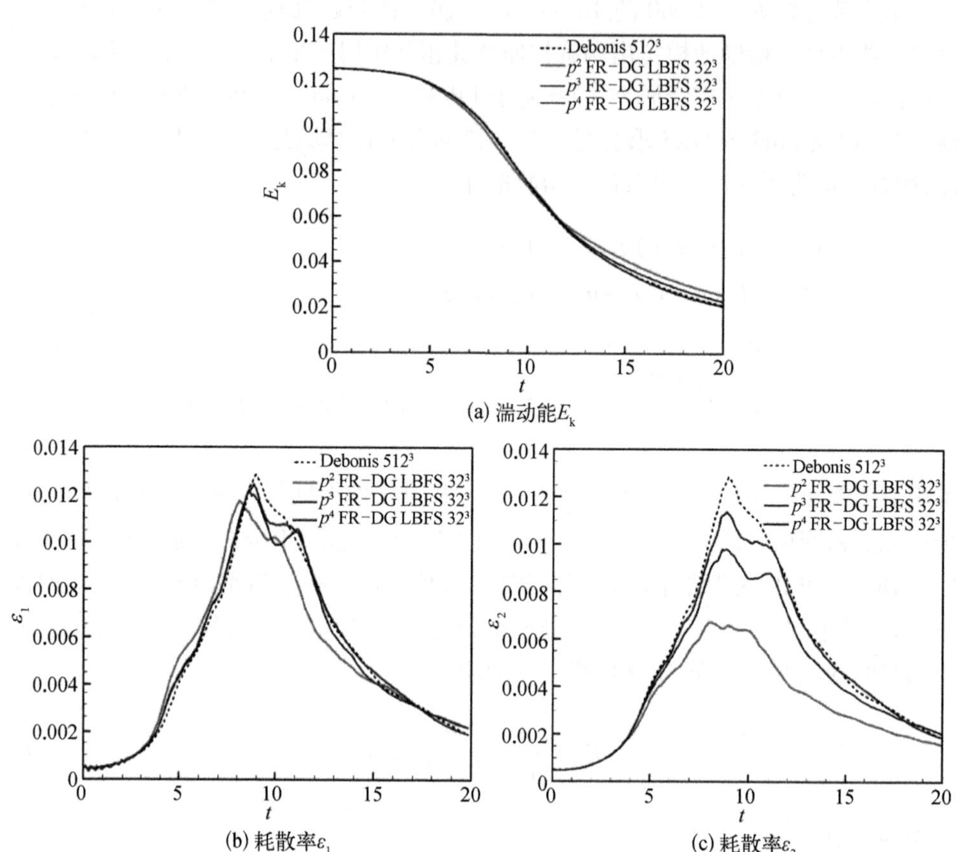

(a) 湍动能E_k

(b) 耗散率ε_1

(c) 耗散率ε_2

图 4.22　不同精度的 FR－DG LBFS 在中等网格上得到的 $Re = 1\,600$ Taylor-Green 涡的三个特征量随时间的演化

图 4.23 给出了 p^3 FR－DG LBFS 在粗网格、中等网格和细网格上计算得到的三个特征量随时间的演化。网格细化可以提高涡旋结构的分辨率，同时减小滤波的影响，降低数值耗散。由图可知，在细网格上计算得到的 E_k、ε_1、ε_2 与 DNS 结果相差不大。为了测试精度对解的准确性和稳定性的影响，将自由度固定为 128^3，使用 p^1 FR－DG LBFS、p^3 FR－DG LBFS、p^5 FR－DG LBFS 和 p^7 FR－DG LBFS 进行计算，结果如图 4.24 所示。可以看出，精度越高，准确性越好，稳定性越差。由于 p^7 FR－DG LBFS 在整个计算时间结束之前发散，故没有绘制该结果。该结果与基于 FR 和 Riemann 通量 N－S 求解器的结果相同。

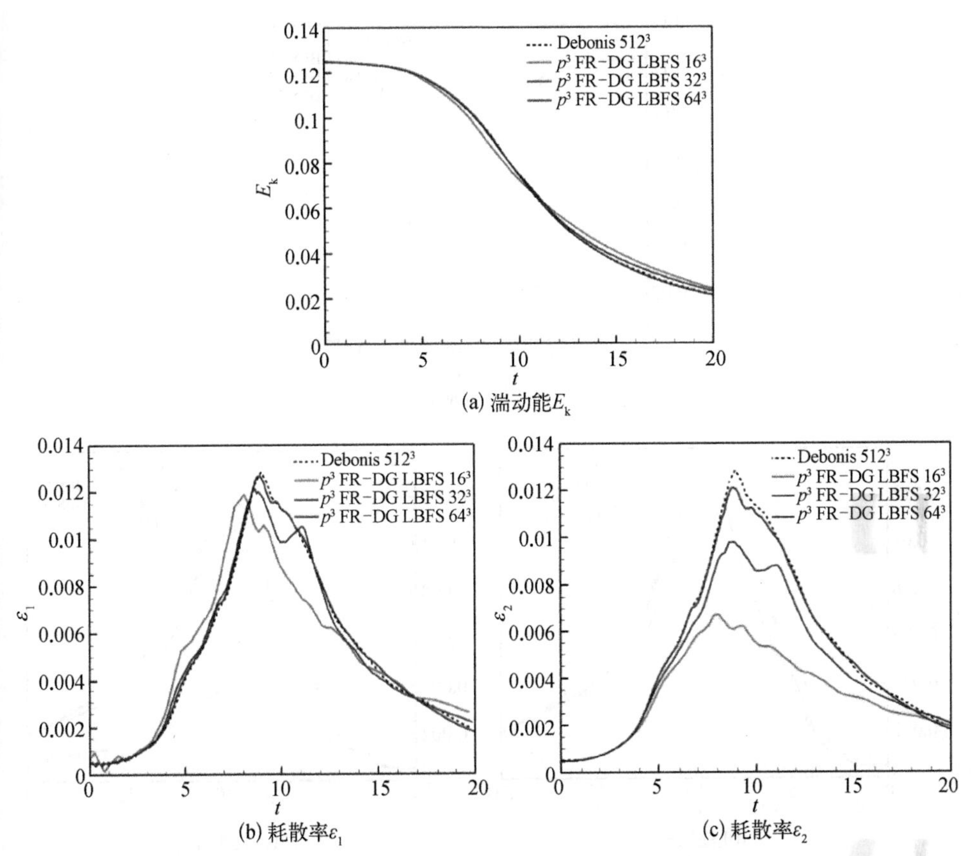

(a) 湍动能E_k

(b) 耗散率ε_1　　(c) 耗散率ε_2

图4.23　p^3 FR－DG LBFS在不同网格上得到的三个特征量随时间的演化

图4.25展示了p^3 FR－DG LBFS在细网格上计算得到的当$t=3$、5、7和9时以水平速度u着色的Q准则等值面。从图中可以清楚地看到从大尺度涡旋到小尺度涡旋的流动结构演变过程，以及湍流的肋条结构，进而证明了FR－LBFS方法的高分辨率。

为了进一步证明FR－LBFS的准确性和稳定性，图4.26比较了中等网格上p^3 FR－DG LBFS、中等网格上p^3 OFR LBFS以及粗网格上p^5 OFR LBFS的计算结果。由图可知，中等网格上p^3 FR－DG和OFR得到的耗散率非常接近，而粗网格上p^5 OFR得到的耗散率更接近DNS结果。该结果与Asthana和Jameson[41]的理论和数值研究结果一致。在流动未充分解析的情况下，阶数较高的OFR格式为了保持数值稳定性，需要抑制混淆误差。然而，同一分辨率下的p^5 OFR LBFS在不添加任何抑制混淆误差的稳定性措施下能够顺利完成计算。该结果表明，FR－LBFS方法具有良好的稳定性来模拟不完全解析的湍流。

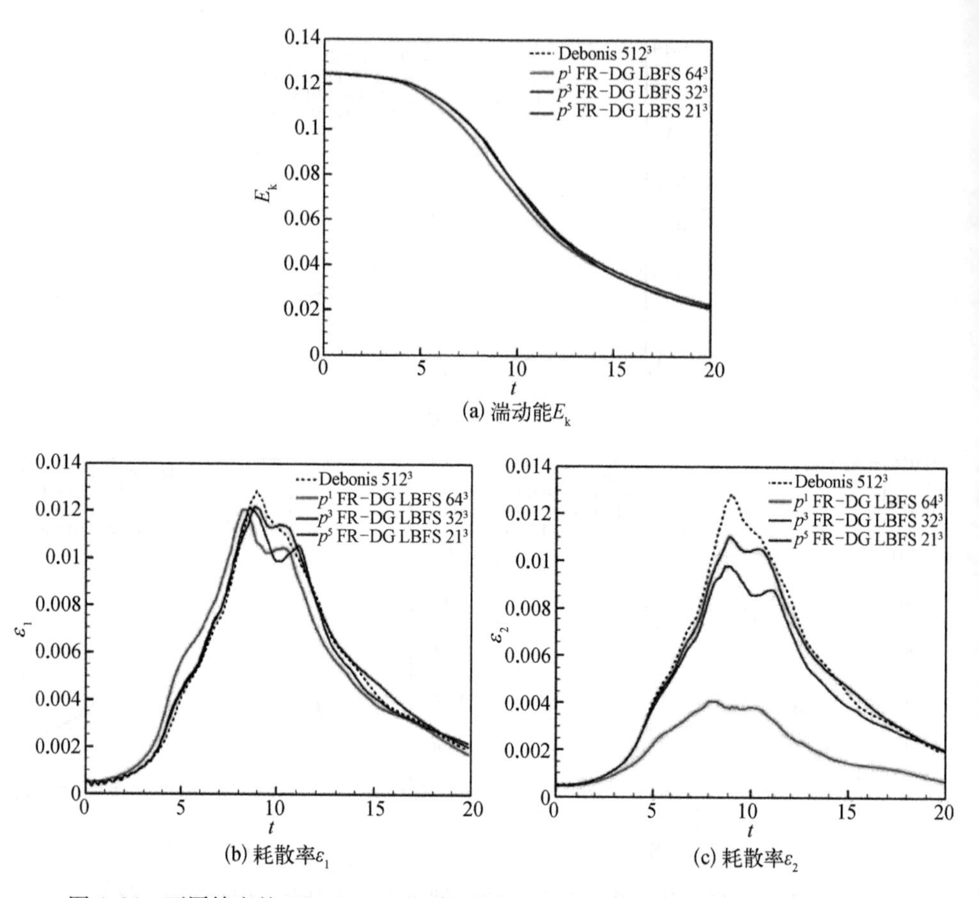

(a) 湍动能E_k

(b) 耗散率ε_1

(c) 耗散率ε_2

图 4.24　不同精度的 FR - DG LBFS 在不同网格上得到的三个特征量随时间的演化

接下来,采用 FR - DG LBM 对该问题进行模拟,固定自由度为 128^3,使用 p^3、p^5 和 p^7 精度进行计算。计算得到的耗散率 ε_2 如图 4.27 所示,图中还给出了 p^3 FR - DG LBFS 和 p^5 FR - DG LBFS 的结果作为对比。可以发现,随着精度提升,耗散率和 DNS 的结果逐渐接近。相比 FR - LBFS 的结果,同阶 FR - LBM 的峰值和 DNS 结果更加接近。

此外,无论是 FR - LBFS 还是基于 FR 和 Riemann 通量的 N - S 求解器,在 16^3 这一粗网格下采用 p^7 FR - DG 格式,不添加任何稳定性措施的前提下都无法完成整个计算,而 FR - LBM 可以顺利完成计算。原因可能是 FRLBM 求解的 DVBE 对流项线性,没有离散非线性项产生的混淆误差引入的不稳定。该结果表明,FR - LBM 在粗网格高阶数的情况下具有一定的优势。此外,FR - LBM 的计算耗时大约是 FR - LBFS 的五分之一,FR - LBFS 在三维情况下每个求解点周围需要进行繁琐的插值过程,大大降低了计算效率。将网格分辨率进一步提升至 64^3 后,由图 4.28 可知,p^3 FR - LBM 和 p^3 FR - LBFS 的耗散率基本趋于一致。

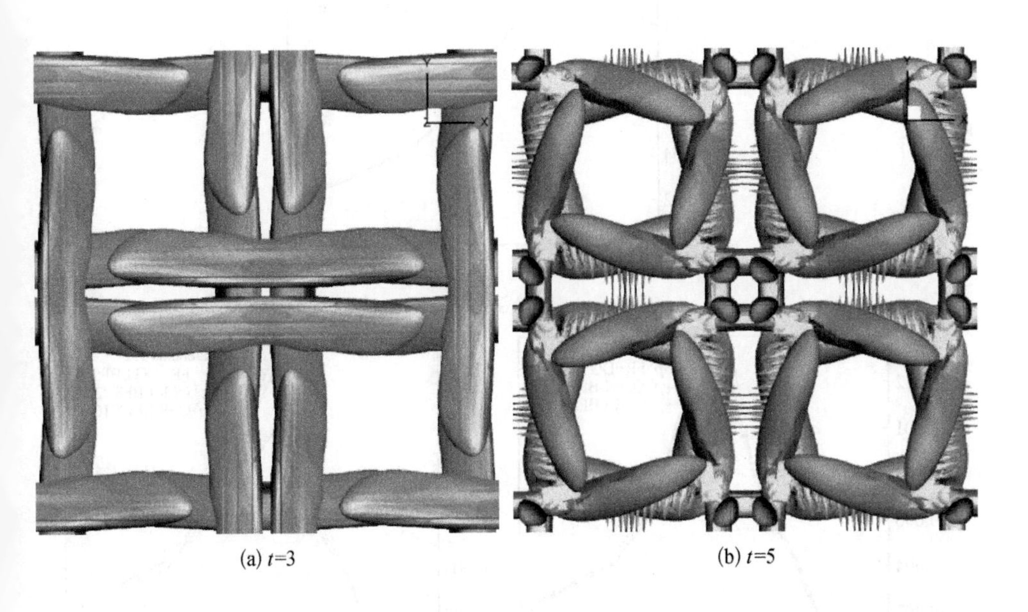

(a) t=3　　(b) t=5

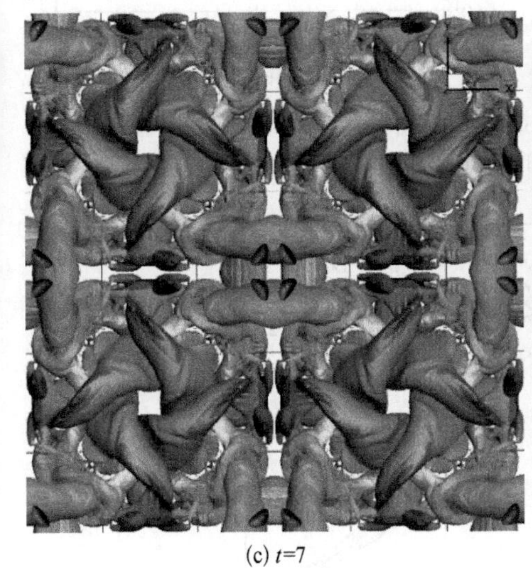

(c) t=7

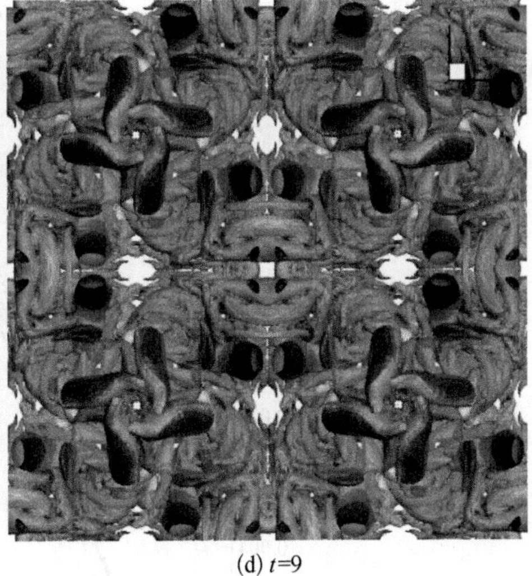

(d) t=9

图 4.25　p^3 FR－DG LBFS 在细网格上得到当 t = 3、5、7 和 9 时以水平速度 u 着色的 Q 准则等值面

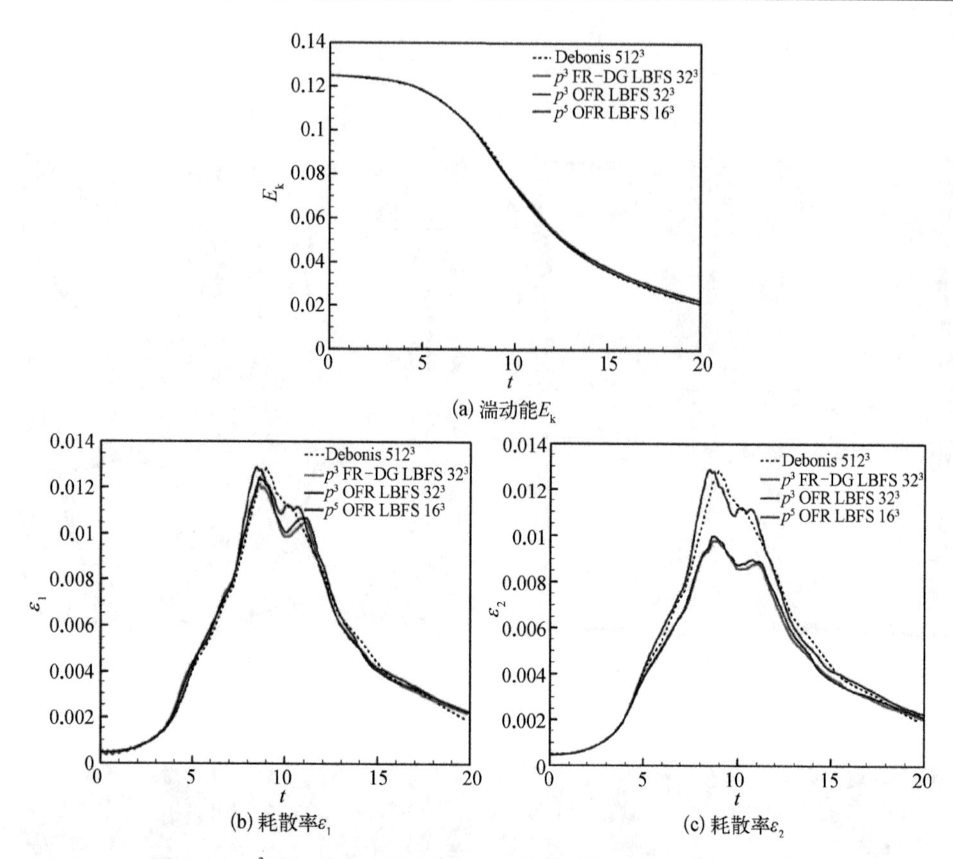

(a) 湍动能E_k

(b) 耗散率ε_1

(c) 耗散率ε_2

图 4.26　p^3 FR－DG 和 OFR LBFS 在中等网格上以及 p^5 OFR LBFS 在粗网格上得到的三个特征量随时间的演化

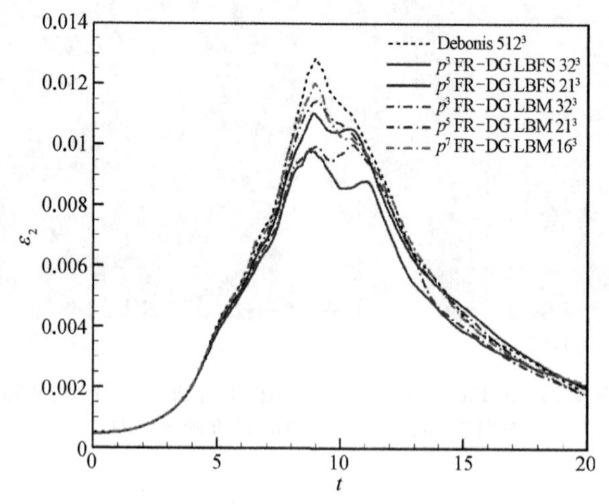

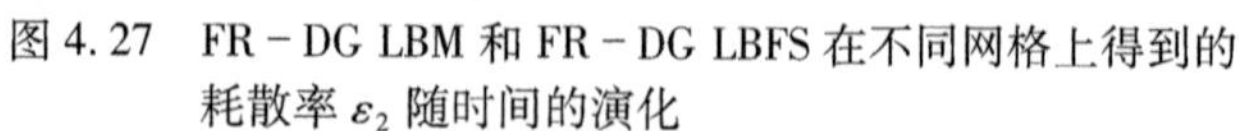

图 4.27　FR－DG LBM 和 FR－DG LBFS 在不同网格上得到的耗散率 ε_2 随时间的演化

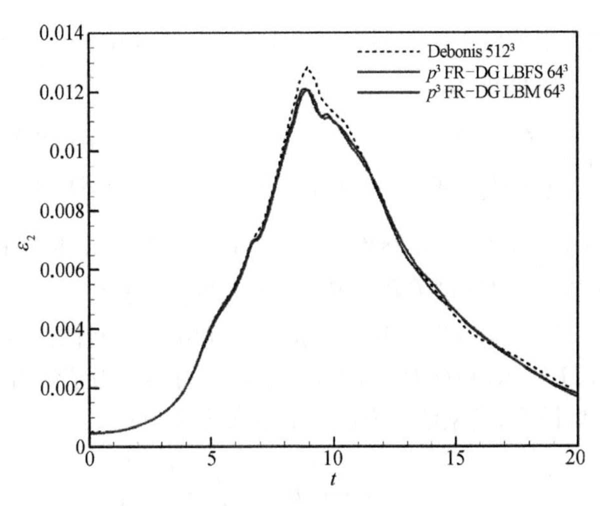

图 4.28　FR - DG LBM 和 FR - DG LBFS 在密网格上得到的耗散率 ε_2 随时间的演化

4.4.3　槽道湍流

作为壁湍流的典型基准算例，本小节考虑在摩擦雷诺数 $Re_\tau \approx 180$ 和 395 下充分发展的槽道湍流，它涉及湍流近壁结构的生成及其相互作用。槽道湍流对湍流模型或数值方法的耗散非常敏感，如果没有在湍流尺度范围内恰当使用适量的耗散，可能很难得到正确的速度分布。该问题已被多种宏观和介观方法模拟过，本小节首次采用 FR - LBFS 和 FR - LBM 对其进行模拟。槽道湍流为两个无限平行平板之间在 x 方向驱动力作用下的流动。这个力根据压强梯度确定，并与摩擦雷诺数有以下关系：

$$\begin{cases} Re_\tau = \delta u_\tau / \upsilon \\ u_\tau = \sqrt{\tau_w / \rho} \\ \mathrm{d}p/\mathrm{d}x = \tau_w / \delta \end{cases} \tag{4.60}$$

式中，$\delta = 1$ 为槽道的半宽。计算域尺寸为 $L_x \times L_y \times L_z = [0,\ 2\pi] \times [0,\ 2] \times [0,\ \pi]$。在槽道壁上，速度应用无滑移边界条件，压强应用纽曼边界条件。为了快速将流动转捩为完全发展的湍流，初始条件设为如下由 Kajzer 和 Pozorski[51] 提出的快速转捩条件：

$$\begin{cases} u = \bar{u}(y) + 0.1\chi U_0 + 0.1(\delta^2 - y^2)\sum\limits_{m=1}^{3}\sin(4m\pi z/L_z) \\ v = 0 \\ w = 0.1U_0(\delta^2 - y^2)\sum\limits_{m=1}^{3}\sin(4m\pi x/L_x) \end{cases} \tag{4.61}$$

式中，$\bar{u}(y)$ 为理论平均流向速度剖面；χ 为区间[1, 1]内的一个随机数；U_0 为槽道中心平均速度。$\bar{u}(y)$ 的定义为

$$\bar{u}(y)=\begin{cases}Re_\tau(y+\delta), & Re_\tau(y+\delta)<5.93\\ 2.44\ln[Re_\tau(y+\delta)]+5.2, & Re_\tau(y+\delta)\geqslant 5.93\end{cases} \tag{4.62}$$

U_0 可以通过关联式 $U_0/U_b=1.28Re_b^{-0.0116}$ 确定[52]，其中 U_b 是体积速度，设 $U_b=0.1c_s$。体雷诺数 Re_b 可以通过关联式 $Re_\tau=0.09Re_b^{0.88}$ 确定。

采用 p^2 FR－LBFS、p^3 FR－LBFS 和 p^4 FR－LBFS 进行计算。使用的总单元数和自由度如表 4.11 所示，相比 DNS 的网格量要少得多。为了解析边界层，使用非均匀结构化六面体网格，沿壁法线方向上的分布定义为

$$y(j)=1-\frac{\tanh\left[\beta-\dfrac{2(j-1)\beta}{N_y-1}\right]}{\tanh(\beta)} \tag{4.63}$$

式中，N_y 为 y 方向的网格数量；$\beta=2.5$。对于所有的测试算例，距离壁面的第一个解点的壁法向间距必须满足 $y^+\leqslant 1$。为了达到统计稳定状态，计算持续大约 250 个无量纲时间 t^*，其中 $t^*=tU_b/\delta$。然后再计算 150 个无量纲时间以统计时间和空间平均。

表 4.11　槽道湍流网格尺寸设置

Re_τ	精度	网格尺寸	自由度	x^+	y^+	z^+
180	p^2	20×17×17	60×51×51	18.849 6	0.644 1	11.088 0
180	p^3	15×13×13	60×52×52	17.671 5	0.696 9	10.874 7
180	p^4	12×10×10	60×50×50	18.849 6	0.824 1	11.309 7
395	p^2	34×25×25	102×75×75	24.331 9	0.869 8	16.545 7
395	p^3	25×19×19	100×76×76	24.818 6	0.917 6	16.328 0
395	p^4	20×15×15	100×75×75	24.818 6	1.002 6	16.545 7

图 4.29 比较了 $Re_\tau\approx 180$ 时三种精度的 FR－LBFS 计算得到的沿壁法线方向平均无量纲流向速度剖面，同时给出了 Moser 等[53]的 DNS 结果作为参考。在黏性子层区域（$y^+\leqslant 5$），三种格式都满足 $u^+=y^+$。在对数律区域（$y^+\geqslant 30$），三种格式都满足 $u^+=\dfrac{1}{\kappa}\ln y^++B$，其中 von Karman 常数 $\kappa=0.4$ 和 $B=5.5$ 被认为在低雷诺数槽道湍流中是较为准确的[54]。此外，p^3 FR－LBFS 和 p^4 FR－LBFS 的结果与 DNS

结果更加贴合，而 p^2 FR－LBFS 在对数律区域高估了平均速度剖面。图 4.30 比较了 $Re_\tau \approx 180$ 时的均方根速度脉动和雷诺应力。p^2 FR－LBFS 在峰值附近高估了 u_{rms}，而 p^3 FR－LBFS 和 p^4 FR－LBFS 低估了 u_{rms} 的峰值。三种格式都低估了 v_{rms} 的峰值，并且它们预测的 w_{rms} 峰值位置更靠前。p^3 FR－LBFS 得到的雷诺应力与 DNS 结果最为相符。

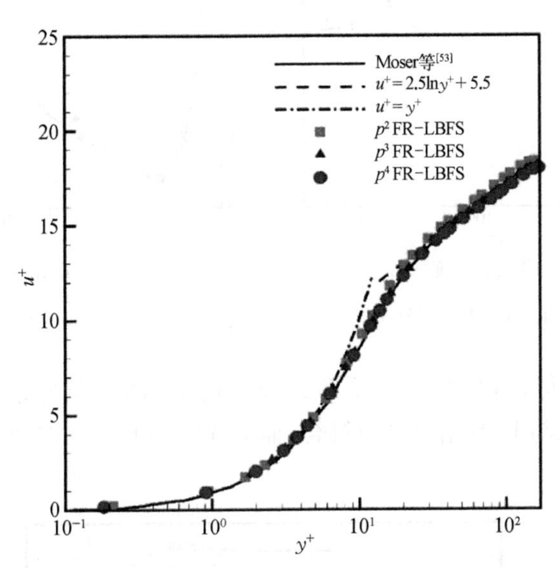

图 4.29　p^2 FR－LBFS、p^3 FR－LBFS 和 p^4 FR－LBFS 得到的 $Re_\tau \approx 180$ 时槽道湍流沿壁法线方向平均无量纲流向速度剖面

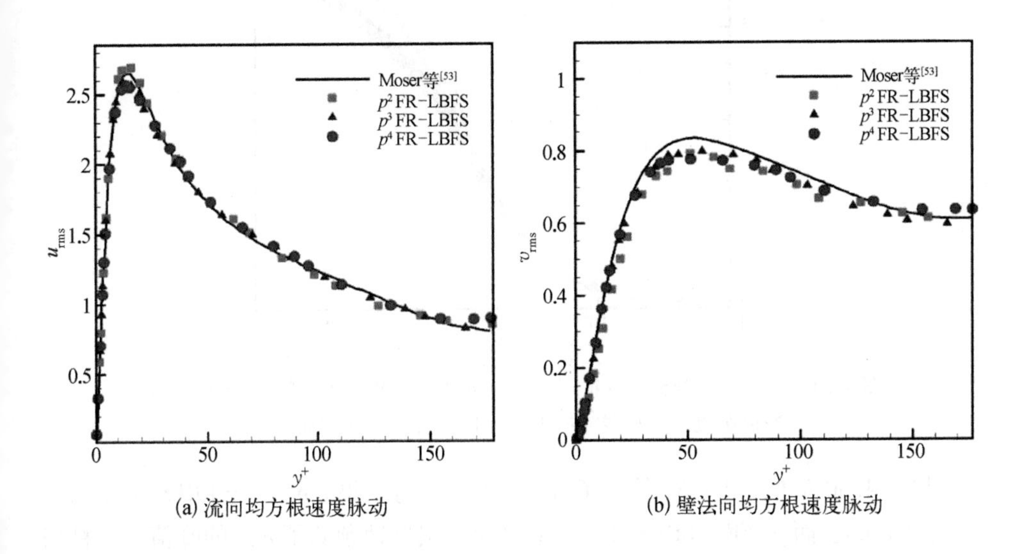

(a) 流向均方根速度脉动　　(b) 壁法向均方根速度脉动

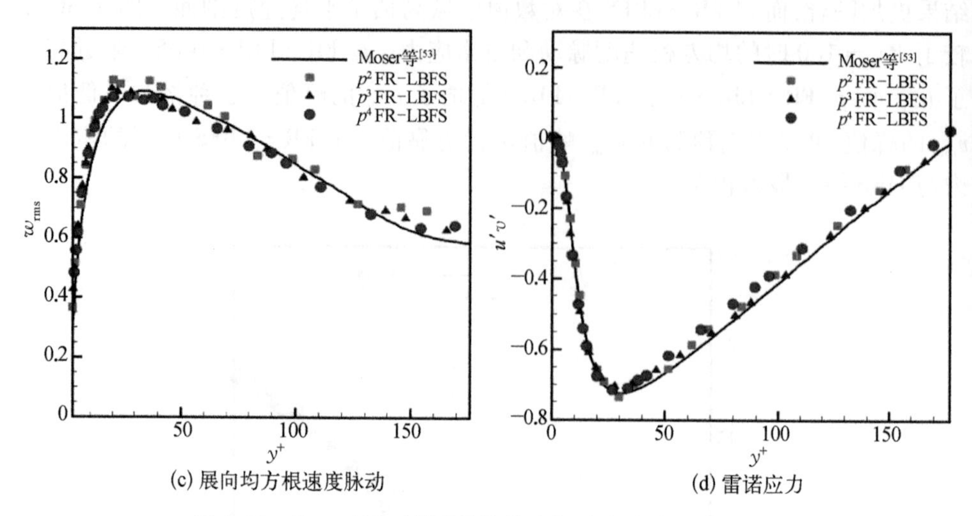

(c) 展向均方根速度脉动　　(d) 雷诺应力

图 4.30　$Re_\tau \approx 180$ 时槽道湍流均方根速度脉动和雷诺应力

与图 4.29 类似,图 4.31 给出了 $Re_\tau \approx 395$ 时的结果。同样,p^3 FR－LBFS 和 p^4 FR－LBFS 的结果与 DNS 结果更为符合,而 p^2 FR－LBFS 在对数律区域明显高估了平均速度剖面。

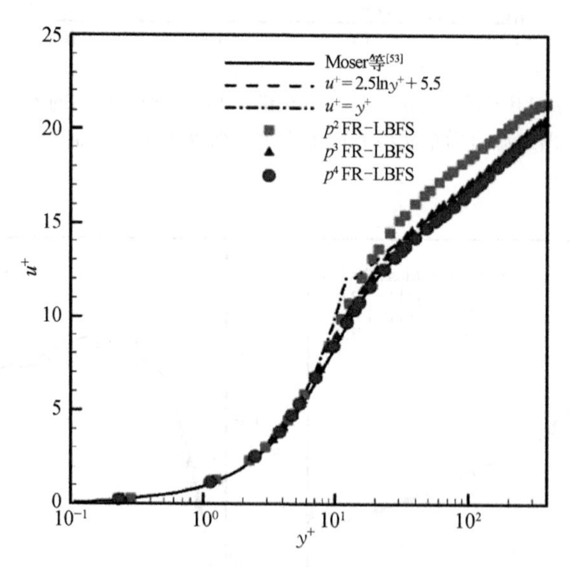

图 4.31　p^2 FR－LBFS、p^3 FR－LBFS 和 p^4 FR－LBFS 得到的 $Re_\tau \approx 395$ 时槽道湍流沿壁法线方向平均无量纲流向速度剖面

与图 4.30 类似,图 4.32 给出了 $Re_\tau \approx 395$ 时的结果。p^2 FR－LBFS 明显高估了 u_{rms} 的峰值,而 p^3 FR－LBFS 和 p^4 FR－LBFS 很好地预测了 u_{rms} 的峰值。三种格

式在 $y^+>120$ 时都低估了 u_{rms}。同样，三种格式都低估了峰值附近的 v_{rms}，并且它们预测的 w_{rms} 峰值位置更靠前。p^3 FR－LBFS 得到的雷诺应力与 DNS 结果最匹配。总的来说，三种精度的 FR－LBFS 在 $Re_\tau\approx180$ 和 395 时合理地捕捉到了均方根速度脉动和雷诺应力，精度高的格式在每个自由度上表现均优于精度低的格式。这些结果比较证明了高阶 FR－LBFS 是模拟壁面湍流流动的一种可靠方法。

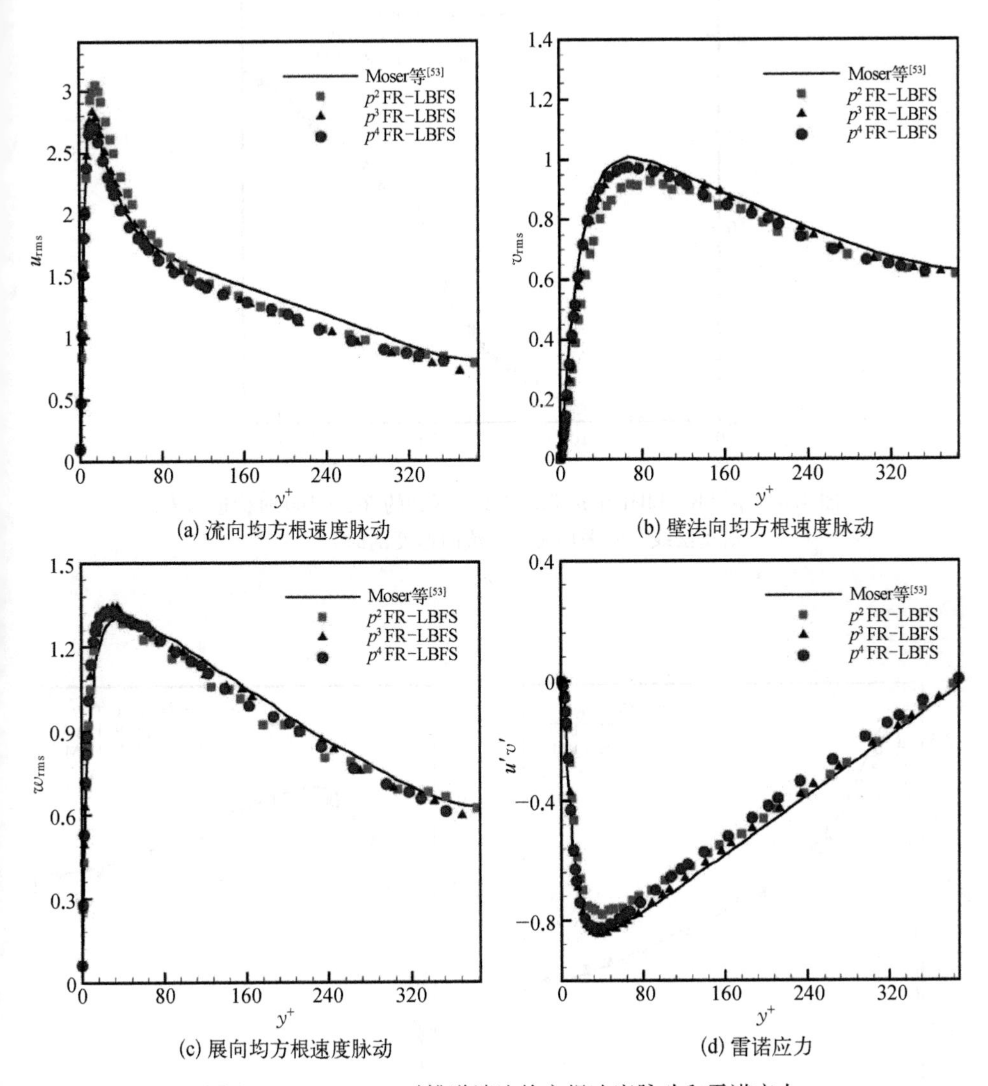

图 4.32　$Re_\tau\approx395$ 时槽道湍流均方根速度脉动和雷诺应力

接下来，采用 p^3 FR－LBM 对 $Re_\tau\approx180$ 和 395 的槽道湍流进行模拟。图 4.33 至图 4.36 比较了 p^3 FR－LBM 和 p^3 FR－LBFS 得到的平均无量纲速度剖面以及均

方根速度脉动。总的来说,两种方法得到的结果较为接近,和 DNS 结果较为相符,证明了 FR - LBM 同样是一个可靠的不可压湍流 ILES 方法。

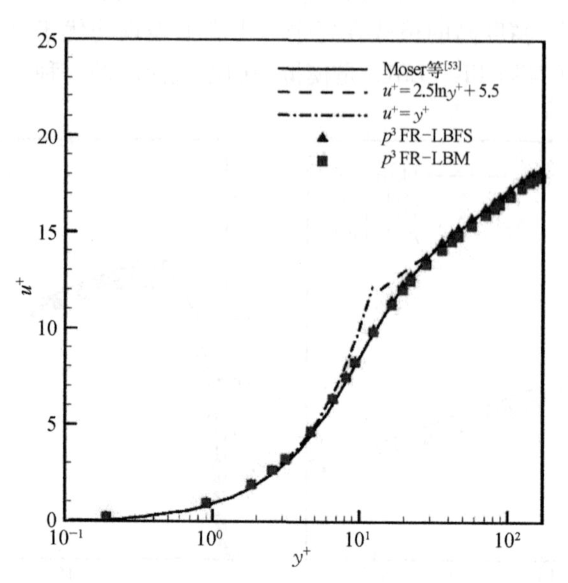

图 4.33　p^3 FR - LBM 和 p^3 FR - LBFS 得到的 $Re_\tau \approx 180$ 时槽道湍流沿壁法线方向平均无量纲流向速度剖面

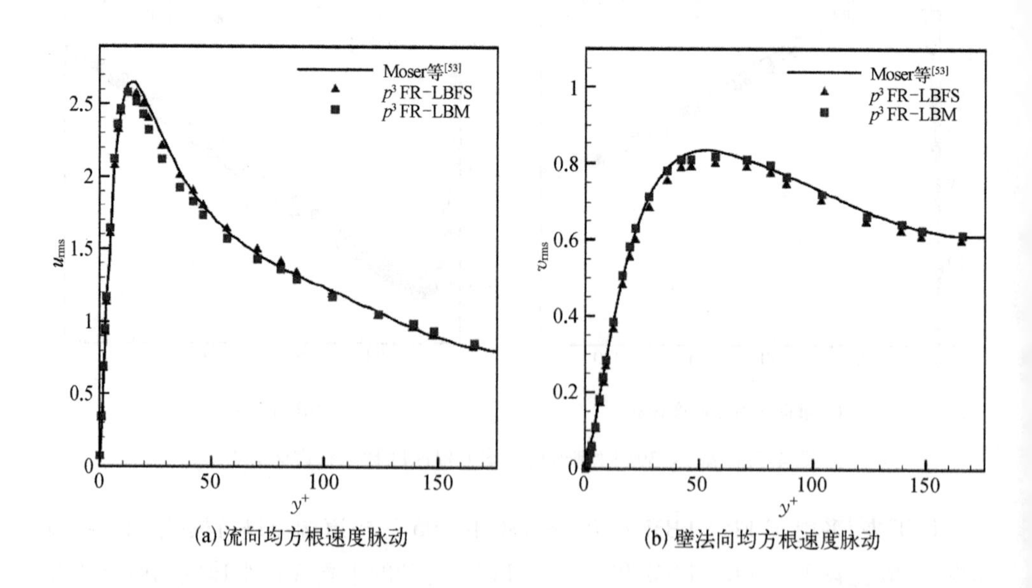

(a) 流向均方根速度脉动　　(b) 壁法向均方根速度脉动

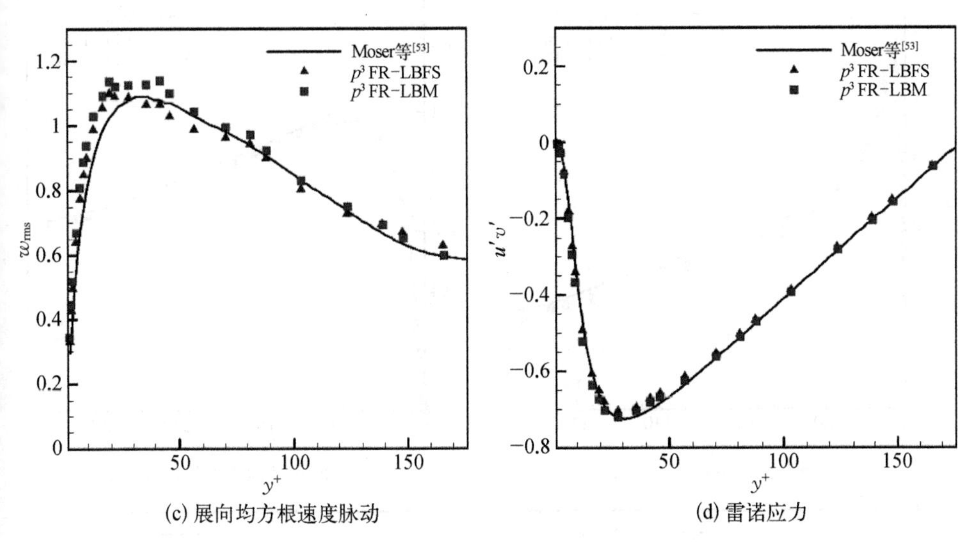

(c) 展向均方根速度脉动　　(d) 雷诺应力

图 4.34　p^3 FR－LBM 和 p^3 FR－LBFS 得到的 $Re_\tau \approx 180$ 时槽道湍流均方根速度脉动和雷诺应力

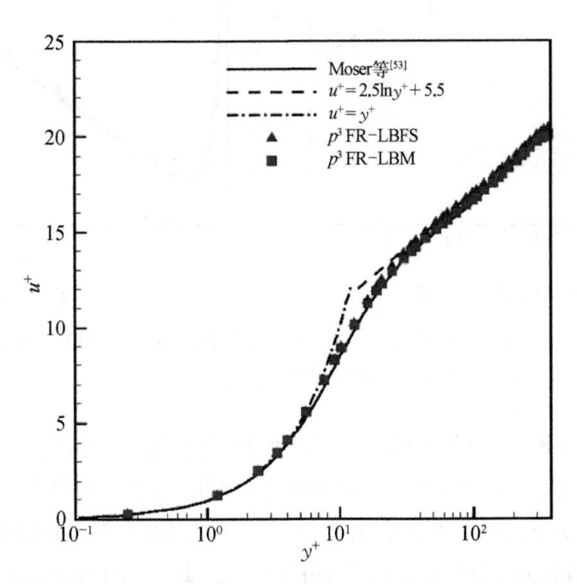

图 4.35　p^3 FR－LBM 和 p^3 FR－LBFS 得到的 $Re_\tau \approx 395$ 时槽道湍流沿壁法线方向平均无量纲流向速度剖面

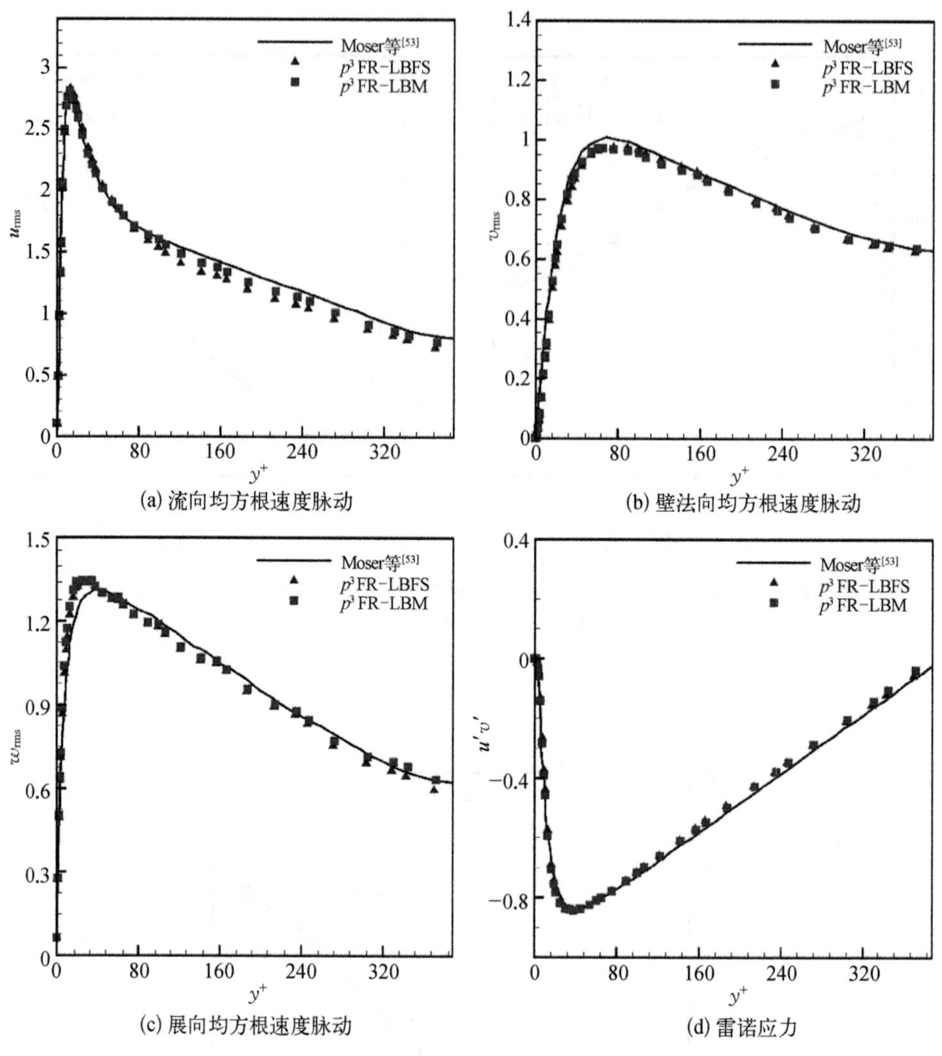

(a) 流向均方根速度脉动

(b) 壁法向均方根速度脉动

(c) 展向均方根速度脉动

(d) 雷诺应力

图 4.36　p^3 FR－LBM 和 p^3 FR－LBFS 得到的 $Re_\tau \approx 395$ 时槽道湍流均方根速度脉动和雷诺应力

本节将 FR－LBM 和 FR－LBFS 拓展用于开展两种典型湍流问题的隐式大涡模拟。与 DNS 结果相比,两种方法都可以使用相对较少的网格量给出较好的结果。在相同自由度下,高阶格式给出的结果优于低阶格式。采用耗散误差和色散误差更小的优化 FR 格式可以获得更好的结果。此外,两种方法都具有良好稳定性。特别是对于 FR－LBM,由于 DVBE 对流项的线性,采用 FR 离散不会产生混淆误差,使用非常高的阶数也可以稳定计算。此外,尽管 FR－LBFS 降低了内存消耗,但繁琐的插值过程严重影响了计算效率,FR－LBM 的计算效率大约为 FR－

LBFS 的五倍。以上的结果表明,FR－LBM 和 FR－LBFS 都具有应用到解决工程实际问题的潜力。

参 考 文 献

[1] He X, Luo L S. Theory of the lattice Boltzmann method: From the Boltzmann equation to the lattice Boltzmann equation[J]. Physical Review E, 1997, 56(6): 6811－6817.

[2] Shi X, Lin J, Yu Z. Discontinuous Galerkin spectral element lattice Boltzmann method on triangular element[J]. International Journal for Numerical Methods in Fluids, 2003, 42(11): 1249－1261.

[3] Düster A, Demkowicz L, Rank E. High-order finite elements applied to the discrete Boltzmann equation[J]. International Journal for Numerical Methods in Engineering, 2006, 67(8): 1094－1121.

[4] Hejranfar K, Ezzatneshan E. Implementation of a high-order compact finite-difference lattice Boltzmann method in generalized curvilinear coordinates[J]. Journal of Computational Physics, 2014, 267: 28－49.

[5] Hejranfar K, Saadat M H, Taheri S. High-order weighted essentially nonoscillatory finite-difference formulation of the lattice Boltzmann method in generalized curvilinear coordinates[J]. Physical Review E, 2017, 95(2): 023314.

[6] Li W. High order spectral difference lattice Boltzmann method for incompressible hydrodynamics[J]. Journal of Computational Physics, 2017, 345: 618－636.

[7] Sun Y X, Tian Z F. High-order upwind compact finite-difference lattice Boltzmann method for viscous incompressible flows[J]. Computers & Mathematics with Applications, 2020, 80(7): 1858－1872.

[8] Guo Z, Zhao T S. Explicit finite-difference lattice Boltzmann method for curvilinear coordinates[J]. Physical Review E, 2003, 67(6): 066709.

[9] Pieraccini S, Puppo G. Implicit-explicit schemes for BGK kinetic equations[J]. Journal of Scientific Computing, 2007, 32(1): 1－28.

[10] Vincent P E, Castonguay P, Jameson A. A new class of high-order energy stable flux reconstruction schemes[J]. Journal of Scientific Computing, 2011, 47(1): 50－72.

[11] Qian Y H, d'Humières D, Lallemand P. Lattice BGK models for Navier-Stokes equation[J]. Europhysics Letters, 1992, 17(6): 479－484.

[12] He X, Luo L S. Lattice Boltzmann model for the incompressible Navier-Stokes equation[J]. Journal of Statistical Physics, 1997, 88(3－4): 927－944.

[13] Roe P L. Approximate Riemann solvers, parameter vectors, and difference schemes[J]. Journal of Computational Physics, 1981, 43(2): 357－372.

[14] Guo Z L, Zheng C G, Shi B C. Non-equilibrium extrapolation method for velocity and pressure boundary conditions in the lattice Boltzmann method[J]. Chinese Physics, 2002, 11(4): 366－374.

[15] Ricot D, Marié S, Sagaut P, et al. Lattice Boltzmann method with selective viscosity filter[J]. Journal of Computational Physics, 2009, 228(12): 4478－4490.

[16] Hejranfar K, Ezzatneshan E. A high-order compact finite-difference lattice Boltzmann method for simulation of steady and unsteady incompressible flows [J]. International Journal for Numerical Methods in Fluids, 2014, 75(10): 713 - 746.

[17] Bassi F, Rebay S. High-order accurate discontinuous finite element solution of the 2D Euler equations[J]. Journal of Computational Physics, 1997, 138(2): 251 - 285.

[18] Grove A S, Shair F H, Petersen E E. An experimental investigation of the steady separated flow past a circular cylinder[J]. Journal of Fluid Mechanics, 1964, 19(1): 60 - 80.

[19] Tritton D J. Experiments on the flow past a circular cylinder at low Reynolds numbers[J]. Journal of Fluid Mechanics, 1959, 6(4): 547 - 567.

[20] Coutanceau M, Bouard R. Experimental determination of the main features of the viscous flow in the wake of a circular cylinder in uniform translation. Part 1. Steady flow[J]. Journal of Fluid Mechanics, 1977, 79(2): 231 - 256.

[21] Dennis S C R, Chang G Z. Numerical solutions for steady flow past a circular cylinder at Reynolds numbers up to 100[J]. Journal of Fluid Mechanics, 1970, 42(3): 471 - 489.

[22] He X, Luo L S, Dembo M. Some progress in lattice Boltzmann method. Part I. Nonuniform mesh grids[J]. Journal of Computational Physics, 1996, 129(2): 357 - 363.

[23] Berger E, Wille R. Periodic flow phenomena[J]. Annual Review of Fluid Mechanics, 1972, 4(1): 313 - 340.

[24] Chiu P H, Lin R K, Sheu T W H. A differentially interpolated direct forcing immersed boundary method for predicting incompressible Navier-Stokes equations in time-varying complex geometries[J]. Journal of Computational Physics, 2010, 229(12): 4476 - 4500.

[25] Lin X, Wu J, Zhang T. A mesh-free radial basis function-based semi-Lagrangian lattice Boltzmann method for incompressible flows[J]. International Journal for Numerical Methods in Fluids, 2019, 91(4): 198 - 211.

[26] Shu C, Wang Y, Teo C J, et al. Development of lattice Boltzmann flux solver for simulation of incompressible flows[J]. Advances in Applied Mathematics and Mechanics, 2014, 6(4): 436 - 460.

[27] Liu Y Y, Shu C, Zhang H W, et al. A high order least square-based finite difference-finite volume method with lattice Boltzmann flux solver for simulation of incompressible flows on unstructured grids[J]. Journal of Computational Physics, 2020, 401: 109019.

[28] Liu Y Y, Yang L M, Shu C, et al. Efficient high-order radial basis-function-based differential quadrature-finite volume method for incompressible flows on unstructured grids[J]. Physical Review E, 2021, 104(4): 045312.

[29] Ghia U, Ghia K N, Shin C T. High-Re solutions for incompressible flow using the Navier-Stokes equations and a multigrid method[J]. Journal of Computational Physics, 1982, 48(3): 387 - 411.

[30] Erturk E, Corke T C, Gökçöl C. Numerical solutions of 2-D steady incompressible driven cavity flow at high Reynolds numbers[J]. International Journal for Numerical Methods in Fluids, 2005, 48(7): 747 - 774.

[31] Darekar R M, Sherwin S J. Flow past a square-section cylinder with a wavy stagnation face [J]. Journal of Fluid Mechanics, 2001, 426: 263 - 295.

[32] Ferrer E, Willden R H J. Development of a high order incompressible discontinuous Galerkin finite element solver[C]// European Conference on Computational Fluid Dynamics, Lisbon, 2010.

[33] Zhang C, Li Q, Fu S, et al. A third-order gas-kinetic CPR method for the Euler and Navier-Stokes equations on triangular meshes[J]. Journal of Computational Physics, 2018, 363: 329 – 353.

[34] Zhou Y, Wang Z, Qian Y, et al. Numerical simulation of the flow around two square cylinders using the lattice Boltzmann method[J]. Physics of Fluids, 2021, 33(3): 037110.

[35] Guo Z, Xu K, Wang R. Discrete unified gas kinetic scheme for all Knudsen number flows: Low-speed isothermal case[J]. Physical Review E, 2013, 88(3): 033305.

[36] Guo Z, Xu K. Progress of discrete unified gas-kinetic scheme for multiscale flows[J]. Advances in Aerodynamics, 2021, 3: 6.

[37] Wu C, Shi B, Shu C, et al. Third-order discrete unified gas kinetic scheme forcontinuum and rarefied flows: Low-speed isothermal case[J]. Physical Review E, 2018, 97(2): 023306.

[38] Li J, Du Z. A two-stage fourth order time-accurate discretization for Lax-Wendroff type flow solvers I. Hyperbolic conservation laws[J]. SIAM Journal on Scientific Computing, 2016, 38(5): A3046 – A3069.

[39] Ghosal S, Lund T S, Moin P, et al. A dynamic localization model for large-eddy simulation of turbulent flows[J]. Journal of fluid mechanics, 1995, 286: 229 – 255.

[40] Vincent P E, Castonguay P, Jameson A. Insights from von Neumann analysis of high-order flux reconstruction schemes[J]. Journal of Computational Physics, 2011, 230(22): 8134 – 8154.

[41] Asthana K, Jameson A. High-order flux reconstruction schemes with minimal dispersion and dissipation[J]. Journal of Scientific Computing, 2015, 62(3): 913 – 944.

[42] Pellerin N, Leclaire S, Reggio M. Solving incompressible fluid flows on unstructured meshes with the lattice Boltzmann flux solver[J]. Engineering Applications of Computational Fluid Mechanics, 2017, 11(1): 310 – 327.

[43] Xia B, Li J. An efficient implementation of nodal discontinuous Galerkin lattice Boltzmann method and validation for direct numerical simulation of turbulent flows[J]. Computers & Mathematics with Applications, 2022, 117: 284 – 298.

[44] Bull J R, Jameson A. Simulation of the Taylor-Green vortex using high-order flux reconstruction schemes[J]. AIAA Journal, 2015, 53(9): 2750 – 2761.

[45] Vermeire B C, Nadarajah S, Tucker P G. Implicit large eddy simulation using the high-order correction procedure via reconstruction scheme[J]. International Journal for Numerical Methods in Fluids, 2016, 82(5): 231 – 260.

[46] Trojak W, Vadlamani N R, Tyacke J, et al. Artificial compressibility approaches in flux reconstruction for incompressible viscous flow simulations[J]. Computers & Fluids, 2022, 247: 105634.

[47] Krämer A, Küllmer K, Reith D, et al. Semi-Lagrangian off-lattice Boltzmann method for weakly compressible flows[J]. Physical Review E, 2017, 95(2): 023305.

[48] Nathen P, Gaudlitz D, Krause M J, et al. On the stability and accuracy of the BGK, MRT and RLB Boltzmann schemes for the simulation of turbulent flows[J]. Communications in

Computational Physics, 2018, 23(3): 846 - 876.

[49] Li J, Zhong C, Liu S. High-order kinetic flow solver based on the flux reconstruction framework[J]. Physical Review E, 2020, 102(4): 043306.

[50] Debonis J. Solutions of the Taylor-Green vortex problem using high-resolution explicit finite difference methods[C]//51st AIAA Aerospace Sciences Meeting including the New Horizons Forum and Aerospace Exposition, Texas, 2013.

[51] Kajzer A, Pozorski J. Application of the entropically damped artificial compressibility model to direct numerical simulation of turbulent channel flow[J]. Computers & Mathematics with Applications, 2018, 76(5): 997 - 1013.

[52] Dean R B. Reynolds number dependence of skin friction and other bulk flow variables in two-dimensional rectangular duct flow[J]. Journal of Fluids Engineering, 1978, 100(2): 215 - 223.

[53] Moser R D, Kim J, Mansour N N. Direct numerical simulation of turbulent channel flow up to $Re_\tau = 590$[J]. Physics of Fluids, 1999, 11(4): 943 - 945.

[54] Kim J, Moin P, Moser R. Turbulence statistics in fully developed channel flow at low Reynolds number[J]. Journal of Fluid Mechanics, 1987, 177: 133 - 166.

第5章　不可压热流的高精度玻尔兹曼方法

原始的格子 Boltzmann 方法(LBM)仅用于模拟等温流动。为了扩大应用范围,LBM 也被扩展到了热流动的模拟中[1-5]。目前,主要有三类热格子 Boltzmann 模型,即多速度模型[6]、双分布函数(double distribution function, DDF)模型[7-9]和混合模型[10,11]。其中,DDF 模型因其出色的数值稳定性而得到了广泛的应用。

5.1　FR - TLBM

等温流的非标准 LBM(OLBM)通过求解离散速度 Boltzmann 方程(DVBE),将离散速度和计算网格进行解耦,从而克服了标准 LBM 的不足(包括网格必须对称均匀、时间步长与网格步长耦合以及高雷诺数或高瑞利数时不稳定)。现有的 OLBM 也已用于模拟热流问题[12-15]。但是,这些方法只有二阶精度,并且有一些的额外数值耗散。

目前已发展了若干高阶的等温流 OLBM,但高阶的热 OLBM 还较少。Patel 等[16]提出了一种基于 Boussinesq 近似的谱元 DG(SEDG)LBM,用于求解基于不可压 Boussinesq 方程的自然对流流动。然而,尚不清楚该方法是否能够实现高阶精度。Polasanapalli 和 Anupindi[17]将紧致有限差分 LBM[18]扩展到了正方形和同心圆环腔的自然对流模拟中。该方法虽然能达到高阶精度,但时间步长受到松弛时间的限制,且效率较低。Chen 等[19]提出了一种高阶简化热 LBM。

本节提供一种基于通量重构(FR)[20]的高精度热 LBM(FR - TLBM)。该方法基于 Boussinesq 近似和双分布函数模型,使用高阶 FR 方法对两个 DVBE 进行空间离散,采用三步二阶 IMEX Runge-Kutta 方法[21]进行时间离散。相比于现有的高阶热 OLBM,FR - TLBM 具有算法简单、低数值耗散和易于并行计算的优点,并具有复杂几何形状的良好适应性。

5.1.1　控制方程

根据 Boussinesq 假设,忽略黏性热耗散,除体积力之外的流体属性都保持不变。基于 BGK 碰撞模型的流场和温度场的 DVBE[8]分别为

$$
\begin{cases}
\dfrac{\partial f_\alpha}{\partial t} + \boldsymbol{e}_\alpha \cdot \nabla f_\alpha = \dfrac{f_\alpha^{\mathrm{eq}} - f_\alpha}{\tau_{\mathrm{v}}} + F_\alpha \\
\dfrac{\partial g_\alpha}{\partial t} + \boldsymbol{e}_\alpha \cdot \nabla g_\alpha = \dfrac{g_\alpha^{\mathrm{eq}} - g_\alpha}{\tau_{\mathrm{g}}}
\end{cases} \tag{5.1}
$$

式中,t 为时间;下标 α 为离散速度方向;f_α 和 g_α 分别为关于流场和温度场的分布函数;f_α^{eq} 和 g_α^{eq} 为相应的平衡分布函数;$\boldsymbol{e}_\alpha$ 为格子速度矢量;τ_{v} 和 τ_{g} 分别为关于流场和温度场的松弛时间;F_α 为与浮力相关的外力项。平衡分布函数 f_α^{eq} 和 g_α^{eq} 定义为

$$
\begin{cases}
f_\alpha^{\mathrm{eq}} = \omega_\alpha \rho \left[1 + \dfrac{\boldsymbol{e}_\alpha \cdot \boldsymbol{u}}{c_{\mathrm{s}}^2} + \dfrac{(\boldsymbol{e}_\alpha \cdot \boldsymbol{u})^2}{2c_{\mathrm{s}}^4} - \dfrac{\boldsymbol{u} \cdot \boldsymbol{u}}{2c_{\mathrm{s}}^2} \right] \\
g_\alpha^{\mathrm{eq}} = \omega_\alpha T \left[1 + \dfrac{\boldsymbol{e}_\alpha \cdot \boldsymbol{u}}{c_{\mathrm{s}}^2} + \dfrac{(\boldsymbol{e}_\alpha \cdot \boldsymbol{u})^2}{2c_{\mathrm{s}}^4} - \dfrac{\boldsymbol{u} \cdot \boldsymbol{u}}{2c_{\mathrm{s}}^2} \right]
\end{cases} \tag{5.2}
$$

式中,ω_α 为权系数;ρ 为流体密度;$\boldsymbol{u}$ 为流体速度矢量;T 为流体温度;c_{s} 为声速。密度、速度矢量和温度的计算表达式为

$$
\begin{cases}
\rho = \sum\limits_\alpha f_\alpha \\
\rho \boldsymbol{u} = \sum\limits_\alpha \boldsymbol{e}_\alpha f_\alpha \\
T = \sum\limits_\alpha g_\alpha
\end{cases} \tag{5.3}
$$

本节采用 $D2Q9$ 模型,相应的格子速度矢量和权系数为

$$
\boldsymbol{e}_\alpha = \begin{cases}
(0,\ 0), & \alpha = 0 \\
(\pm 1,\ 0), (0,\ \pm 1), & \alpha = 1,\ 2,\ 3,\ 4 \\
(\pm 1,\ \pm 1), & \alpha = 5,\ 6,\ 7,\ 8
\end{cases} \tag{5.4}
$$

$$
\omega_\alpha = \begin{cases}
4/9, & \alpha = 0 \\
1/9, & \alpha = 1,\ 2,\ 3,\ 4 \\
1/36, & \alpha = 5,\ 6,\ 7,\ 8
\end{cases} \tag{5.5}
$$

此外,$c_{\mathrm{s}} = 1/\sqrt{3}$。流体的运动黏性系数 ν 与松弛时间 τ_{f} 的关系为 $\nu = \tau_{\mathrm{f}} c_{\mathrm{s}}^2$,热扩散系数 κ 与松弛时间 τ_{g} 的关系为 $\kappa = \tau_{\mathrm{g}} c_{\mathrm{s}}^2$。外力项的计算表达式为

$$
F_\alpha = 3\beta g (T - T_0)(e_{\alpha y} - \nu) f_\alpha^{\mathrm{eq}} \tag{5.6}
$$

式中,T_0 为参考温度;β 为体积膨胀系数;g 为重力加速度值。热流中的两个无量

纲特征参数分别为普朗特数(Pr)和瑞利数(Ra),其定义为

$$\begin{cases} Pr = \dfrac{\nu}{\kappa} \\ Ra = \dfrac{g\beta\Delta TL^3}{\kappa\nu} \end{cases} \tag{5.7}$$

式中,L 和 ΔT 分别为特征长度和特征温度差。

5.1.2　方程离散

本小节采用与4.1.2小节相同的方法对方程(5.1)进行空间和时间离散。其中,时间离散仅采用三步二阶 IMEX Runge-Kutta 方法。流场的边界条件处理也采用与4.1.2小节相同的非平衡外推方法。温度场的边界条件为等温壁面和绝热壁面。等温壁面同样采用非平衡外推方法处理,绝热壁面的温度通过插值得到,壁面的分布函数直接设为平衡分布函数。

5.1.3　数值模拟与结果讨论

本小节开展若干典型黏性不可压热流问题的数值模拟,以测试所提出的 FR－TLBM 的稳定性、精度和效率。这些问题包括 Rayleigh-Bénard 对流、同心圆环自然对流以及加热圆柱混合传热。这些问题涉及均匀和非均匀、直线和曲线边界的网格。此外,还与现有的高阶热流数值方法以及其他数值方法的结果和实验结果进行对比。

1. Rayleigh-Bénard 对流

Rayleigh-Bénard 对流是典型的 Boussinesq 流动。如图5.1所示,两块平板之间的黏性流体在底部加热并在顶部冷却。底部和顶部的温度分别设置为 $T_h = 1$ 和 $T_c = 0$。此外,在$-y$方向施加重力。计算域的长度为 $L = 2$,高度为 $H = 1$。底部和顶部使用无滑移边界条件,左右边界使用周期性边界条件。该问题的初始的温度场和压强场为[7]

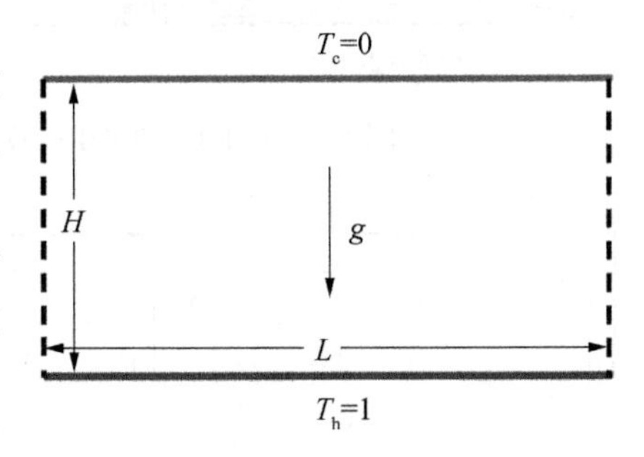

图5.1　Rayleigh-Bénard 对流示意图

$$\begin{cases} T(x,\ y) = T_h - \Delta T\dfrac{y}{H} \\ p(x,\ y) = \left[1 + \dfrac{\rho\beta g\Delta Ty}{2}\left(1 - \dfrac{y}{H}\right)\right]\left[1 + 0.001\cos\left(\dfrac{2\pi x}{L}\right)\right] \end{cases} \tag{5.8}$$

前人的研究发现[22]，Rayleigh-Bénard 对流存在一个临界的瑞利数 $Ra_c = 1\,707.76$。当 $Ra < Ra_c$,流场速度处处为零且温度是关于垂直坐标的线性函数；当 $Ra > Ra_c$,静态热传导对任何小扰动都不稳定,系统最终会发展成对流流动。为了定性和定量观察对流的影响,本小节选取瑞利数 $Ra = 2\times10^3$、2.5×10^3、3×10^3、5×10^3、10^4、2×10^4、3×10^4 和 5×10^4。对于所有选取的瑞利数,普朗特数固定为 $Pr = 0.71$,使用 20×10 的粗网格离散计算域。分别采用 3 阶(记为 p^3)和 4 阶(记为 p^4)精度的 FR－TLBM 进行计算。顶部和底部之间的热传递可以用平均 Nusselt 数描述,其定义为

$$\overline{Nu} = 1 + \frac{\overline{vT}}{\kappa\Delta T/H} \tag{5.9}$$

式中,$\overline{vT}$ 为整个计算域内垂直速度和温度乘积的平均值。

图 5.2 和图 5.3 分别显示了 $Ra = 2\times10^3$、10^4 和 5×10^4 下 p^4 FR－TLBM 计算得到的等温线和流线。从图 5.2 可以看出,随着 Ra 的增加,平板附近的温度发生了剧烈变化,温度梯度逐渐增加,等温线的分布变得复杂。同时,热和冷的流体在局部区域混合,如图 5.3 所示,涡旋的形状变得扁平。这些现象表明了区域内的热传导得到了增强。这些结果与前人研究[23-25]的结果一致。

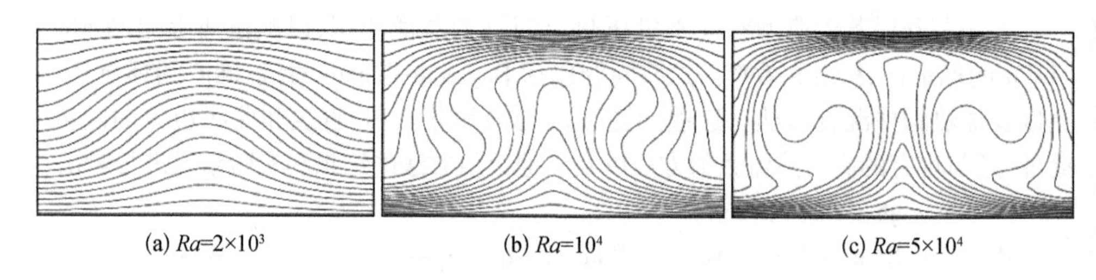

图 5.2　p^4 FR－TLBM 计算得到的 Rayleigh-Bénard 对流的等温线

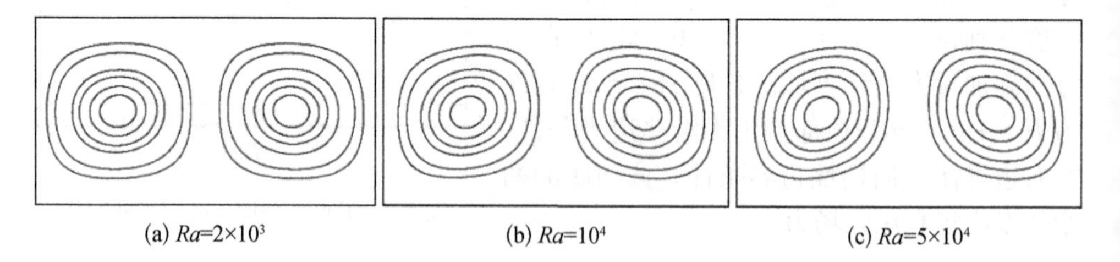

图 5.3　p^4 FR－TLBM 计算得到的 Rayleigh-Bénard 对流的流线

图 5.4 显示了 p^3 FR－TLBM 和 p^4 FR－TLBM 计算得到的平均 Nusselt 数与瑞利数之间的关系,图中还包含了 He 等[7]以及 Clever 和 Busse[26]的结果。由

图可以清楚地看到，尽管使用的是粗网格，本节方法的结果和文献结果吻合良好。

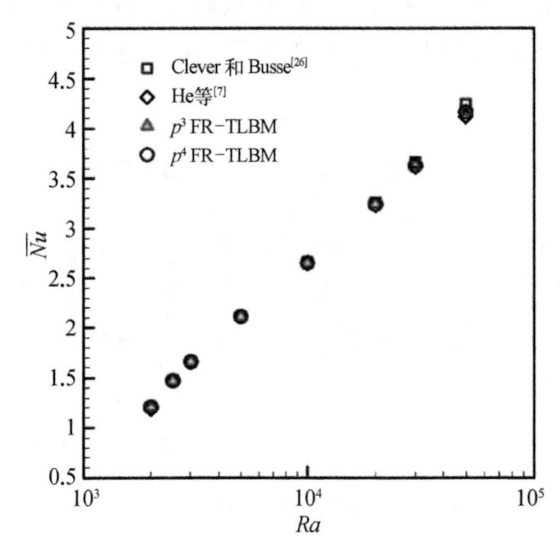

图 5.4　平均 Nusselt 数随瑞利数的变化

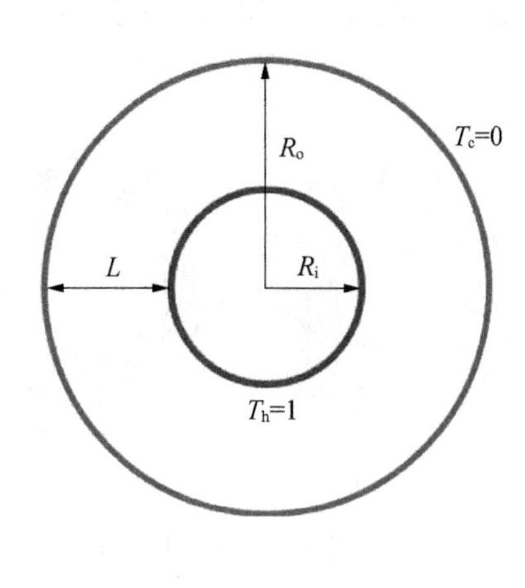

图 5.5　同心圆环自然对流示意图

2. 同心圆环自然对流

为了展示 FR－TLBM 在求解带有曲边界热流问题时的灵活性和可靠性，本小节模拟同心圆环的自然对流。如图 5.5 所示，该问题由两个静止的圆柱组成，内圆柱的半径为 R_i，表面温度为 $T_h = 1$，外圆柱的半径为 R_o，表面温度为 $T_c = 0$，两个圆柱表面均采用无滑移边界条件。圆柱之间的距离 $L = 1$ 为特征长度。除了普朗特数 Pr 和瑞利数 Ra 之外，另一个无量纲参数纵横比 Ar 可用来表征该问题：

$$Ar = \frac{R_o}{R_i} \tag{5.10}$$

此外，为了定量比较表面的热传递效率，定义内外圆柱的平均等效导热率为

$$\begin{cases} \bar{k}_{eqi} = \dfrac{\ln Ar}{2\pi(Ar - 1)} \displaystyle\int_0^{2\pi} \dfrac{\partial T}{\partial r} d\theta \\ \bar{k}_{eqo} = \dfrac{Ar \ln Ar}{2\pi(Ar - 1)} \displaystyle\int_0^{2\pi} \dfrac{\partial T}{\partial r} d\theta \end{cases} \tag{5.11}$$

在本小节的模拟中，选取 $Ar = 2.6$，$Pr = 0.71$，$Ra = 10^2$、10^3、10^4、5×10^4。使用 $N_r \times N_\theta = 40 \times 20$ 的均匀曲线边界网格离散计算域，N_r 和 N_θ 分别为径向和周向的网格数量。分别采用 p^3 和 p^4 精度的 FR－TLBM 进行计算。

图 5.6 和图 5.7 分别显示了不同瑞利数下 p^4 FR－TLBM 计算得到的等温线和

流线。当 $Ra = 10^2$ 时,等温线和流线几乎关于 x 轴和 y 轴对称。该现象表明,在低瑞利数下,热传导在热传递中起主导作用。因此,热传递效率相对较低。随着瑞利数的增加,流场的涡旋中心逐渐上移,流动形成热羽流。瑞利数越大,热羽流的范围越广。此现象可以通过更强的热对流和增加的热传递效率来解释。这些结果与前人研究[17,23,24]的结果一致。

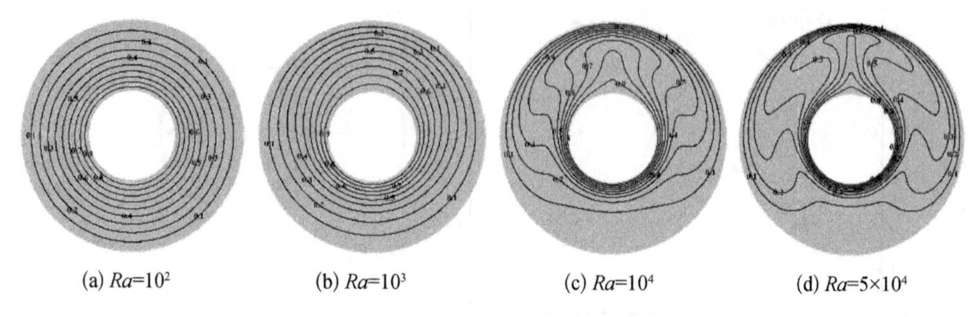

(a) $Ra=10^2$　(b) $Ra=10^3$　(c) $Ra=10^4$　(d) $Ra=5\times10^4$

图 5.6　p^4 FR－TLBM 计算得到的同心圆环自然对流的等温线

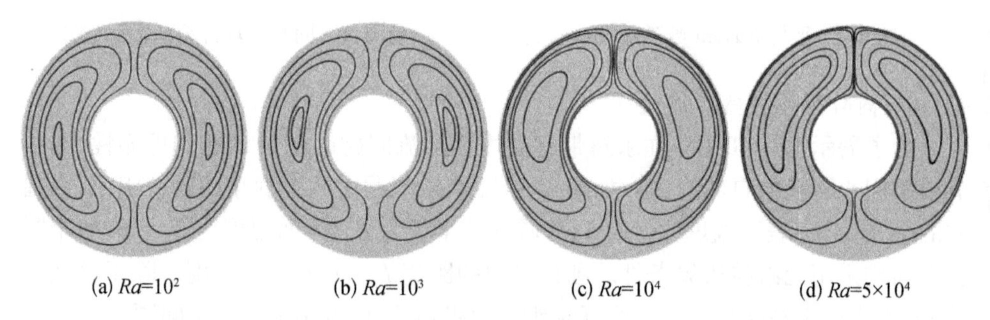

(a) $Ra=10^2$　(b) $Ra=10^3$　(c) $Ra=10^4$　(d) $Ra=5\times10^4$

图 5.7　p^4 FR－TLBM 计算得到的同心圆环自然对流的流线

表 5.1 定量比较了本小节的平均等效导热率与 Liu 等[24]、Shu[27]以及 Kuehn 和 Goldstein[28]给出的数据。由表可知,p^3 FR－TLBM 和 p^4 FR－TLBM 计算得到的结果都与文献中的数据非常一致。此外,内外圆柱的等效导热率变化趋势与流线和等温线的趋势保持一致。因此,本算例证明了 FR－TLBM 使用较粗的网格就可以精确求解具有曲边界的热问题。

表 5.1　平均等效导热率对比

Ra		10^2	10^3	10^4	5×10^4
$\bar{k}_{eqi}$	Liu 等[24]	1.001	1.084	2.001	3.015
$\bar{k}_{eqi}$	Shu[27]	1.001	1.082	1.979	2.958

续　表

Ra		10^2	10^3	10^4	5×10^4
$\bar{k}_{eqi}$	Kuehn 和 Goldstein[28]	1.000	1.081	2.010	3.024
$\bar{k}_{eqi}$	p^3 FR－TLBM	1.000	1.081	1.978	2.955
$\bar{k}_{eqi}$	p^4 FR－TLBM	1.001	1.081	1.977	2.949
$\bar{k}_{eqo}$	Liu 等[24]	1.001	1.084	2.000	3.013
$\bar{k}_{eqo}$	Shu[27]	1.001	1.082	1.979	2.958
$\bar{k}_{eqo}$	Kuehn 和 Goldstein[28]	1.002	1.084	2.005	2.973
$\bar{k}_{eqo}$	p^3 FR－TLBM	1.000	1.082	1.980	2.958
$\bar{k}_{eqo}$	p^4 FR－TLBM	1.001	1.082	1.979	2.953

3. 加热圆柱混合传热

最后模拟加热圆柱的混合传热，因为同时涉及自然对流和强制对流，本算例相比之前的算例更加复杂。如图 5.8 所示，在直径为 $50D$ 的圆形计算区域中心放置一个直径为 $D=1$、温度为 $T_h=1$ 的静止加热圆柱。自由来流以速度 $u_0=0.1$ 和温度 $T_c=0$ 从边界的入口进入，即外圆的下半部分，并且它的方向与重力方向相反。除了普朗特数 Pr 之外，通常还引入三个典型的无量纲参数——雷诺数 Re、格拉晓夫数 Gr 和平均 Nusselt 数 $\overline{Nu}$ 来表征该问题。它们的定义如下：

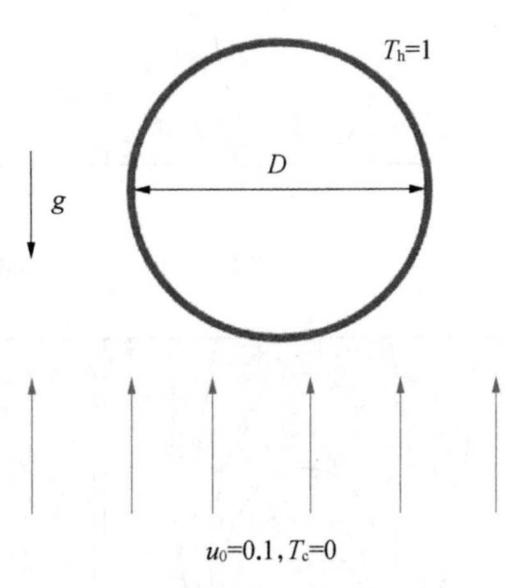

图 5.8　加热圆柱混合传热示意图

$$\begin{cases} Re = \dfrac{u_0 D}{\nu} \\ Gr = \dfrac{g\beta(T_h - T_c)D^3}{\nu^2} \\ \overline{Nu} = \dfrac{D}{2\pi(T_h - T_c)}\displaystyle\int_0^{2\pi} \dfrac{\partial T}{\partial n}\bigg|_w \mathrm{d}\theta \end{cases} \tag{5.12}$$

在本小节的模拟中，选取 $Re=20$，$Pr=0.71$，与文献[24]和[29]中的初始设置保持一致。选择三个典型的格拉晓夫数，分别为 $Gr=0$、100 和 800。使用 $N_r\times N_\theta=40\times20$ 的曲线边界网格离散计算域，其中径向为非均匀拉伸分布，周向均匀分布。采用 p^3 精度的 FR－TLBM 进行计算。

图 5.9 和图 5.10 分别显示了三个不同格拉晓夫数下计算得到的流线和等温线。从图 5.9 可以看出，当 $Gr=0$ 时，流线与相同雷诺数的等温模拟相同。在圆柱后面可以明显观察到一对对称的涡旋，此时流场不受温度场的影响。当 $Gr=100$ 时，由于热传递率的增加和黏性效应的减弱，分离角和圆柱后面的涡旋长度减小。当 $Gr=800$ 时，流动分离完全被抑制，圆柱后面的涡旋消失。从图 5.10 可以看出，随着格拉晓夫数的增加，等温线被挤压得更靠近圆柱表面。

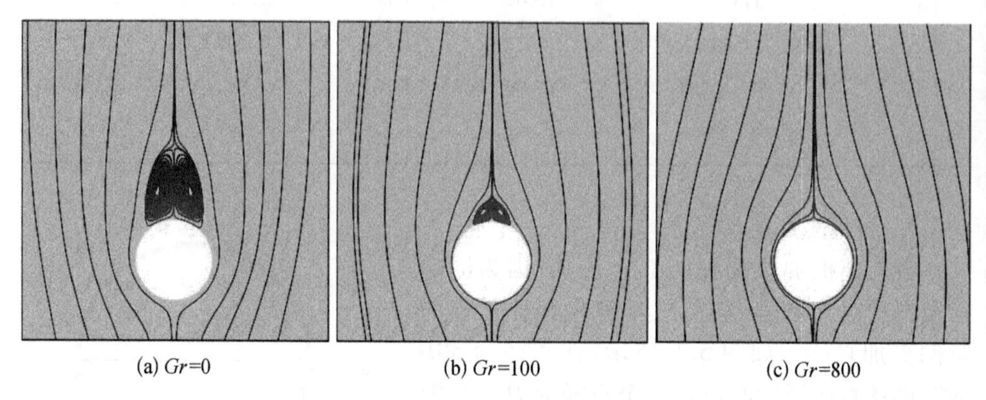

(a) Gr=0　(b) Gr=100　(c) Gr=800

图 5.9　p^3 FR－TLBM 计算得到的加热圆柱混合传热的流线

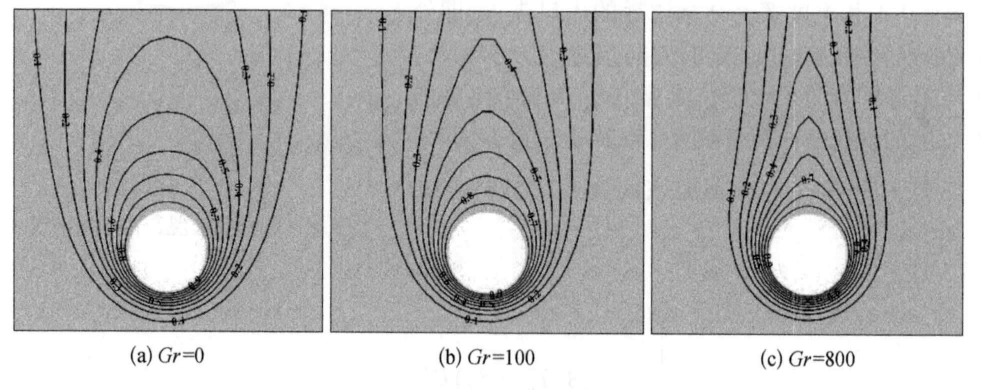

(a) Gr=0　(b) Gr=100　(c) Gr=800

图 5.10　p^3 FR－TLBM 计算得到的加热圆柱混合传热的等温线

表 5.2 定量比较了不同格拉晓夫数下计算得到的圆柱上的平均 Nusselt 数和分离角 θ_s 与 Badr[29]、Yang 等[23]和 Liu 等[24]的结果。从流线和等温线得出，更高的格拉晓夫数可以得到更大的平均 Nusselt 数。尽管本小节使用相对较少的网格，但 FR－TLBM 的结果与文献[23,24,29]中的数据具有良好的一致性。因此，这些结果很好地验证了本方法求解具有曲边界的复杂传热问题的准确性。

表 5.2　平均 Nusselt 数和分离角 θ_s 对比

Gr		0	100	800
$\overline{Nu}$	Yang 等[23]	2.454	2.655	3.201
$\overline{Nu}$	Liu 等[24]	2.454	2.662	3.210
$\overline{Nu}$	Badr[29]	2.540	2.654	3.227
$\overline{Nu}$	p^3 FR－TLBM	2.457	2.668	3.212
θ_s	Yang 等[23]	43.59	30.01°	—
θ_s	Liu 等[24]	43.57	29.60°	—
θ_s	Badr[29]	43.13	29.51°	—
θ_s	p^3 FR－TLBM	43.50	29.72°	—

本节提供了一种高阶 IMEX Runge-Kutta FR－TLBM，用于高效且准确模拟黏性不可压热流问题。基于 Boussinesq 近似和双分布函数模型，采用高阶 FR 方法进行空间离散，采用二阶 IMEX Runge-Kutta 方法进行时间离散。FR－TLBM 具有低耗散的优点，并且可以在较粗的网格上准确捕捉流场和温度场细节。即使在高瑞利数下，它也是稳健有效的。同时，FR－TLBM 仍保持了紧致性，且能够处理具有曲线边界的复杂传热流问题。

5.2　FR－TLBFS

除了等温流体，格子 Boltzmann 通量求解器（LBFS）也可用于模拟热流问题[30,31]。原始的热 LBFS（thermal lattice Boltzmann flux solver, TLBFS）[30]基于二阶有限体积方法，通过局部重构热格子 Boltzmann 方程的解来计算单元界面上的通量。与 LBFS 类似，TLBFS 克服了 TLBM 的缺点，并且能够灵活应用于具有弯曲边界的非均匀网格上。最近，Liu 等[24]将基于最小二乘有限差分（least square finite difference, LSFD）方法与 TLBFS 相结合，在非结构网格上构建了一个高阶有限体积热流求解器。该方法既准确又高效，继承了有限体积法的优点，如对复杂几何形状的良好适应性和守恒性。然而，它需要使用较宽的模板来构造解变量的高阶多项式。因此，该方法相对复杂且紧致性不高。

由于 TLBFS 本质上是一种重构局部通量的方法，除了有限体积法，也可以采用其他方法与 TLBFS 结合来求解流动控制方程。基于此，本节将高阶 FR 方法与 TLBFS 相结合（FR－TLBFS）。通过 Chapman-Enskog 展开分析，从热格子 Boltzmann 方程（LBE）可以推导出包含宏观流动变量和分布函数的 N－S/Boussinesq 方程的等效形式。该方程没有二阶偏导数项,因此不需要采用其他方法[31-33]来离散黏性项。与高阶热 OLBM 相比,FR - TLBFS 的控制方程数量非常少,从而减少了相应的内存和计算时间成本。此外,FR - TLBFS 直接在边界处计算通量,而不是施加宏观物理边界,从而具有高阶精度、低耗散性、良好的紧凑性和低存储等优点。

5.2.1 控制方程

为了将 LBFS 用于模拟热流问题,只需在 4.2.1 小节的式(4.24)基础上增加一个关于温度场的 LBE:

$$g_\alpha(\boldsymbol{x} + \boldsymbol{e}_\alpha \Delta t,\ t + \Delta t) - g_\alpha(\boldsymbol{x},\ t) = \frac{g_\alpha^{eq}(\boldsymbol{x},\ t) - g_\alpha(\boldsymbol{x},\ t)}{\tau_G} \tag{5.13}$$

式中,τ_G 为松弛时间。平衡分布函数 g_α^{eq} 定义与式(5.2)相同,温度 T 的计算表达式与式(5.3)相同。本节采用 $D2Q9$ 模型,相应的格子速度矢量 $\boldsymbol{e}_\alpha$ 和权系数 ω_α 与式(5.4)和式(5.5)相同。热扩散系数 κ 与松弛时间 τ_G 的关系为 $\kappa = (\tau_G - 0.5)\Delta t/3$。

通过 Chapman-Enskog 展开分析,并利用质量和动量守恒律,从方程(5.13)最终可以推导出如下的形式[30]:

$$\frac{\partial T}{\partial t} + \nabla \cdot \boldsymbol{Q} = 0 \tag{5.14}$$

式中,$\boldsymbol{Q}$ 为热通量矢量。它的计算表达式为

$$\boldsymbol{Q} = \sum_\alpha \boldsymbol{e}_\alpha \hat{g}_\alpha \tag{5.15}$$

式中,

$$\begin{cases} \hat{g}_\alpha = g_\alpha^{eq} + \left(1 - \dfrac{1}{2\tau_G}\right) g_\alpha^{neq} \\ g_\alpha^{neq} = -\tau \Delta t \left(\dfrac{\partial}{\partial t} + \boldsymbol{e}_\alpha \cdot \nabla\right) g_\alpha^{eq} \end{cases} \tag{5.16}$$

式中,g_α^{neq} 为非平衡分布函数。方程(5.14)可以看成温度对流扩散方程的另一种表达形式。耦合 4.2.1 小节的流场控制方程(4.26),TLBFS 的控制方程可以写成矢量形式为

$$\frac{\partial \boldsymbol{W}}{\partial t} + \frac{\partial \boldsymbol{F}_x}{\partial x} + \frac{\partial \boldsymbol{F}_y}{\partial y} = 0 \tag{5.17}$$

式中，$\boldsymbol{W}$ 为守恒变量矢量；$\boldsymbol{F}_x$ 和 $\boldsymbol{F}_y$ 分别为 x 方向和 y 方向的对流通量矢量。它们的表达式为

$$\begin{cases}\boldsymbol{W}=[\rho\quad \rho u\quad \rho v\quad T]^{\mathrm{T}}\\ \boldsymbol{F}_x=[P_x\quad \Pi_{xx}\quad \Pi_{xy}\quad Q_x]^{\mathrm{T}}\\ \boldsymbol{F}_y=[P_y\quad \Pi_{xy}\quad \Pi_{yy}\quad Q_y]^{\mathrm{T}}\end{cases}\tag{5.18}$$

当考虑浮力的影响时，可以把浮力项 $\boldsymbol{F}_{\mathrm{b}}$ 直接添加到式(5.17)右端。使用 Boussinesq 假设，$\boldsymbol{F}_{\mathrm{b}}$ 的定义为

$$\boldsymbol{F}_{\mathrm{b}}=[0\quad 0\quad -\rho\beta g(T-T_{\mathrm{m}})\quad 0]^{\mathrm{T}}\tag{5.19}$$

式中，T_{m} 为平均温度。

5.2.2　方程离散

FR－TLBFS 的计算步骤与 4.2.2 小节的 FR－LBFS 类似。除了质量和动量方程，FR－TLBFS 还需要求解温度方程(5.14)。式(5.16)中的非平衡分布函数 g_α^{neq} 可以近似为[30]

$$g_\alpha^{\mathrm{neq}}(\boldsymbol{x},\ t)=-\tau_{\mathrm{G}}[g_\alpha^{\mathrm{eq}}(\boldsymbol{x},\ t)-g_\alpha^{\mathrm{eq}}(\boldsymbol{x}-\boldsymbol{e}_\alpha\Delta t,\ t-\Delta t)]+O(\Delta t^2)\tag{5.20}$$

式中，$g_\alpha^{\mathrm{eq}}(\boldsymbol{x},\ t)$ 和 $g_\alpha^{\mathrm{eq}}(\boldsymbol{x}-\boldsymbol{e}_\alpha\Delta t,\ t-\Delta t)$ 分别为解点(或通量点)和周围虚拟点 $\boldsymbol{x}-\boldsymbol{e}_\alpha\Delta t$ 的平衡分布函数。利用 4.2.2 小节的式(4.32)，可计算得到解点或通量点周围虚拟点上的温度。然后，利用式(5.2)可计算得到 $g_\alpha^{\mathrm{eq}}(\boldsymbol{x}-\boldsymbol{e}_\alpha\Delta t,\ t-\Delta t)$。这样，就能够计算解点或通量点上的守恒变量[30]：

$$T(\boldsymbol{x},\ t)=\sum_\alpha g_\alpha^{\mathrm{eq}}(\boldsymbol{x}-\boldsymbol{e}_\alpha\Delta t,\ t-\Delta t)\tag{5.21}$$

随后，再次利用式(5.2)可计算得到 $g_\alpha^{\mathrm{eq}}(\boldsymbol{x},\ t)$。当获得了 $g_\alpha^{\mathrm{eq}}(\boldsymbol{x},\ t)$ 和 $g_\alpha^{\mathrm{eq}}(\boldsymbol{x}-\boldsymbol{e}_\alpha\Delta t,\ t-\Delta t)$，利用式(5.20)可以计算得到 $g_\alpha^{\mathrm{neq}}(\boldsymbol{x},\ t)$。最终，可以利用式(5.15)计算方程(5.17)中需要的热通量 Q_x 和 Q_y。

一旦获得了方程(5.17)中的通量，就可以应用常微分方程的积分技术进行时间离散。在本节的模拟中，采用 4.2.2 小节的时间离散方法。

除了密度、压强和速度，还需要处理温度边界条件。对于等温壁面，温度已知，边界热通量可以通过下式获得

$$\begin{cases}Q_x=Tu-\kappa\dfrac{\partial T}{\partial x}\\[2ex] Q_y=Tv-\kappa\dfrac{\partial T}{\partial y}\end{cases}\tag{5.22}$$

对于绝热壁面,有 $\partial T/\partial n = 0$。这样,边界温度直接由插值得到,再利用式(5.22)获得边界通量。

5.2.3 数值模拟与结果讨论

本小节开展若干典型黏性不可压热流问题的数值模拟,以测试所提出的 FR－TLBFS 的稳定性、精度和效率。这些问题包括多孔板问题、方腔自然对流以及纵横比 1∶8 方腔非定常自然对流。格子间距的设定和要求与 4.2.3 小节一致。

1. 多孔板问题

由于能给出速度和温度的解析解,多孔板问题广泛用于验证不可压热流求解器的精度和收敛阶数[24,34]。如图 5.11 所示,有两块平行的多孔板,板长为 $L = 2$,板间距离为 $H = 1$。上板有恒定的水平速度 $U = 0.1$,板壁温度为 $T_h = 1$;下板静止,板壁温度为 $T_c = 0$。同时,具有恒定垂直速度 V 的流体从下多孔板注入,并从上多孔板流出。左右边界使用周期性边界条件。当流动达到稳态时,水平速度和温度的解析解为

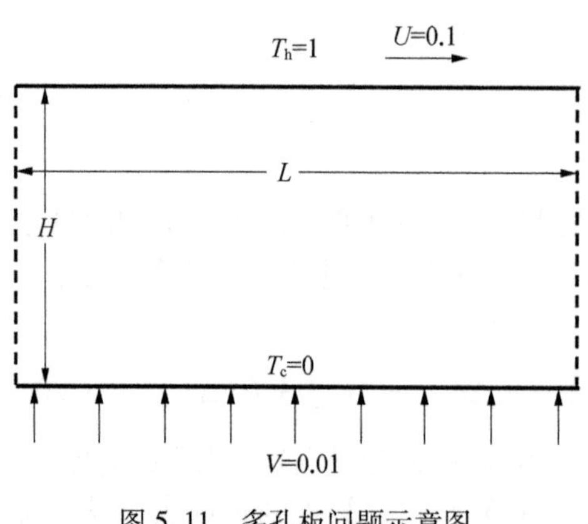

图 5.11 多孔板问题示意图

$$\begin{cases} u^* = U\left(\dfrac{e^{Rey/H} - 1}{e^{Re} - 1}\right) \\ T^* = T_c + \left(\dfrac{e^{PrRey/H} - 1}{e^{PrRe} - 1}\right)\Delta T \end{cases} \tag{5.23}$$

式中,$\Delta T = T_h - T_c$ 为上下板壁的温度差;$Re = VH/\nu$ 为雷诺数。

在本小节的模拟中,选取 $Pr = 0.71$, $Ra = 100$, $Re = 5$、10 和 20。分别采用 p^3 和 p^4 精度的 FR－TLBFS 进行计算。首先,使用 $N_x \times N_y = 2\times4$ 的均匀直接网格离散计算域,N_x 和 N_y 分别为 x 方向和 y 方向的网格数量。图 5.12 分别展示了不同雷诺数下水平速度分布和温度分布的 p^4 FR－TLBFS 模拟结果和解析解。由图可知,模拟结果与解析解吻合得很好。

其次,为了衡量 FR－TLBFS 的精度,需要开展网格收敛性研究。本算例的 L_2 误差定义为

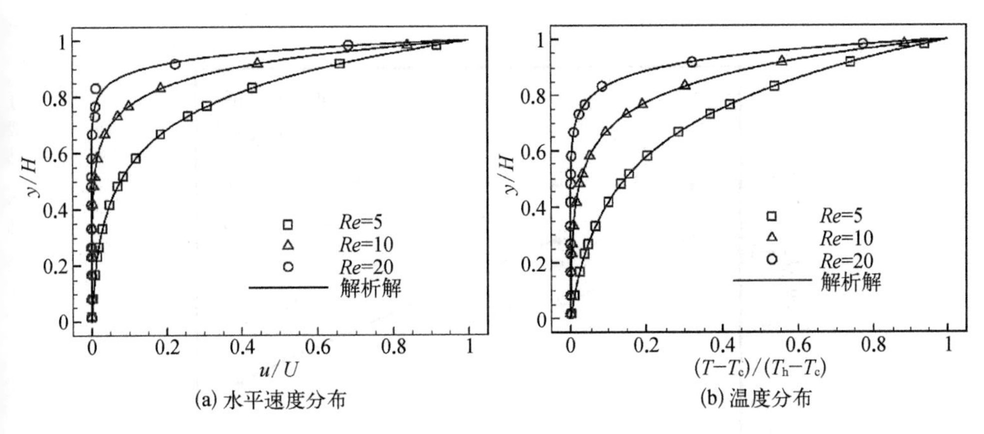

图 5.12　多孔板在不同雷诺数下的水平速度分布和温度分布

$$L_2 = \frac{1}{U}\sqrt{\frac{1}{N_x N_y (P+1)^2}\sum_{i=1}^{N_x}\sum_{j=1}^{N_y}\sum_{m=1}^{P+1}\sum_{n=1}^{P+1}(\phi_{ijmn} - \phi_{ijmn}^*)^2} \tag{5.24}$$

式中，ϕ 为水平速度或温度的数值解；ϕ^* 为相应的解析解。本节方法的阶数由线性最小二乘拟合 $\log_{10}(h) \propto \log_{10}(L_2)$ 的斜率确定。

表 5.3 显示了 $Re=10$ 时不同网格尺寸下 p^3 FR－TLBFS 和 p^4 FR－TLBFS 的水平速度和温度的 L_2 误差。由表可知，采用较少网格的 p^4 FR－TLBFS 的 L_2 误差要比 p^3 FR－TLBFS 的 L_2 误差小得多。图 5.13 给出了线性拟合线的斜率。由图可知，对于 u 和 T，p^3 FR－TLBFS 可以达到二阶以上的精度，而 p^4 FR－TLBFS 可以实现三阶以上的精度。这些结果表明，本节方法可以实现流场和温度场的设计精度。通过改变局部多项式（即解点的数量）的阶数，可以灵活调整精度阶数。

表 5.3　$Re = 10$ 时不同网格尺寸下的 L_2 误差

方　法	网格步长 h	L_2 误差(u)	阶数(u)	L_2 误差(T)	阶数(T)
p^3 FR－TLBFS	1/4	1.47×10^{-3}	—	8.07×10^{-3}	—
	1/8	2.82×10^{-4}	2.385	1.42×10^{-3}	2.506
	1/16	3.90×10^{-5}	2.853	2.14×10^{-4}	2.734
	1/20	1.93×10^{-5}	3.150	1.11×10^{-4}	2.949
p^4 FR－TLBFS	1/2	1.68×10^{-3}	—	7.74×10^{-3}	—
	1/4	2.08×10^{-4}	3.014	7.53×10^{-4}	3.361
	1/6	4.78×10^{-5}	3.625	1.67×10^{-4}	3.721
	1/8	1.64×10^{-5}	3.714	5.07×10^{-5}	4.137

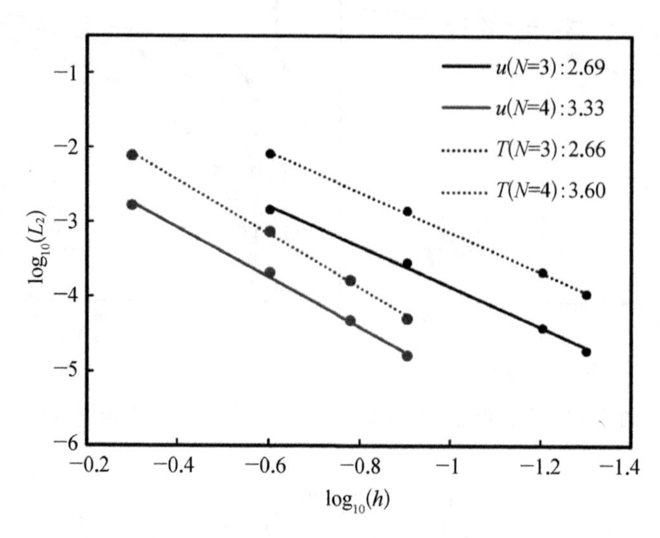

图 5.13　多孔板问题的网格收敛性研究

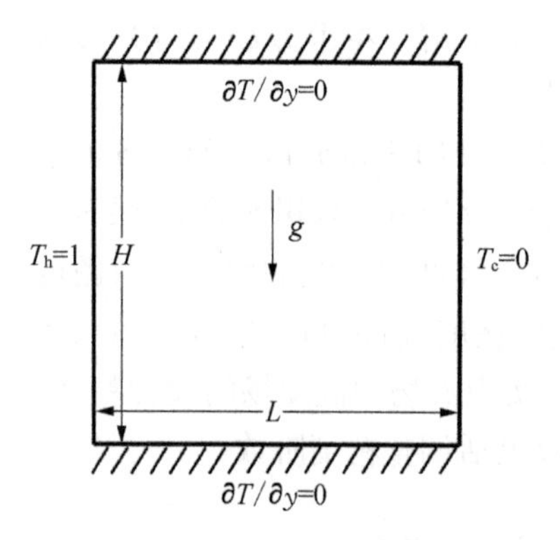

图 5.14　方腔自然对流示意图

2. 方腔自然对流

由浮力驱动的方腔自然对流是验证数值方法模拟大范围瑞利数下热流问题有效性的一个经典算例。如图 5.14 所示，在一个正方形腔体内，底部和顶部为绝热壁，左壁和右壁的温度分别设置为 $T_h = 1$ 和 $T_c = 0$。此外，在 $-y$ 方向施加重力。计算域的长度为 $L = 1$，高度为 $H = 1$。所有壁面都使用无滑移边界条件。初始时刻，方腔内的流场静止，密度为 $\rho_0 = 1$。初始温度设为参考温度，即 $T_0 = (T_h + T_c)/2$。

在本小节的模拟中，选取 $Pr = 0.71$，$Ra = 10^5$、10^6、10^7 和 10^8。为了捕捉极薄的热边界层，需要在壁面附近细化网格，所以采用非均匀网格离散计算域。分别采用 p^3 和 p^4 精度的 FR－TLBFS 进行计算，相应的网格尺寸为 30×30 和 20×20。

图 5.15 和图 5.16 分别显示了 p^4 FR－TLBFS 计算得到的流线和等温线。可以发现，随着 Ra 的增加，腔体中心区域的旋涡不断被拉伸，并在中心区域以及左上角和右下角形成新的小旋涡，垂直对流不断变弱；中心区域的等温线越来越平，热壁和冷壁角落周围的热边界层不断变薄。所有这些现象与文献[19,30]中的结果一致。

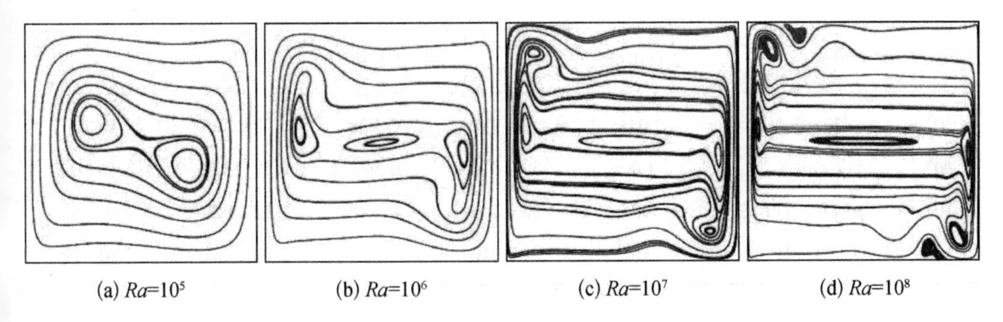

(a) $Ra=10^5$　(b) $Ra=10^6$　(c) $Ra=10^7$　(d) $Ra=10^8$

图 5.15　p^4 FR - TLBFS 计算得到的方腔自然对流的流线

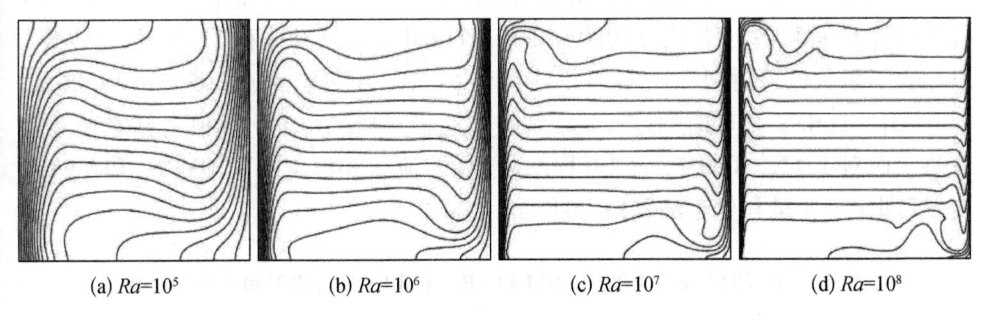

(a) $Ra=10^5$　(b) $Ra=10^6$　(c) $Ra=10^7$　(d) $Ra=10^8$

图 5.16　p^4 FR - TLBFS 计算得到的方腔自然对流的等温线

表 5.4 比较了 $Ra = 10^5$ 和 10^8 的 u_{max}、v_{max} 及相应位置 y 和 x。u_{max} 表示垂直中心线上水平速度的最大值，v_{max} 表示水平中心线上垂直速度的最大值。当 $Ra = 10^5$ 时，选择 Dixit 和 Babu[35] 的单松弛时间 LBM 结果和 Wang 等[36] 的多松弛时间 LBM 结果进行对比。当 $Ra = 10^8$ 时，选择 Xu 等[37] 的多松弛时间 LBM 结果和 Le Quéré[38] 的高阶伪谱方法结果进行对比。由表可知，尽管 FR - TLBFS 的自由度远小于参考文献[35 - 38]中二阶方法的自由度，但计算得到的结果都与参考数据相吻合。

表 5.4　$Ra = 10^5$ 和 10^8 的最大速度及相应位置对比

Ra		自由度	u_{max}	y	v_{max}	x
10^5	Dixit 和 Babu[35]	256^2	35.521	0.854	68.655	0.066
10^5	Wang 等[36]	321^2	34.743	0.855	68.632	0.065 9
10^5	p^3 FR - TLBFS	90^2	34.666	0.853	68.529	0.068 6
10^5	p^4 FR - TLBFS	80^2	34.650	0.854	68.696	0.066 1

续　表

Ra		自由度	u_{max}	y	v_{max}	x
10^8	Xu 等[37]	$2\,048^2$	320.988	0.928	2 223.466	0.011 9
10^8	Le Quéré[38]	128^2	321.876	0.928	2 222.390	0.012 0
10^8	p^3 FR－TLBFS	90^2	333.143	0.940	2 227.920	0.012 4
10^8	p^4 FR－TLBFS	80^2	326.910	0.929	2 221.651	0.011 5

表 5.5 比较了 $Ra = 10^5$ 的 p^3 和 p^4 精度 FR－TLBM 和 FR－TLBFS 的计算时间和内存消耗。两种方法使用的网格和迭代步数相同。由表可知，p^3 FR－TLBFS 所需的计算时间和内存消耗分别为 p^3 FR－TLBM 的 43.38%和 21.18%，p^4 FR－TLBFS 所需的计算时间和内存消耗分别为 p^4 FR－TLBM 的 62.95%和 18.06%。对于 FR－TLBFS，最耗时的过程是在解点和通量点周围位置上插值得到宏观流动变量。而对于 FR－TLBM，控制方程的数量（即流场和温度场的 DVBE）和存储的变量（即宏观变量和分布函数）要多得多。

表 5.5　p^3 和 p^4 精度 FR－TLBM 和 FR－TLBFS 的计算时间和内存消耗

方　法	网格尺寸	CPU 时间/s	比　例	内存/MB	比　例
p^3 FR－TLBM	30×30	11 311	—	20.3	—
p^3 FR－TLBFS	30×30	4 906.24	43.38%	4.3	21.18%
p^4 FR－TLBM	20×20	5 667.74	—	15.5	—
p^4 FR－TLBFS	20×20	3 568.01	62.95%	2.8	18.06%

3. 纵横比 1∶8 方腔非定常自然对流

为了验证 FR－TLBFS 模拟瞬态流动和传热问题的准确性，本小节考虑纵横比 1∶8 方腔的非定常自然对流，它是传热和对流流动现象领域中的一个重要问题。如图 5.17 所示，方腔宽度为 W，高度为 H，纵横比 $A = H/W$ 为 8。本算例的边界条件和初始条件与方腔自然对流相同。Christon 等[39] 指出，该问题可以用来测试数值方法模拟复杂物理机制的性能，例如纵向和横向边界层、多种不稳定机制、纵向边界层中的行波和水平壁面上的热不稳定性。当瑞利数大于临界值 $Ra_c \approx 3.1 \times 10^5$ 时，该问题展现了振荡的瞬态流动行为。

在本小节的模拟中，选取 $Pr = 0.71$，$Ra = 3.4 \times 10^5$。这些值与文献中的取值一致。Bassi 等[40] 指出，即使采用非常密的网格，低阶精度的数值算法仍可能无法充分捕捉到流动的非稳定特征。本小节采用 p^3 FR－TLBFS 进行计算。采用 Christon 等[39]所建议的具有近似 1∶5 的 x 和 y 单元比例的非均匀网格离散计算域。本小节使用两套不同尺寸的网格，较粗网格的尺寸为 20×100，较细网格的尺寸为 30×150。需要说明的是，该问题极少成功地采用 LBM 类方法完成模拟。

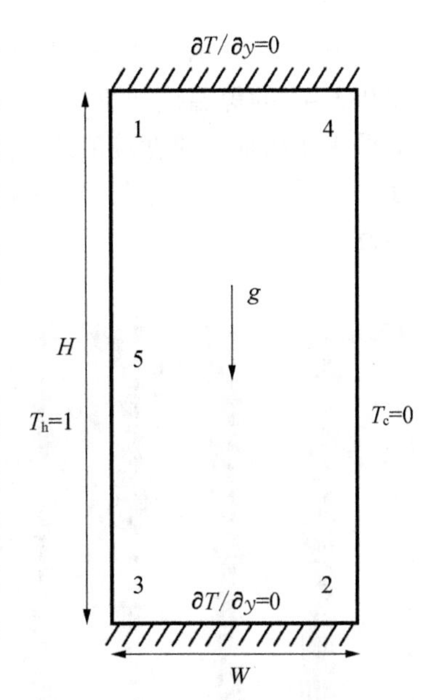

图 5.17　纵横比 1∶8 方腔非定常自然对流示意图

瞬态和稳态计算中使用的数据可以分为三类：点数据、壁面数据和全局数据。为了定量对比，需要统计并列出所有必要数据的平均值、峰谷振幅和振动周期。平均值的计算基于几乎具有恒定的周期和振幅的统计稳定状态。用来记录时间历程数据的参考点标号和位置分别见图 5.17 和表 5.6。同时，还需要列出壁面 Nusselt 数，其定义为

$$Nu(t)\Big|_{x=0,\,W} = \frac{1}{H}\int_0^H \left|\frac{\partial \theta}{\partial x}\right|_{x=0,\,W} \mathrm{d}y \quad (5.25)$$

式中，θ 为无量纲温度。它的定义为

$$\theta = \frac{T - T_0}{T_h - T_c} \quad (5.26)$$

此外，全局平均速度的度量定义为

$$\hat{u}(t) = \sqrt{\frac{1}{2\Omega}\int_\Omega \boldsymbol{u}\cdot\boldsymbol{u}\,\mathrm{d}\Omega} \quad (5.27)$$

式中，Ω 为腔体面积。速度通过参考速度 $V_c = \sqrt{g\beta W \Delta T}$ 进行无量纲化。

表 5.6　参考点位置的坐标

参考点	x 坐标	y 坐标
1	0.181	7.37
2	0.819	0.63
3	0.181	0.63
4	0.819	7.37
5	0.181	4.00

图 5. 18 展示了在一个周期内,无量纲时间 t = 980、980. 86、981. 61、982. 47 和 983. 43 的等温线和流线,无量纲周期为 3. 427。图 5. 19 展示了在一个周期内,水平速度和垂直速度等值线。从图 5. 18 和图 5. 19 中可以清晰地观察到流场和温度场的瞬态行为,并与 Arpino 等[41] 以及 Balam 和 Gupta[42] 观察到的现象基本一致。

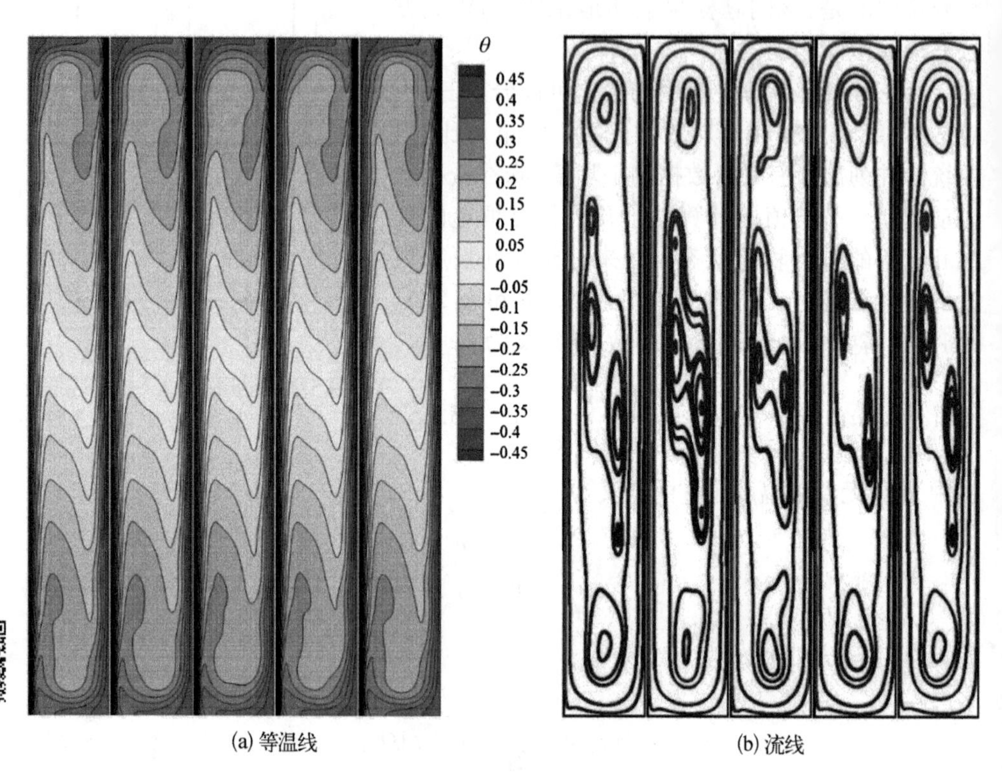

(a) 等温线　　(b) 流线

图 5. 18　纵横比 1 : 8 方腔非定常自然对流在不同时刻的等温线和流线

沿腔体高度方向的周期性流动行为具有对称特性。图 5. 20 显示了图 5. 17 所示参考点上的水平速度和温度随时间的变化情况。从图中可以观察到,大约在 700 个无量纲时间后,水平速度和温度会出现稳定的周期性振荡。此外,参考点 1 和 2 以及点 3 和 4 关于参考点 5 对称。相应地,四个腔体角落的水平速度和温度振荡幅度要大得多(图 5. 17 中的参考点从 1 到 4),但参考点 5 的水平速度和温度振荡幅度非常小。这些结果与文献[39,41,42]中的结果一致。然而,与传统的宏观数值方法相比,采用本节方法获得稳定振荡行为所需的时间更长。原因可能是本节方法是一种弱可压缩方法,速度场的零散度条件无法严格满足。

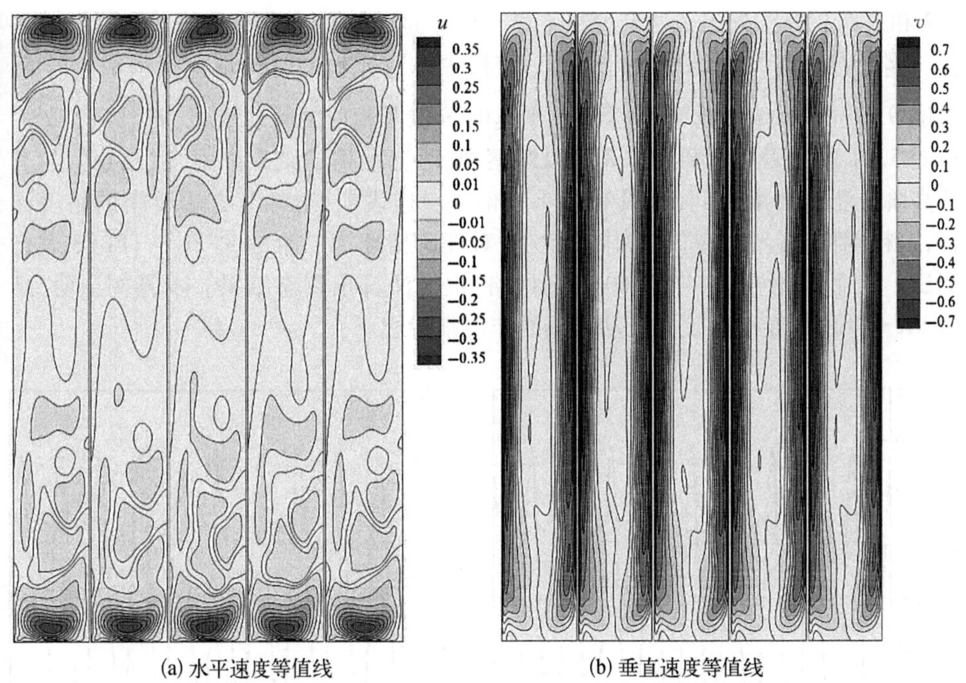

(a) 水平速度等值线　　(b) 垂直速度等值线

图 5. 19　纵横比 1∶8 方腔非定常自然对流在不同时刻的速度等值线

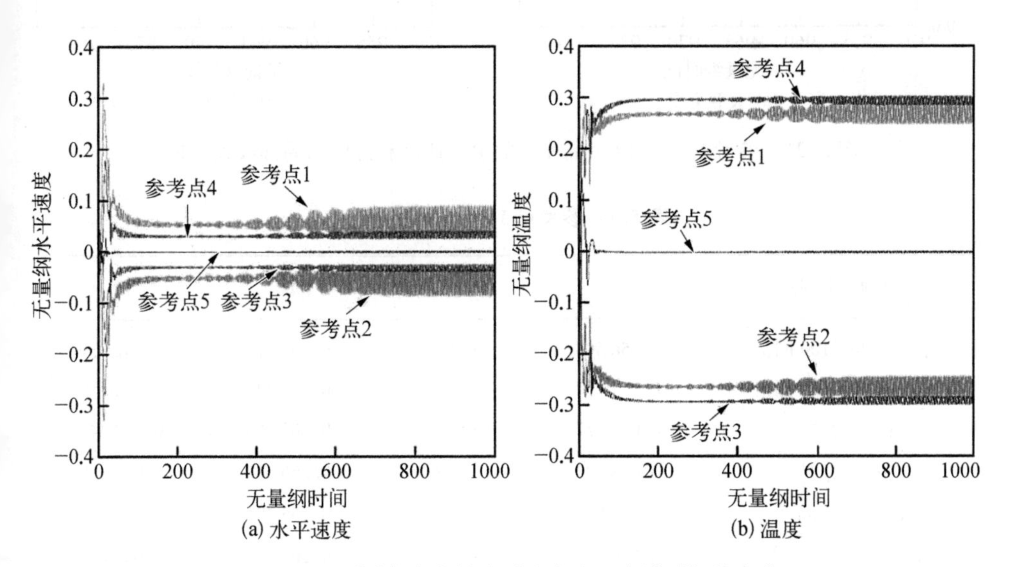

(a) 水平速度　　(b) 温度

图 5. 20　不同参考点的水平速度和温度随时间的变化

图 5.21 给出了参考点 1 在 10 个周期内水平速度和温度的局部放大结果。表 5.7 和表 5.8 分别列出了两套网格下参考点 1 的点数据以及壁面和全局数据，并将其与高阶方法[40-44]的结果进行比较。表格中进行比较的时均量包括水平速度 $\bar{u}$、温度 $\bar{\theta}$、壁面 Nusselt 数 $\overline{Nu}$、全局水平速度 $\bar{\hat{u}}$ 以及相应的脉动量 u'、θ'、Nu'、$\hat{u}'$。由图 5.21 以及表 5.7 和表 5.8 可以观察到，两套网格的结果之间，以及它们与其他高阶方法的结果之间，都具有很小的偏差。这表明，对本节方法所用的精度而言，较粗网格已经能够符合要求。此外，对理论精度为二阶的 p^2 FR－TLBFS 进行测试。然而，即使采用 40×200 的细网格，也无法算出瞬态结果。本算例证明，高阶 FR－TLBFS 能准确预测流动传热的非定常特性。

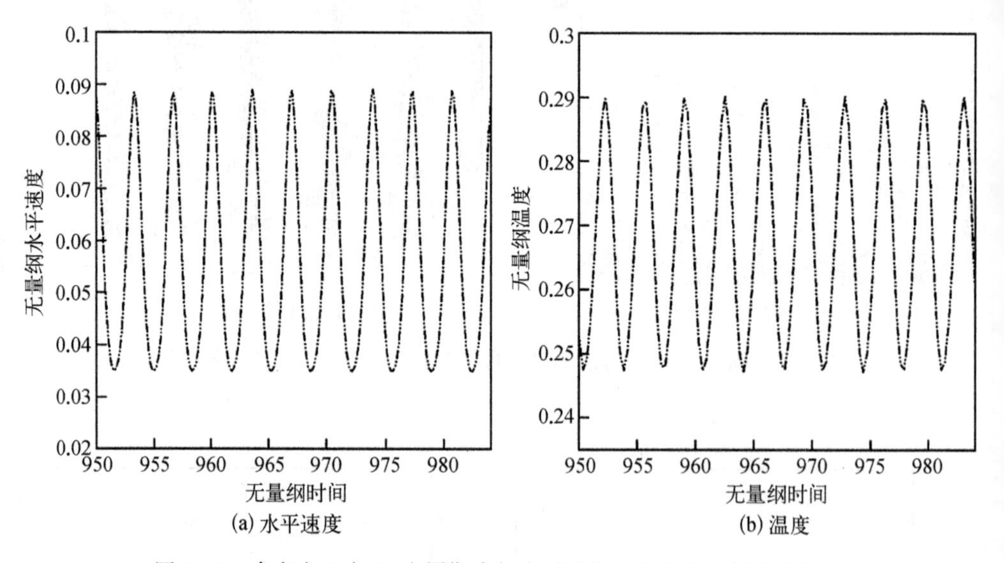

图 5.21　参考点 1 在 10 个周期内的水平速度和温度的局部放大结果

表 5.7　参考点 1 的点数据对比

数据来源	$\bar{u}$	u'	$\bar{\theta}$	θ'
本小节 20×100 网格	0.056 594	0.055 131	0.267 511	0.042 829
本小节 30×150 网格	0.056 237	0.054 128	0.267 425	0.042 169
Bassi 等[40]	0.056 177	0.054 505	0.265 460	0.042 443
Arpino 等[41]	0.058 803	0.068 647	0.266 672	0.053 328
Balam 和 Gupta[42]	0.057 013	0.056 342	0.265 781	0.043 944
Xin 和 Le Quéré[43]	0.056 345	0.054 767	0.265 480	0.042 689
Gjesdal 等[44]	0.056 356	0.054 880	0.265 610	0.042 774

表5.8　参考点1的壁面和全局数据对比

数据来源	$\overline{Nu}$	Nu'	$\bar{\hat{u}}$	$\hat{u}'$
本小节 20×100 网格	4.581 82	0.007 710	0.239 99	3.900×10^{-5}
本小节 30×150 网格	4.578 43	0.007 520	0.239 82	4.182×10^{-5}
Bassi 等[40]	4.579 39	0.007 075	0.239 49	3.402×10^{-5}
Arpino 等[41]	4.524 97	0.008 610	—	—
Balam 和 Gupta[42]	4.565 00	0.007 130	0.239 70	4.125×10^{-5}
Xin 和 Le Quéré[43]	4.579 46	0.007 091 8	—	—
Gjesdal 等[44]	4.579 33	0.007 102 6	0.239 50	3.354×10^{-5}

本节提供了一种高阶 FR－TLBFS,用于高效且准确模拟黏性不可压热流问题。由热 LBE 导出的特殊形式的 N－S/Boussinesq 方程同时包含宏观流动变量和分布函数,采用高阶 FR 方法进行空间离散,采用 LBFS 同时计算解点和通量点上的无黏和黏性通量。因此,无须离散二阶偏导数项,也无须处理压强-速度耦合,这使得 FR－TLBFS 简洁且紧致性好。

参 考 文 献

[1] Dixit H N, Babu V. Simulation of high Rayleigh number natural convection in a square cavity using the lattice Boltzmann method[J]. International Journal of Heat and Mass Transfer, 2006, 49(3－4): 727－739.

[2] Wang Y, He Y L, Li Q, et al. Numerical simulations of gas resonant oscillations in a closed tube using lattice Boltzmann method[J]. International Journal of Heat and Mass Transfer, 2008, 51(11－12): 3082－3090.

[3] Mohamad A A, Kuzmin A. A critical evaluation of force term in lattice Boltzmann method, natural convection problem[J]. International Journal of Heat and Mass Transfer, 2010, 53(5－6): 990－996.

[4] Xu A, Shi L, Xi H D. Lattice Boltzmann simulations of three-dimensional thermal convective flows at high Rayleigh number[J]. International Journal of Heat and Mass Transfer, 2019, 140: 359－370.

[5] Tao S, Xu A, He Q, et al. A curved lattice Boltzmann boundary scheme for thermal convective flows with Neumann boundary condition[J]. International Journal of Heat and Mass Transfer, 2020, 150: 119345.

[6] McNamara G, Alder B. Analysis of the lattice Boltzmann treatment of hydrodynamics[J]. Physica A: Statistical Mechanics and its Applications, 1993, 194(1－4): 218－228.

[7] He X, Chen S, Doolen G D. A novel thermal model for the lattice Boltzmann method in incompressible limit[J]. Journal of Computational Physics, 1998, 146(1): 282－300.

[8] Guo Z, Shi B, Zheng C. A coupled lattice BGK model for the Boussinesq equations[J]. International Journal for Numerical Methods in Fluids, 2002, 39(4): 325-342.

[9] Peng Y, Shu C, Chew Y T. Simplified thermal lattice Boltzmann model for incompressible thermal flows[J]. Physical Review E, 2003, 68(2): 026701.

[10] Mezrhab A, Bouzidi M, Lallemand P. Hybrid lattice-Boltzmann finite-difference simulation of convective flows[J]. Computers & Fluids, 2004, 33(4): 623-641.

[11] Li Z, Yang M, Zhang Y. A coupled lattice Boltzmann and finite volume method for natural convection simulation[J]. International Journal of Heat and Mass Transfer, 2014, 70: 864-874.

[12] Watari M, Tsutahara M. Two-dimensional thermal model of the finite-difference lattice Boltzmann method with high spatial isotropy[J]. Physical Review E, 2003, 67(3): 036306.

[13] Shi Y, Zhao T S, Guo Z L. Finite difference-based lattice Boltzmann simulation of natural convection heat transfer in a horizontal concentric annulus[J]. Computers & Fluids, 2006, 35(1): 1-15.

[14] Zarghami A, Ubertini S, Succi S. Finite volume formulation of thermal lattice Boltzmann method[J]. International Journal of Numerical Methods for Heat & Fluid Flow, 2014, 24(2): 270-289.

[15] Xu L, Chen R. Scalable parallel finite volume lattice Boltzmann method for thermal incompressible flows on unstructured grids[J]. International Journal of Heat and Mass Transfer, 2020, 160: 120156.

[16] Patel S, Min M, Lee T. A spectral-element discontinuous Galerkin thermal lattice Boltzmann method for conjugate heat transfer applications[J]. International Journal for Numerical Methods in Fluids, 2016, 82(12): 932-952.

[17] Polasanapalli S R G, Anupindi K. A high-order compact finite-difference lattice Boltzmann method for simulation of natural convection[J]. Computers & Fluids, 2019, 181: 259-282.

[18] Hejranfar K, Ezzatneshan E. A high-order compact finite-difference lattice Boltzmann method for simulation of steady and unsteady incompressible flows[J]. International Journal for Numerical Methods in Fluids, 2014, 75(10): 713-746.

[19] Chen Z, Shu C, Tan D. High-order simplified thermal lattice Boltzmann method for incompressible thermal flows[J]. International Journal of Heat and Mass Transfer, 2018, 127: 1-16.

[20] Vincent P E, Castonguay P, Jameson A. A new class of high-order energy stable flux reconstruction schemes[J]. Journal of Scientific Computing, 2011, 47(1): 50-72.

[21] Pieraccini S, Puppo G. Implicit-explicit schemes for BGK kinetic equations[J]. Journal of Scientific Computing, 2007, 32(1): 1-28.

[22] Reid W H, Harris D L. Some further results on the Bénard problem[J]. Physics of Fluids, 1958, 1(2): 102-110.

[23] Yang L M, Shu C, Yang W M, et al. Development of an efficient gas kinetic scheme for simulation of two-dimensional incompressible thermal flows[J]. Physical Review E, 2018, 97(1): 013305.

[24] Liu Y Y, Zhang H W, Yang L M, et al. High-order least-square-based finite-difference-finite-

volume method for simulation of incompressible thermal flows on arbitrary grids[J]. Physical Review E, 2019, 100(6): 063308.

[25] Zhao Z, Wen M, Li W. A coupled gas-kinetic BGK scheme for the finite volume lattice Boltzmann method for nearly incompressible thermal flows[J]. International Journal of Heat and Mass Transfer, 2021, 164: 120584.

[26] Clever R M, Busse F H. Transition to time-dependent convection[J]. Journal of Fluid Mechanics, 1974, 65(4): 625-645.

[27] Shu C. Application of differential quadrature method to simulate natural convection in a concentric annulus[J]. International Journal for Numerical Methods in Fluids, 1999, 30(8): 977-993.

[28] Kuehn T H, Goldstein R J. An experimental and theoretical study of natural convection in the annulus between horizontal concentric cylinders[J]. Journal of Fluid Mechanics, 1976, 74(4): 695-719.

[29] Badr H M. Laminar combined convection from a horizontal cylinder-Parallel and contra flow regimes[J]. International Journal of Heat and Mass Transfer, 1984, 27(1): 15-27.

[30] Wang Y, Shu C, Teo C J. Thermal lattice Boltzmann flux solver and its application for simulation of incompressible thermal flows[J]. Computers & Fluids, 2014, 94: 98-111.

[31] Bassi F, Rebay S. A high-order accurate discontinuous finite element method for the numerical solution of the compressible Navier-Stokes equations[J]. Journal of Computational Physics, 1997, 131(2): 267-279.

[32] Xu Y, Shu C W. Local discontinuous Galerkin methods for high-order time-dependent partial differential equations[J]. Communications in Computational Physics, 2010, 7(1): 1-46.

[33] Nguyen N C, Peraire J, Cockburn B. An implicit high-order hybridizable discontinuous Galerkin method for the incompressible Navier-Stokes equations[J]. Journal of Computational Physics, 2011, 230(4): 1147-1170.

[34] Wang P, Tao S, Guo Z. A coupled discrete unified gas-kinetic scheme for Boussinesq flows [J]. Computers & Fluids, 2015, 120: 70-81.

[35] Dixit H N, Babu V. Simulation of high Rayleigh number natural convection in a square cavity using the lattice Boltzmann method[J]. International Journal of Heat and Mass Transfer, 2006, 49(3-4): 727-739.

[36] Wang J, Wang D, Lallemand P, et al. Lattice Boltzmann simulations of thermal convective flows in two dimensions[J]. Computers & Mathematics with Applications, 2013, 65(2): 262-286.

[37] Xu A, Shi L, Zhao T S. Accelerated lattice Boltzmann simulation using GPU and OpenACC with data management[J]. International Journal of Heat and Mass Transfer, 2017, 109: 577-588.

[38] Le Quéré P. Accurate solutions to the square thermally driven cavity at high Rayleigh number [J]. Computers & Fluids, 1991, 20(1): 29-41.

[39] Christon M A, Gresho P M, Sutton S B. Computational predictability of time-dependent natural convection flows in enclosures (including a benchmark solution)[J]. International Journal for Numerical Methods in Fluids, 2002, 40(8): 953-980.

[40] Bassi F, Crivellini A, Di Pietro D A, et al. An implicit high-order discontinuous Galerkin method for steady and unsteady incompressible flows[J]. Computers & Fluids, 2007, 36(10): 1529-1546.

[41] Arpino F, Cortellessa G, Dell'Isola M, et al. High order explicit solutions for the transient natural convection of incompressible fluids in tall cavities[J]. Numerical Heat Transfer, Part A: Applications, 2014, 66(8): 839-862.

[42] Balam N B, Gupta A. A fourth-order accurate finite difference method to evaluate the true transient behaviour of natural convection flow in enclosures[J]. International Journal of Numerical Methods for Heat & Fluid Flow, 2020, 30(3): 1233-1290.

[43] Xin S, Le Quéré P. An extended Chebyshev pseudo-spectral benchmark for the 8 : 1 differentially heated cavity[J]. International Journal for Numerical Methods in Fluids, 2002, 40(8): 981-998.

[44] Gjesdal T, Wasberg C E, Reif B A P. Spectral element benchmark simulations of natural convection in two-dimensional cavities[J]. International Journal for Numerical Methods in Fluids, 2006, 50(11): 1297-1319.

第6章 不可压多相流的高精度玻尔兹曼方法

多相流在自然界、工业和日常生活中非常普遍，并且一直是学术界和工程界的关注焦点[1-4]。与单相流相比，多相流的特点更为复杂。主要原因是流场中有区分不同介质的物质界面。相较于实验方法，数值模拟在这个领域具有低成本、高效率和灵活性等优势。然而，模拟多相流的主要挑战在于界面周围的物理量变化非常剧烈，这使得多相流模拟一直是计算流体力学领域的一个主要难题。在常用的欧拉方法中，描述多相流现象主要包括两个方面。首先，通过流体动力学方程来描述流体运动行为；其次，需要建立模型来跟踪界面的演变。在近几十年里，研究人员提出了各种数值方法，以有效模拟多相流，这些方法包括流体体积法[5]、水平集法[6]、界面跟踪法[7]以及扩散界面(diffuse interface, DI)法[8]。与前三种锐界面方法不同，DI 方法的基本思想是将锐界面替换为一个较薄的过渡区域。在这个区域内，物理量在界面上实现平滑变化。DI 方法通常采用相场模型，通过这种方式，可以使用 Cahn-Hilliard(C－H)方程[9]来控制界面的运动。这些特性使得 DI 方法在研究界面拓扑变化复杂的多相流方面具有更大的潜力。

截至目前，基于 DI 的多相流模拟方法主要分为两大类。它们分别基于不同的控制方程来求解流场。一种是基于 N－S 方程的传统方法[10-12]，另一种是基于离散速度 Boltzmann 方程(DVBE)的格子 Boltzmann 方法(LBM)[13-15]。因其介观特性，LBM 在模拟不可压多相流方面取得了巨大成功，因此成为基于 N－S 方程传统方法的有效替代方案。为了模拟多相流问题，研究人员已经提出了多种 LBM 模型。这些模型可分为四大类：着色模型[16]、伪势模型[17]、自由能模型[18]和动理学理论模型[19]。其中，动理学理论模型之一的相场格子 Boltzmann(phase field lattice Boltzmann, PFLB)模型近年来得到了迅速发展。

He 等[19]提出了第一个 PFLB 模型。然而，由于数值稳定性的限制，这个模型仅适用于密度比和黏性比较小的问题。为了提高密度比和黏性比，研究人员做了许多尝试。例如，Inamuro 等[20]通过求解压强泊松方程将密度比提高到 1 000，但这与使用 LBM 的初衷相悖。Lee 和 Lin[13]提出了一种稳定离散压强和动量方程的方法，从而使密度比能达到 1 000。但是，这些 PFLB 模型包含一些假设，无法准确恢复控制界面运动的 C－H 方程。通过引入一个空间差分项，Zheng 等[14]发展了一种能准确恢复 C－H 方程的 PFLB 模型。在此基础上，Fakhari 和 Rahimian[15]提出了一种改进的 PFLB 模型。对于静态问题，该模型的密度比可以达到 1 000；而对于动态问题,其密度比仅能达到 10 左右。根据 Zheng 等[14]的技术,Zu 和 He[21]提出了一种适用于中等密度比的 PFLB 模型。该模型采用隐式方法计算压强和速度,因此实现起来相对复杂。后来,Fakhari 等[22]通过取消预测-校正方案的要求改进了 Zu 和 He[21]的方法。Liang 等[23,24]提出了一种用于处理二维和三维多相流问题的 PFLB 模型。该模型不仅能准确恢复 C-H 方程,而且计算压强和速度也变得更加容易。Shao 和 Shu[25]提出了一种混合 PFLB 模型,该模型使用基于 MRT 模型的 LBM 来求解流场,同时采用五阶 WENO 格式来求解 C-H 方程。通过这种混合模型,他们成功地模拟了密度比为 1 000 的液滴飞溅现象。Zhang 等[26]通过求解改进的 C-H 方程,提出了一种适用于大密度比的两相流时间分裂 LBM。他们采用的方法包括 MRT 模型和高阶紧致的选择性滤波操作,以提高数值稳定性。这些出色的多相 LB 模型具有与 LBM 相同的显著优点,如低数值耗散、高效率、简单实现、易于并行计算等。

6.1 SD-PFLBM

标准 LBM 仅能达到二阶精度,这在很大程度上限制了其在复杂流动模拟中的应用。当前,已经有一些研究试图提高 LBM 的精度[27-29]。对于单相流体,Li[30]提出了一种高阶谱差分 LBM(spectral difference lattice Boltzmann method, SDLBM),用于模拟不可压流动问题。这种方法可以轻松且灵活地在时间和空间上构建高阶格式。最近,Hejranfar 和 Ghaffarian[31]发展了一种基于非结构网格的 SDLBM,该方法能够模拟复杂几何形状物体的无黏和有黏可压缩绕流问题,并且得到的结果与现有的高阶准确的 Euler/N-S 求解器结果相吻合。此外,为了在多相流模拟中减小耗散并更准确地捕捉界面,目前已开始采用高阶方法求解 C-H 方程。Shi 和 Li[32]提出了一种完全离散的局部 DG 方法,结合隐式-显式多步时间推进法来求解 C-H。Pigeonneau 和 Saramito[33]发展了一种使用 DG 有限元法求解 N-S 方程耦合 C-H 方程的数值方法。

由于 N-S 方程的非线性特性以及压强和速度之间的耦合,使用高阶方法求解 N-S/C-H 系统的算法非常复杂,因此其计算效率相对较低。为了解决这一问题,本节给出了一种基于高阶谱差分的相场格子 Boltzmann 方法(spectral difference-phase field lattice Boltzmann method, SD-PFLBM),用以模拟不可压两相流动问题。该方法能够轻松实现高阶精度,从而显著降低数值耗散,并获得更准确的多相界面和流场。此外,通过使用 SD 格式离散控制方程中的梯度和高阶偏导数项,该方法还具有良好的数值稳定性。

6.1.1 控制方程

1. C-H 方程

本节将采用相场模型来捕捉两种不可压、不相溶的流体之间的界面。该模型

的控制方程,即 Cahn-Hilliard 方程,可以表示为[12]

$$\frac{\partial \phi}{\partial t}+\nabla\cdot(\boldsymbol{u}\phi)=M\nabla^2\mu_\phi \tag{6.1}$$

式中,t 为时间;ϕ 为取值在[0, 1]之间的序参数;$\boldsymbol{u}$ 为流体速度矢量;M 为表征界面扩散的流动性;μ_ϕ 为化学势。μ_ϕ 由总自由能 F 确定,其定义为

$$F(\phi,\nabla\phi)=\int_V\left(\frac{\beta\sigma}{\varepsilon}E_0(\phi)+\frac{1}{2}\varepsilon\sigma\beta|\nabla\phi|^2\right)\mathrm{d}V \tag{6.2}$$

σ 为表面张力系数;ε 为两相流体界面厚度;β 为常数;$E_0=\phi^2(1-\phi)^2/4$ 为体积能量密度。此外,$\varepsilon\sigma\beta|\nabla\phi|^2/2$ 表示界面区域内的过量自由能。当界面处的两相流体相互作用达到平衡状态时,总自由能达到最小值。根据这一条件,化学势 μ_ϕ 可以定义为

$$\mu_\phi=\frac{\delta F}{\delta\phi}=\frac{\beta\sigma}{2\varepsilon}\phi(\phi-1)(2\phi-1)-\varepsilon\beta\sigma\nabla^2\phi \tag{6.3}$$

在本节模拟中,常数 β 取 $6\sqrt{2}$。因此,表面张力可以表示为每单位表面积内的过量自由能量[12]。

2. 离散速度 Boltzmann 方程

对于两相不可压流体的混合密度和动量输运的 DVBE,其一般形式可表示为[34]

$$\frac{\partial f_\alpha}{\partial t}+\boldsymbol{e}_\alpha\cdot\nabla f_\alpha=-\frac{(f_\alpha-f_\alpha^{\mathrm{eq}})}{\tau_{\mathrm{v}}}+\frac{(\boldsymbol{e}_\alpha-\boldsymbol{u})\cdot\boldsymbol{F}}{c_{\mathrm{s}}^2}\Gamma_\alpha \tag{6.4}$$

式中,f_α 为分布函数;f_α^{eq} 为相应的平衡分布函数;Γ_α 为与 f_α^{eq} 有关的函数;$\boldsymbol{e}_\alpha$ 为格子速度矢量;τ_{v} 为松弛时间;c_{s} 为声速;$\boldsymbol{F}$ 为力矢量。本节模拟二维问题,故采用 $D2Q9$ 模型,$c_{\mathrm{s}}=1/\sqrt{3}$,相应的格子速度矢量为

$$\boldsymbol{e}_\alpha=\begin{cases}(0,\ 0), & \alpha=0\\ (\pm1,\ 0),(0,\ \pm1), & \alpha=1,\ 2,\ 3,\ 4\\ (\pm1,\ \pm1), & \alpha=5,\ 6,\ 7,\ 8\end{cases} \tag{6.5}$$

同时,Γ_α 和 f_α^{eq} 分别为

$$\Gamma_\alpha=\omega_\alpha\left[1+\frac{\boldsymbol{e}_\alpha\cdot\boldsymbol{u}}{c_{\mathrm{s}}^2}+\frac{(\boldsymbol{e}_\alpha\cdot\boldsymbol{u})^2}{2c_{\mathrm{s}}^4}-\frac{\boldsymbol{u}\cdot\boldsymbol{u}}{2c_{\mathrm{s}}^2}\right] \tag{6.6}$$

$$f_\alpha^{\mathrm{eq}}=\rho\Gamma_\alpha \tag{6.7}$$

式中,ρ 为流体的混合密度;ω_α 为权系数。对于 $D2Q9$ 模型,ω_α 的取值为

$$\omega_\alpha = \begin{cases} 4/9, & \alpha = 0 \\ 1/9, & \alpha = 1, 2, 3, 4 \\ 1/36, & \alpha = 5, 6, 7, 8 \end{cases} \tag{6.8}$$

此外,力矢量 $\boldsymbol{F}$ 为

$$\boldsymbol{F} = -\nabla(p - \rho c_s^2) + \boldsymbol{F}_b + \boldsymbol{F}_s \tag{6.9}$$

式中,p 为压强;$\boldsymbol{F}_b$ 为体积力矢量;$\boldsymbol{F}_s$ 为表面张力矢量。为了便于计算,表面张力矢量可以写成连续形式为[35]

$$\boldsymbol{F}_s = \mu_\phi \nabla \phi \tag{6.10}$$

定义一个新的分布函数 $g_\alpha = f_\alpha c_s^2 + \omega_\alpha(p - \rho c_s^2)$,将其代入式(6.4)后,由于在不可压流动中有马赫数 $Ma \ll 1$,因此 $\boldsymbol{u} \cdot \nabla p \sim O(Ma^3)$ 可以忽略不计。这样,式(6.4)可以改写为

$$\frac{\partial g_\alpha}{\partial t} + \boldsymbol{e}_\alpha \cdot \nabla g_\alpha = -\frac{(g_\alpha - g_\alpha^{\text{eq}})}{\tau_v} + (\boldsymbol{e}_\alpha - \boldsymbol{u}) \cdot [(\Gamma_\alpha - \omega_\alpha) \nabla \rho c_s^2 + \Gamma_\alpha(\mu_\phi \nabla \phi + \boldsymbol{F}_b)] \tag{6.11}$$

式中,平衡分布函数 $g_\alpha^{\text{eq}} = f_\alpha^{\text{eq}} c_s^2 + \omega_\alpha(p - \rho c_s^2)$。流体混合密度 ρ 的计算表达式为

$$\rho = \rho_1 + \frac{\phi - \phi_1}{\phi_h - \phi_1}(\rho_h - \rho_1) \tag{6.12}$$

式中,ρ_h 和 ρ_1 分别为重流体和轻流体的密度;$\phi_h = 1$ 和 $\phi_1 = 0$ 分别为重流体和轻流体对应的序参数。利用式(6.12),则有 $\nabla \rho = \frac{\partial \rho}{\partial \phi} \nabla \phi = (\rho_h - \rho_1) \nabla \phi$。这样,式(6.11)可以改写为[36]

$$\frac{\partial g_\alpha}{\partial t} + \boldsymbol{e}_\alpha \cdot \nabla g_\alpha = -\frac{(g_\alpha - g_\alpha^{\text{eq}})}{\tau_v} + \Gamma_\alpha(\boldsymbol{e}_\alpha - \boldsymbol{u}) \cdot \boldsymbol{F}_b + [(\Gamma_\alpha - \omega_\alpha)(\rho_h - \rho_1) c_s^2 + \Gamma_\alpha \mu_\phi](\boldsymbol{e}_\alpha - \boldsymbol{u}) \cdot \nabla \phi \tag{6.13}$$

另外,流体的运动黏性系数 ν 与松弛时间 τ_v 的关系为

$$\nu = \tau_v c_s^2 = \frac{\tau_v}{3} \tag{6.14}$$

本节采用反插值方式[13]计算松弛时间：

$$\frac{1}{\tau_{\mathrm{v}}}=\frac{1}{\tau_{\mathrm{v,l}}}+\frac{\phi-\phi_{\mathrm{l}}}{\phi_{\mathrm{h}}-\phi_{\mathrm{l}}}\left(\frac{1}{\tau_{\mathrm{v,h}}}-\frac{1}{\tau_{\mathrm{v,l}}}\right) \tag{6.15}$$

式中，$\tau_{\mathrm{v,h}}$ 和 $\tau_{\mathrm{v,l}}$ 分别为重流体和轻流体的松弛时间；ϕ_{h} 和 ϕ_{l} 分别为重流体和轻流体的序参数值。

最后，通过 Chapman-Enskog 展开分析，式(6.13)可以恢复到不可压多相流运动的宏观控制方程：

$$\rho\left(\frac{\partial \boldsymbol{u}}{\partial t}+\boldsymbol{u}\cdot\nabla\boldsymbol{u}\right)=-\nabla p+\nabla\cdot\left[\mu\left(\nabla\boldsymbol{u}+\nabla\boldsymbol{u}^{\mathrm{T}}\right)\right]+\boldsymbol{F}_{\mathrm{b}}+\boldsymbol{F}_{\mathrm{s}} \tag{6.16}$$

式中，$\mu=\rho\nu$ 为流体的动力黏性系数。

6.1.2　方程的离散

本节采用基于标准单元的 SD[37]来离散 DVBE 和 C－H 方程中的对流项、梯度项和高阶偏导数项，以实现数值耗散的最小化。在 SD 的标准单元中，需要定义两组点，即解点和通量点，如图 6.1 所示。对于 N 阶 SD 格式，为了构造一个 $N-1$ 阶的多项式，需要布置 N 个解点。在一维方向上，解点是 Gauss 点，其定义为

$$X_s=\frac{1}{2}\left[1-\cos\left(\frac{2s-1}{2N}\pi\right)\right],\ s=1,2,\cdots,N \tag{6.17}$$

式中，X_s 为 Gauss 点的位置。使用 Legendre-Gauss 积分点 $P_n(\xi)$ 以及两个端点 0 和 1 作为通量点，并选择 $P_{-1}(\xi)=0$ 和 $P_0(\xi)=1$，可以通过下式递归地获得高阶 Legendre 多项式。Legendre-Gauss 积分点的定义为

$$P_n(\xi)=\frac{2n-1}{n}(2\xi-1)P_{n-1}(\xi)-\frac{n-1}{n}P_{n-2}(\xi) \tag{6.18}$$

使用 N 个解点上的解，可以构造一个计算任意位置处的解的 $N-1$ 阶多项式。假设该多项式是基于拉格朗日基函数，其定义为

$$h_i(X)=\prod_{s=1,\,s\neq i}^{N}\left(\frac{X-X_s}{X_i-X_s}\right) \tag{6.19}$$

同样，使用 $N+1$ 个通量点上的通量，可以构造一个计算任意位置处的通量的 N 阶多项式。假设该多项式也是基于拉格朗日基函数，其定义为

$$l_{i+1/2}(X)=\prod_{s=0,\,s\neq i}^{N}\left(\frac{X-X_{s+1/2}}{X_{i+1/2}-X_{s+1/2}}\right) \tag{6.20}$$

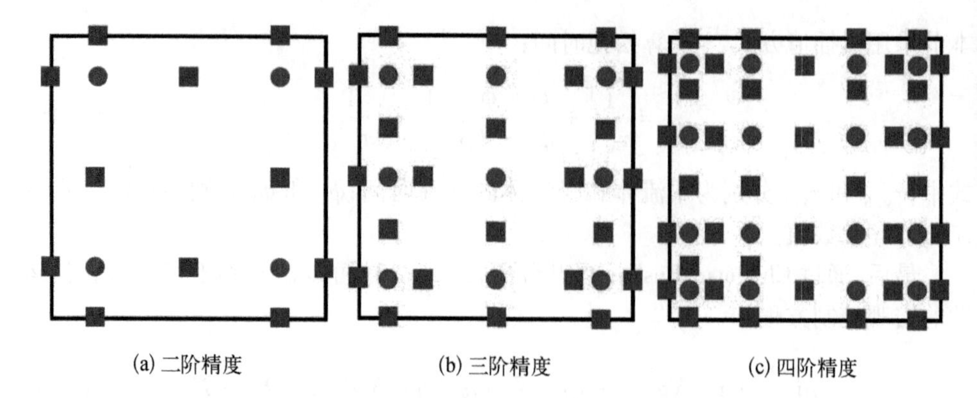

图 6.1　标准单元中解点(圆点)和通量点(方点)的分布图

1. SD 离散 DVBE

式(6.13)可以写成如下的守恒形式:

$$\frac{\partial g_\alpha}{\partial t}+\frac{\partial F_x}{\partial x}+\frac{\partial F_y}{\partial y}=\Omega_\alpha+G_\alpha \tag{6.21}$$

式中,F_x 和 F_y 为通量;Ω_α 为碰撞项;G_α 为力作用项。它们的表达式为

$$\begin{cases} F_x = e_{\alpha x} g_\alpha \\ F_y = e_{\alpha y} g_\alpha \\ \Omega_\alpha = -\dfrac{(g_\alpha - g_\alpha^{\text{eq}})}{\tau_{\text{v}}} \\ G_\alpha = \Gamma_\alpha(\boldsymbol{e}_\alpha - \boldsymbol{u}) \cdot \boldsymbol{F}_{\text{b}} \\ \qquad + [(\Gamma_\alpha - \omega_\alpha)(\rho_{\text{h}} - \rho_{\text{l}})c_{\text{s}}^2 + \Gamma_\alpha \mu_\phi](\boldsymbol{e}_\alpha - \boldsymbol{u}) \cdot \nabla \phi \end{cases} \tag{6.22}$$

在二维的标准单元中,重构的解是两个一维多项式的张量积:

$$g_\alpha(x, y) = \sum_{j=1}^{N}\sum_{i=1}^{N}(g_\alpha)_{i,j} h_i(x) h_j(y) \tag{6.23}$$

式中,$(g_\alpha)_{i,j}$ 为解点(i, j)上的解 g_α。同样,重构的通量计算表达式为

$$\begin{cases} F_x(x, y) = \displaystyle\sum_{j=1}^{N}\sum_{i=0}^{N}(F_x)_{i+1/2,j} l_{i+1/2}(x) h_j(y) \\ F_y(x, y) = \displaystyle\sum_{j=0}^{N}\sum_{i=1}^{N}(F_y)_{i,j+1/2} h_i(x) l_{j+1/2}(y) \end{cases} \tag{6.24}$$

式中,$(F_x)_{i+1/2,j}$ 为通量点$(i+1/2, j)$上的通量 F_x;$(F_y)_{i,j+1/2}$ 为通量点$(i, j+1/2)$

上的通量 F_y。利用式(6.24)构建单元内的通量多项式后,可以确定两个相邻单元之间共享的内部界面上的通量以及物理边界上的通量。

为了在每个单元界面上的通量点上能获得通量以确保守恒和稳定,通常需要一个 Riemann 求解器。这是因为 SD 假定通量在单元内部是连续的,而跨越单元界面则是不连续的。为此,本节采用 Roe 格式[38]来计算单元界面上的通量:

$$\begin{cases} F_x^{ci} = \begin{cases} e_{\alpha x} g_\alpha^{L}, & e_{\alpha x} \geqslant 0 \\ e_{\alpha x} g_\alpha^{R} & e_{\alpha x} < 0 \end{cases} \\ F_y^{ci} = \begin{cases} e_{\alpha y} g_\alpha^{D}, & e_{\alpha y} \geqslant 0 \\ e_{\alpha y} g_\alpha^{U} & e_{\alpha y} < 0 \end{cases} \end{cases} \tag{6.25}$$

式中, F_x^{ci} 和 F_y^{ci} 为界面上的通量; g_α^{L} 和 g_α^{R} 分别为界面左侧和右侧的分布函数; g_α^{D} 和 g_α^{U} 分别为界面下侧和上侧的分布函数。然后,通过使用通量多项式,可以确定通量的导数插值多项式:

$$\begin{cases} \left(\dfrac{\partial F_x}{\partial x}\right)_{i,j} = \sum\limits_{r=0}^{N} (F_x)_{r+1/2,\, j} \dfrac{\partial l_{r+1/2}(x_i)}{\partial x} \\ \left(\dfrac{\partial F_y}{\partial y}\right)_{i,j} = \sum\limits_{r=0}^{N} (F_y)_{i,\, r+1/2} \dfrac{\partial l_{r+1/2}(y_j)}{\partial y} \end{cases} \tag{6.26}$$

此外,为了保持整个算法的紧凑性,力作用项中的 $\nabla\phi$ 也通过 SD 格式进行离散。其计算方法与对流项相同,唯一不同的是在单元界面处,只需简单地取两侧的平均值。

2. SD 离散 C-H 方程

与式(6.21)类似,式(6.1)也可以写成如下的守恒形式:

$$\frac{\partial \phi}{\partial t} + \frac{\partial G_x}{\partial x} + \frac{\partial G_y}{\partial y} = M \nabla^2 \mu_\phi \tag{6.27}$$

式中, G_x 和 G_y 为通量。它们的表达式为

$$\begin{cases} G_x = u\phi \\ G_y = v\phi \end{cases} \tag{6.28}$$

式中, u 和 v 为速度矢量 $\boldsymbol{u}$ 的分量。与式(6.23)和式(6.24)类似,式(6.27)中的解和通量的重构分别为

$$\phi(x,\, y) = \sum_{j=1}^{N} \sum_{i=1}^{N} \phi_{i,j} h_i(x) h_j(y) \tag{6.29}$$

$$\begin{cases} G_x(x,\ y) = \sum_{j=1}^{N} \sum_{i=0}^{N} (G_x)_{i+1/2,\ j} l_{i+1/2}(x) h_j(y) \\ G_y(x,\ y) = \sum_{j=0}^{N} \sum_{i=1}^{N} (G_y)_{i,\ j+1/2} h_i(x) l_{j+1/2}(y) \end{cases} \tag{6.30}$$

与 DVBE 不同的是,C－H 方程是一个非线性方程,基于 Roe 格式计算的单元界面通量为

$$\begin{cases} G_{j+\frac{1}{2}} = \dfrac{G_j + G_{j+1}}{2} - \dfrac{1}{2} |\bar{\phi}_{j+\frac{1}{2}}| (\phi_{j+1} - \phi_j) \\ \bar{\phi}_{j+\frac{1}{2}} = \dfrac{G_{j+1} - G_j}{\phi_{j+1} - \phi_j} \end{cases} \tag{6.31}$$

与式(6.26)类似,式(6.27)中的通量的导数插值多项式为

$$\begin{cases} \left(\dfrac{\partial G_x}{\partial x}\right)_{i,\ j} = \sum_{r=0}^{N} (G_x)_{r+1/2,\ j} \dfrac{\partial l_{r+1/2}(x_i)}{\partial x} \\ \left(\dfrac{\partial G_y}{\partial y}\right)_{i,\ j} = \sum_{r=0}^{N} (G_y)_{i,\ r+1/2} \dfrac{\partial l_{r+1/2}(y_j)}{\partial y} \end{cases} \tag{6.32}$$

C－H 方程是一个复杂的四阶偏微分方程,它包含二阶和四阶偏导数项。对于二阶偏导数项 $\nabla^2\phi$,可采用以下的策略进行离散。将 $\nabla^2\phi$ 视为梯度的复合形式,即 $\nabla^2\phi = \nabla(\nabla\phi)$。首先,采用上述离散力作用项中 $\nabla\phi$ 的方法来处理 $\nabla\phi$。然后,将 $\nabla\phi$ 设为变量,并以相同的方式对其梯度进行离散。类似地,将四阶偏导数项 $\nabla^4\phi$ 写成 $\nabla^2(\nabla^2\phi)$,就可以采用相同的策略来处理。

3. 时间离散

为了提高计算的稳定性,将式(6.21)改写为半隐式形式:

$$\frac{\partial g_\alpha}{\partial t} + \frac{\partial F_x}{\partial x} + \frac{\partial F_y}{\partial y} = \frac{1}{2}(\Omega_\alpha^{n+1} + G_\alpha^{n+1} + \Omega_\alpha^n + G_\alpha^n) \tag{6.33}$$

式中,上标 n 和 $n+1$ 分别为当前时间层和下个时间层。为了消除隐式性,可以引入一个新的分布函数,该函数与 Guo 和 Zhao[39] 的工作相似:

$$\bar{g}_\alpha = g_\alpha - \frac{\Delta t}{2}(\Omega_\alpha + G_\alpha) \tag{6.34}$$

式中,Δt 为时间步长。将式(6.34)代入式(6.33),则有

$$\bar{g}_\alpha^{n+1} = g_\alpha^n - \Delta t\left[\frac{\partial F_x}{\partial x} + \frac{\partial F_y}{\partial y} - \frac{1}{2}(\Omega_\alpha^n + G_\alpha^n)\right] \tag{6.35}$$

通过取新分布函数的零阶和一阶矩,速度矢量和压强的计算表达式为

$$\begin{cases} \boldsymbol{u} = \dfrac{1}{\rho}\left[\dfrac{1}{c_s^2}\sum_{\alpha}\bar{g}_{\alpha}\boldsymbol{e}_{\alpha} + \dfrac{\Delta t}{2}(\mu_{\phi}\nabla\phi + \boldsymbol{F}_b)\right] \\ p = \sum_{\alpha}\bar{g}_{\alpha} + \dfrac{\Delta t}{2}(\rho_h - \rho_l)c_s^2\boldsymbol{u}\cdot\nabla\phi \end{cases} \tag{6.36}$$

这样,就可以计算下一个时间步上的平衡分布函数。此外,下一个时间步上分布函数的计算表达式为

$$g_{\alpha}^{n+1} = \frac{\bar{g}_{\alpha}^{n+1} + \dfrac{\Delta t}{2\tau_v}(g_{\alpha}^{eq})^{n+1} + \dfrac{\Delta t}{2}G_{\alpha}^{n+1}}{1 + \dfrac{\Delta t}{2\tau_v}} \tag{6.37}$$

对于式(6.27),将采用三阶 TVD Runge-Kutta 格式[40]进行时间离散:

$$\begin{cases} \phi^{(1)} = \phi^n + \Delta t R(\phi^n) \\ \phi^{(2)} = \dfrac{3}{4}\phi^n + \dfrac{1}{4}\phi^{(1)} + \dfrac{1}{4}\Delta t R(\phi^{(1)}) \\ \phi^{n+1} = \dfrac{1}{3}\phi^n + \dfrac{2}{3}\phi^{(2)} + \dfrac{2}{3}\Delta t R(\phi^{(2)}) \end{cases} \tag{6.38}$$

式中,

$$R(\phi) = -\left(\frac{\partial G_x}{\partial x} + \frac{\partial G_y}{\partial y}\right) + M\nabla^2\mu_{\phi} \tag{6.39}$$

4. 边界条件

为了在 DVBE 中实施边界条件,本节采用非平衡外推法[41],该方法准确且稳定。一旦在边界上获得分布函数,就可以直接计算边界上的通量。

另一方面,在数值求解 C－H 方程的过程中,需要处理两种物理边界条件,即边界与流体之间的相互作用。其中一个是关于 $\nabla^2\mu_{\phi}$ 的边界条件,它确保质量守恒定律:

$$\boldsymbol{n}\cdot\nabla\mu_{\phi}\Big|_{\text{wall}} = 0 \tag{6.40}$$

式中,$\boldsymbol{n}$ 为物面的外法向矢量。另一个是无滑移边界条件,用以计算 $\nabla^2\phi$:

$$\boldsymbol{n}\cdot\nabla\phi\Big|_{\text{wall}} = 0 \tag{6.41}$$

6.1.3　数值模拟与结果讨论

本小节通过数值模拟几个典型的基准问题来验证本节提出的 SD - PFLBM。这些基准问题包括 Zalesak 盘的刚体旋转、分层 Poiseuille 流、剪切流中的气泡变形以及静止流场中的气泡合并。主要检验该方法在界面捕获精度、减少耗散和模拟具有密度比和黏性比问题方面的性能。

1. Zalesak 盘的刚体旋转

图 6.2　Zalesak 盘的初始形状和位置

Zalesak 盘的刚体旋转问题是一个用于验证界面捕捉方程解的典型基准案例。如图 6.2 所示，初始时，一个带有槽道的盘子被放置在一个方形计算域的中心，该计算域的大小为 $L\times L$。盘子的半径和槽道宽度分别设置为 $0.4L$ 和 $0.08L$。给定一个驱动盘子旋转的速度场：

$$\begin{cases} u = -U_0\pi\left(\dfrac{y}{L} - 0.5\right) \\ v = U_0\pi\left(\dfrac{x}{L} - 0.5\right) \end{cases} \tag{6.42}$$

式中，U_0 为速度强度。在本小节的模拟中，$L = 80$，$U_0 = 0.02$ 和 0.04。

从理论上讲，盘子的界面应该在一个周期 $T = 2L/U_0$ 后与初始位置重合。在这个情况下，只需求解界面运动方程(6.1)。与界面相关的参数设置为 $\varepsilon = 0.1$ 和 $\sigma = 0.04$。选用 80×80 的均匀计算网格。所有边界使用周期性边界条件。引入了无量纲的 Peclet 数(Pe)，其定义为

$$Pe = \frac{R_z U_0}{M} \tag{6.43}$$

式中，R_z 为盘子的半径。为了展示 SD - PFLBM 的稳定性和准确性，选择一个小的流动性 $M = 0.0001$，并且当 $U_0 = 0.02$ 和 0.04 时，$Pe = 6\,400$ 和 $12\,800$。为了定量展示界面捕捉的准确性，可以计算序参量的全局相对误差 E_ϕ：

$$E_\phi = \frac{\sum_{\boldsymbol{x}} |\phi(\boldsymbol{x}, t) - \phi(\boldsymbol{x}, 0)|}{\sum_{\boldsymbol{x}} |\phi(\boldsymbol{x}, 0)|} \tag{6.44}$$

式中，$\phi(\boldsymbol{x}, t)$ 为 t 时刻 $\boldsymbol{x}$ 位置处的序参数；$\phi(\boldsymbol{x}, 0)$ 为初始时刻相同位置处的序参数。

图 6.3 展示了 $Pe = 6\,400$ 时，$N = 2$、3、4、5 的界面形状在一个周期内的演变过程。当 $N = 2$ 时，槽道的位置发生了偏移，且槽道拐角处的初始锐利界面在 $t = T$ 时变得光滑。随着 N 值的增加，旋转过程中的界面变形减小。当 $N \geqslant 4$ 时，一个周期后的界面形状几乎与初始状态相同。此外，盘子边缘上也不呈锯齿状。

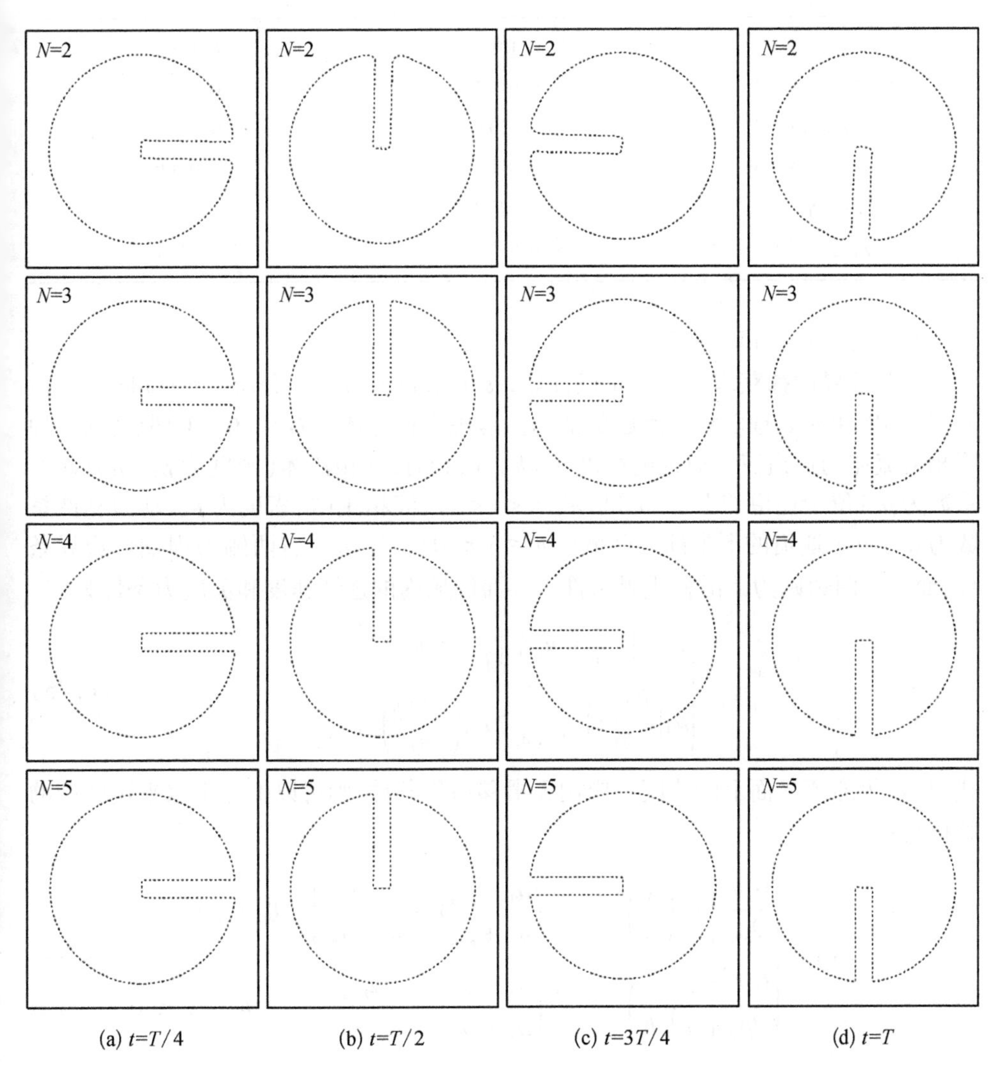

图 6.3　$Pe = 6\,400$ 时 $N = 2$、3、4、5 的界面形状在一个周期内的演变过程

为了定量比较本节方法与基于 LB 模型的 C－H 方程[23] 和 Allen-Cahn 方程（比 C－H 方程具有更少的数值耗散性）[42] 之间的差异，表 6.1 给出了相应的 E_ϕ。可以看出，较高的阶数可以得到更满意的结果。此外，当 $N > 2$ 时，本节方法的相对误差小于先前研究[23,42] 中的相对误差。特别是当 $U_0 = 0.04$ 时，文献[23]中的模

型会变得不稳定，而本节方法始终是稳定的。

表 6.1　Zalesak 盘问题的序参量全局相对误差对比

结果来源	$U_0 = 0.02$	$U_0 = 0.04$
本节方法，$N = 2$	0.101 0	0.108 0
本节方法，$N = 3$	0.040 3	0.042 7
本节方法，$N = 4$	0.020 9	0.027 6
本节方法，$N = 5$	0.011 5	0.021 6
Liang 等[23]	0.095 3	—
Wang 等[42]	0.043 4	0.049 1

2. 分层 Poiseuille 流

在验证界面捕获求解器的正确性后，接下来将通过模拟分层 Poiseuille 流来检验 SD－PFLBM 处理多相流问题的能力。考虑由恒定体力 $\boldsymbol{G} = (G_x, 0)$ 驱动的两种不相溶流体的通道流。通道的高度为 $2h$。初始时，气相流体（密度为 ρ_l、动力黏性系数为 μ_l）位于通道的上半部分区域（$0<y<h$），液相流体（密度为 ρ_h、动力黏性系数为 μ_h）位于通道的下半部分区域（$-h \leqslant y \leqslant 0$）。通道左右两侧为周期性边界条件，而上下两边则为无滑移边界条件。界面区域内的连续速度和剪应力条件为[43]

$$\begin{cases} u_{x,l}\big|_{y=0} = u_{x,h}\big|_{y=0} = u_c \\ \mu_l\left(\dfrac{\partial u_{x,l}}{\partial y}\right)\Bigg|_{y=0} = \mu_h\left(\dfrac{\partial u_{x,h}}{\partial y}\right)\Bigg|_{y=0} \end{cases} \tag{6.45}$$

式中，u_c 为通道界面上的速度。应用无滑移边界条件，则可以推导出水平速度型的解析解：

$$u_x^*(y) = \begin{cases} \dfrac{G_x h^2}{2\mu_l}\left[-\left(\dfrac{y}{h}\right)^2 - \dfrac{y}{h}\left(\dfrac{\mu_l - \mu_h}{\mu_l + \mu_h}\right) + \dfrac{2\mu_l}{\mu_l + \mu_h}\right], & 0 < y \leqslant h \\ \dfrac{G_x h^2}{2\mu_h}\left[-\left(\dfrac{y}{h}\right)^2 - \dfrac{y}{h}\left(\dfrac{\mu_l - \mu_h}{\mu_l + \mu_h}\right) + \dfrac{2\mu_h}{\mu_l + \mu_h}\right], & -h \leqslant y \leqslant 0 \end{cases} \tag{6.46}$$

G_x 与 u_c 有关，即 $G_x = u_c(\mu_l+\mu_h)/h^2$。为了定量展示本节方法在不同阶数下的准确性，并与现有文献中的结果进行比较，可以计算水平速度的相对误差 E_u：

$$E_u = \frac{\sum_y | u_x(y, t) - u_x^*(y) |}{\sum_y | u_x^*(y) |} \tag{6.47}$$

选用 2×100 的均匀计算网格。使用一个较小的 $u_c = 1\times10^{-4}$，这样就能满足不可压的限制并确保计算的稳定性。其他相关参数设置为 $\varepsilon = 0.4$、$\sigma = 0.001$ 和 $M = 0.5$。此外，密度比 ρ_h/ρ_l 和黏性比 μ_h/μ_l 都设为 10。如图 6.4 所示，将本节方法不同阶数（$N = 2$、3、4）的水平速度型与解析解进行比较。可以看出，精度越高，数值结果越接近解析解。如表 6.2 所示，将不同阶数的 E_u 与其他 PFLB 模型[44-46]的 E_u 进行比较。当 $N = 4$ 时，本节方法的相对误差远小于其他模型。

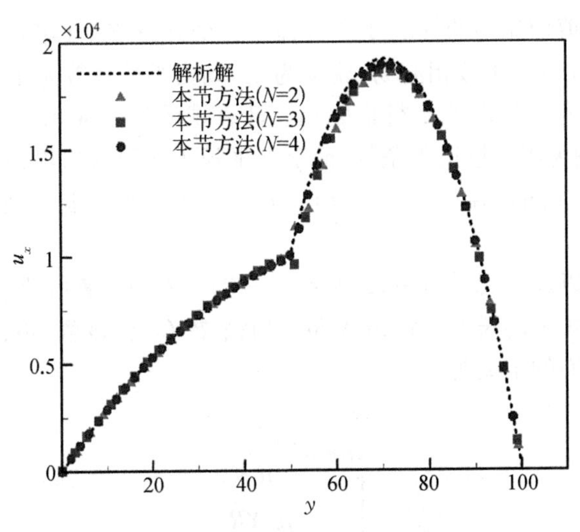

图 6.4　分层 Poiseuille 流中不同阶数的水平速度型与解析解的比较

表 6.2　分层 Poiseuille 流问题的水平速度相对误差对比

结果来源	E_u
本节方法，$N = 2$	2.7×10^{-2}
本节方法，$N = 3$	1.5×10^{-2}
本节方法，$N = 4$	3.6×10^{-3}
Ren 等[44]	1.0×10^{-2}
Fakhari 和 Bolster [45]	6.2×10^{-2}
Liang 等[46]	8.9×10^{-3}

与标准 LBM 相比，由于 CFL 数（C_{CFL}）的限制，SD - PFLBM 的计算效率较慢。在标准 LBM 中，C_{CFL} 可以达到 1，时间步长等于空间步长。然而，SD - PFLBM 的

C_{CFL} 需要满足以下条件：

$$\Delta t = C_{\mathrm{CFL}} \frac{\min(\Delta x,\ 2\tau_{\mathrm{v}})}{2N + 1} \tag{6.48}$$

虽然可以采用半隐式时间推进法以缓解由于碰撞松弛时间 τ_{v} 引起的限制，但时间步长 Δt 仍然受到限制，因为 C_{CFL} 的最大值只能是 0.1。这是其他 LBM（如基于有限差分的 LBM）也存在的普遍问题。

3. 剪切流中的气泡变形

接下来模拟剪切流中的气泡变形过程。一个圆形气泡（半径为 R、密度为 ρ_{l}、动力黏性系数为 μ_{l}）位于液相流场（密度为 ρ_{h}、动力黏性系数为 μ_{h}）中，流场由两个朝相反方向以速度 U 移动的平行板驱动。计算域的宽度 W 和高度 H 分别为 $10R$ 和 $5R$。左右两侧为周期性边界条件，而上下平板为无滑移边界条件。气泡在剪切力和表面张力的共同作用下发生变形，当两个力达到平衡时，它可以达到稳定状态。

气泡变形可以通过无量纲参数 $De = (L - B)/(L + B)$ 来测量，其中 L 和 B 分别表示气泡长轴和短轴的长度。雷诺数 Re 和毛细数 Ca 会显著影响气泡的流动特性和稳态形状。它们的定义为

$$\begin{cases} Re = \dfrac{\rho_{\mathrm{h}} \chi R^2}{\mu_{\mathrm{h}}} \\ Ca = \dfrac{\mu_{\mathrm{h}} \chi R}{\sigma} \end{cases} \tag{6.49}$$

式中，$\chi = 2U/H$ 为剪切率。选用 80×40 的均匀计算网格。相关参数设置为 $\varepsilon = 0.4$、$\sigma = 0.001$、$M = 0.5$、$\rho_{\mathrm{h}}/\rho_{\mathrm{l}} = 1\,000$、$\mu_{\mathrm{h}}/\mu_{\mathrm{l}} = 100$ 和 $H/R = 5$。此外，为了使得流动达到 Stokes 流状态，雷诺数设为 $Re \leqslant 0.1$。同时，毛细数的取值范围为 $0.025 \leqslant Ca \leqslant 0.4$。图 6.5 给出了 $N = 4$，$Ca = 0.05$、0.1、0.2 和 0.4 时气泡的稳态界面变形结果。

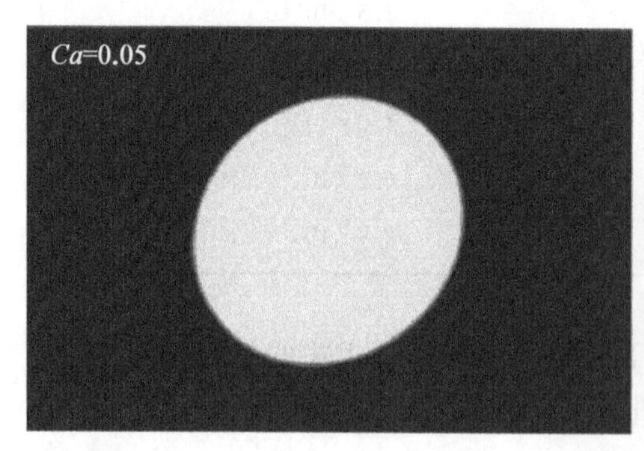

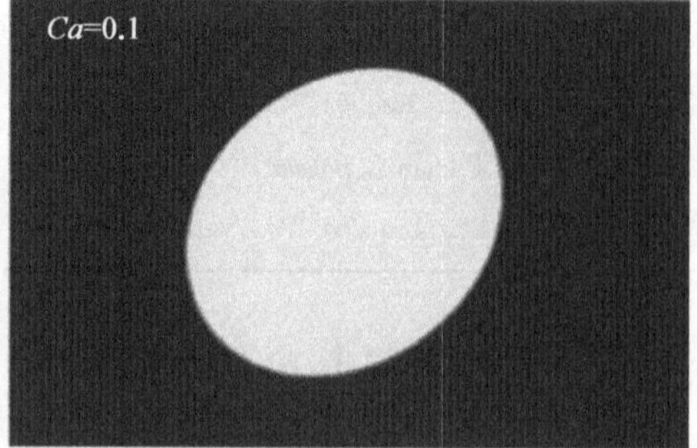

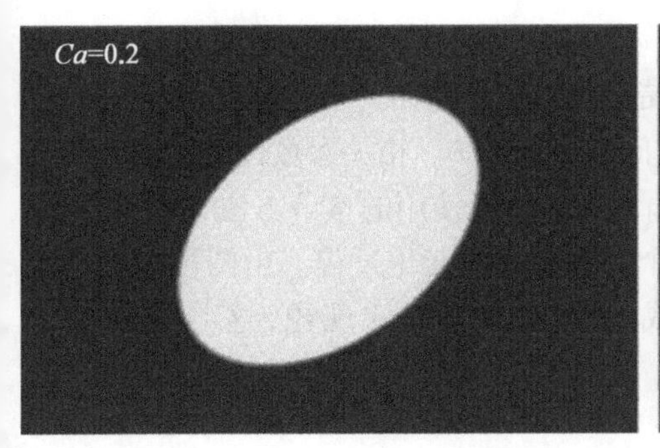

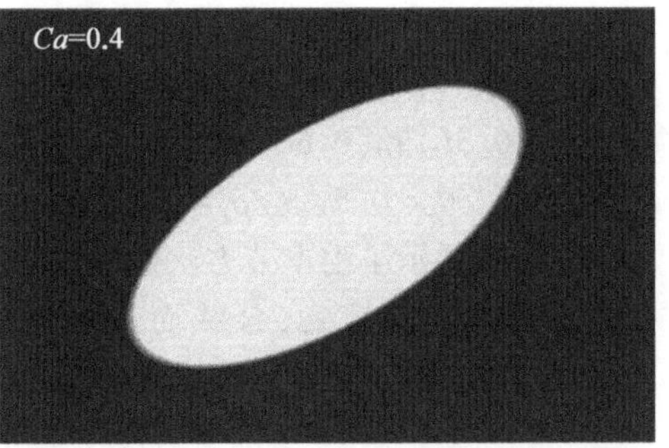

图 6.5　剪切流中不同毛细数下的稳态气泡

此外,如图 6.6 所示,将 $N=3$ 和 4 时的稳态变形参数 De 与 Taylor[47] 的理论预测 $\left(De = Ca\dfrac{19\mu_l + 16\mu_h}{16\mu_l + 16\mu_h}\right)$ 以及 Zhang 等[48] 的 N - S/C - H 结果进行比较。与 N - S/C - H 解相比,当前结果更好地符合理论解。因此,本节方法在模拟具有密度比和黏性比的多相流问题时,能提供更准确的解。

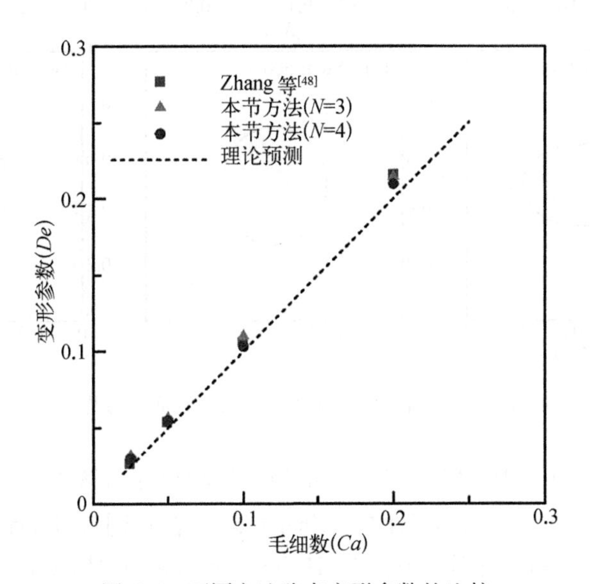

图 6.6　不同方法稳态变形参数的比较

4. 静止流场中的气泡合并

为了验证本节方法在模拟涉及复杂界面变形和减少耗散以保持质量守恒方面的多相流问题的有效性,将进一步模拟静止流场中的气泡合并问题。在密度为 ρ_h、动力黏性系数为 μ_h 的静止流体中,有两个圆形的气泡,其密度为 ρ_l、动力黏性系数为 μ_l。当两个气泡之间的初始间隙小于界面厚度的两倍时,气泡将由于表面张力而合并[14]。计算域尺寸为 $L\times L$,选用 80×80 的均匀计算网格。所有边界都为周期性边界条件。两个气泡的直径相同,都为 $0.3L$。初始时刻,它们分别放置在 $(0.34L,\ 0.5L)$ 和 $(0.66L,\ 0.5L)$ 处,所以间隙为 $0.02L$。相关参数设置为 $\varepsilon = 0.4$、$\sigma = 0.001$、$M = 0.5$、$\rho_h/\rho_l = 100$ 和 $\mu_h/\mu_l = 10$。对于使用的本节方法,取 $N = 4$。

图 6.7 展示了由本节方法模拟的两个气泡合并的变化过程。由图可以清楚地观察到两个气泡接触、合并而最终形成一个更大气泡的现象,这与先前的研究[14,48]类似。

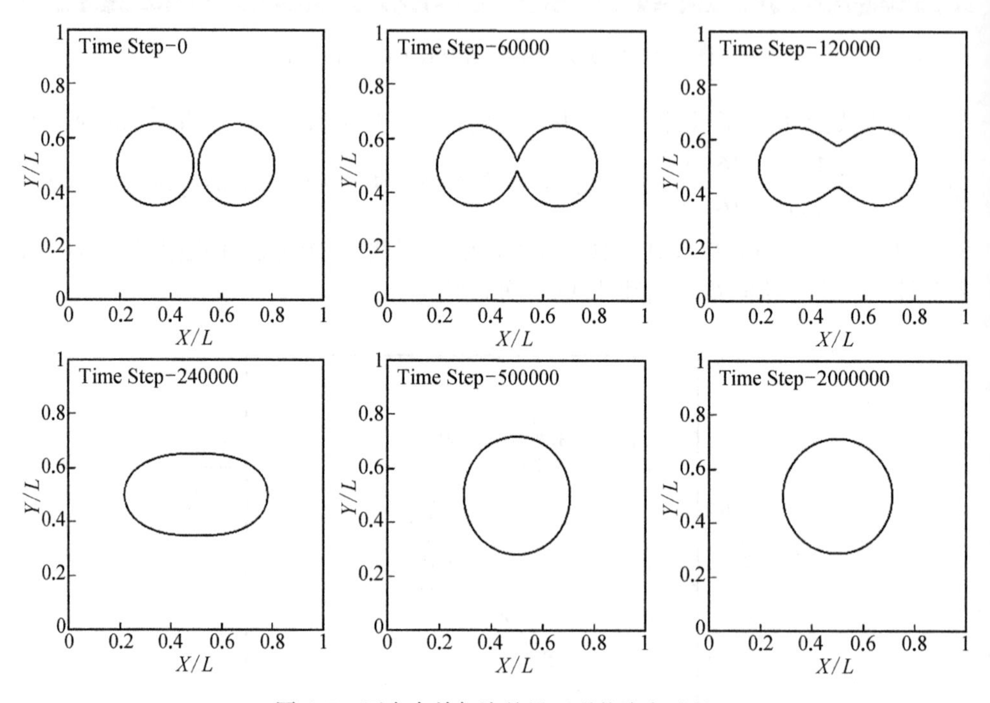

图 6.7　两个合并气泡的界面形状演变过程

图 6.8 比较了由 SD－PFLBM 计算的稳态气泡尺寸与解析解以及 Zhang 等[48]的 N－S/C－H 结果。需要说明的是,Zhang 等[48]在相同尺寸的计算域内使用了 200×200 的计算网格。此外,对于 C－H 方程,他们采用二阶 van Leer 迎风格式来离散对流项,而采用二阶中心差分格式来离散拉普拉斯项。从图中可以看出,由本节方法获得的界面与解析解一致。而在 Zhang 等[48]的研究中,界面所围成区域的面积与解析解相比减少了 8.42%。由此证明,本节方法的高精度性质可以减少耗散并保持质量守恒。为了定量地展示本节方法的精度,图 6.9 显示了气泡合并开始后颈部半径随时间变化的过程。由图可知,变化曲线斜率的演变遵循幂次关系[49]。

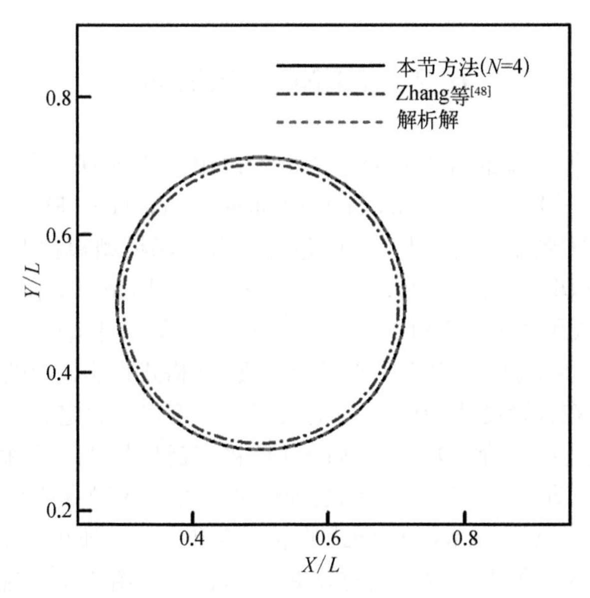

图 6.8 不同方法稳态气泡尺寸的比较

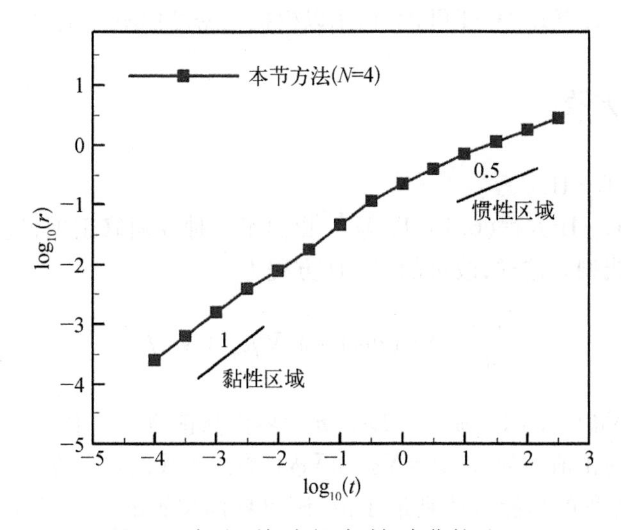

图 6.9 气泡颈部半径随时间变化的过程

本节提供了一种 SD - PFLBM,用于模拟不可压两相流问题。通过将高阶 SD 用于离散求解流场的 DVBE 和捕捉界面的 C - H 方程,该方法能够减少耗散并准确捕捉两相流界面。在此方法中,通过增加单元局部多项式的阶数(即解点的数量),可以轻松实现高精度。同时,该方法仍能保持标准 LBM 的局部特性,因为每个单元只需要自己的信息来完成离散化。由于离散求解的是 DVBE, SD - PFLBM 的实现更容易,可以将其视为高阶多相流 N - S 求解器的替代方案。

6.2 WENO－PFLBM

除了 SD 之外，传统的有限差分方法也可被用于离散 DVBE。目前，基于有限差分的 LBM(finite difference-based lattice Boltzmann method，FDLBM)[39,50]因其易用性和稳定性而得到了广泛应用，其中包括结合相场模型模拟两相流问题[51,52]。然而，该多相流 FDLBM 是基于传统的二阶 FD 格式。Hejranfar 和 Ezzatneshan[53]将四阶紧致 FD 格式用于离散 DVBE 中的对流项，提出了一种适用于大密度比多相流问题的高阶 FDLBM。然而，由于中心高阶紧致 FD 格式是非耗散的，因此必须采用滤波操作。但是在大密度比的情况下，计算可能会变得不稳定。

作为一种优秀的高阶 FD 格式，WENO 已被广泛应用于可压缩和不可压 LBM 中，以解决各种流动问题[54-56]。然而，目前尚未有关于 WENO 应用于多相流 LB 模型的研究。值得注意的是，WENO 格式的准确度和迎风性质可能对稳定大密度比和高雷诺数的多相流模拟产生有益的效果。为此，本节给出了一种基于 WENO 的相场格子 Boltzmann 方法(weighted essentially non-oscillatory－phase field lattice Boltzmann method，WENO－PFLBM)，用以模拟大密度比不可压两相流问题。

6.2.1 控制方程

1. 改进的 C－H 方程

针对原始 C－H 方程(6.1)，Li 等[57]提出了一种界面修正项，进而使界面能保持双曲正切的线型。这样，改进的 C－H 方程为

$$\frac{\partial \phi}{\partial t}+\nabla\cdot(\boldsymbol{u}\phi)=M\nabla^2\mu_\phi+\nabla\cdot\boldsymbol{J}_\phi \tag{6.50}$$

式中，$\boldsymbol{J}_\phi=\lambda\left[|\nabla\phi|-\phi(1-\phi)/(\sqrt{2}\varepsilon)\right]\boldsymbol{n}$ 为界面修正项。其中，λ 是与流体速度和界面能量有关的正值参数，而 $\boldsymbol{n}=\nabla\phi/|\nabla\phi|$ 为外法线向量。在一般情况下，为了使原始 C－H 方程的总能量达到最小值，调整界面位置的策略可能会引发非物理体积损失。这将导致界面变得更薄，同时界面内的网格数量也会相应减少，从而可能引发数值不稳定的问题。因此，界面修正项对于确保计算稳定性具有很好的效果，尤其是在大密度比的情况下。

2. 离散速度 Boltzmann 方程

与式(6.4)略有不同，本节采用的 DVBE 为

$$\frac{\partial f_\alpha}{\partial t}+\boldsymbol{e}_\alpha\cdot\nabla f_\alpha=-\frac{(f_\alpha-f_\alpha^{\mathrm{eq}})}{\tau_{\mathrm{v}}}+F_\alpha \tag{6.51}$$

式中，F_α 为与力相关的函数。平衡分布函数采用 Fakhari 等[22]提出的基于速度的形式：

$$f_\alpha^{\mathrm{eq}} = p^* \omega_\alpha + (\Gamma_\alpha - \omega_\alpha) \tag{6.52}$$

式中，$p^* = p/(\rho c_s^2)$ 为归一化的压强。与 6.1 节相同，本节也采用 $D2Q9$ 模型。因此，$\boldsymbol{e}_\alpha$、Γ_α 和 ω_α 的取值分别与式(6.5)、式(6.6)和式(6.8)一致。

对于力函数 F_α，本节采用 Guo 等[58]提出的模型：

$$F_\alpha = \omega_\alpha \left[\frac{\boldsymbol{e}_\alpha}{c_s^2} + \frac{(\boldsymbol{e}_\alpha \cdot \boldsymbol{u})\boldsymbol{e}_\alpha - \boldsymbol{u}c_s^2}{c_s^4} \right] \cdot \frac{\boldsymbol{F}}{\rho} \tag{6.53}$$

式中，力矢量 $\boldsymbol{F}$ 的定义为

$$\boldsymbol{F} = \boldsymbol{F}_\mathrm{b} + \boldsymbol{F}_\mathrm{s} + \boldsymbol{F}_\mathrm{v} + \boldsymbol{F}_\mathrm{p} \tag{6.54}$$

式中，$\boldsymbol{F}_\mathrm{v}$ 和 $\boldsymbol{F}_\mathrm{p}$ 分别为与黏性应力和压强有关的力矢量。它们的定义为

$$\begin{cases} \boldsymbol{F}_\mathrm{v} = \nu(\nabla \boldsymbol{u} + \nabla \boldsymbol{u}^\mathrm{T}) \cdot \nabla\rho \\ \boldsymbol{F}_\mathrm{p} = -p^* c_s^2 \nabla\rho \end{cases} \tag{6.55}$$

对于表面张力矢量 $\boldsymbol{F}_\mathrm{s}$，本节采用 Kim[35]提出的形式：

$$\boldsymbol{F}_\mathrm{s} = -\varepsilon\beta\sigma \nabla \cdot \left(\frac{\nabla\phi}{|\nabla\phi|} \right) |\nabla\phi| \nabla\phi \tag{6.56}$$

通过 Chapman-Enskog 展开分析，式(6.51)可以恢复到与式(6.16)相同的宏观动量方程。需要注意的是，除非特殊说明，本节使用的 DVBE 和 C－H 方程中的其他相关参数的定义和计算方式与 6.1 节保持一致。

6.2.2　方程的离散

1. 空间离散

本节采用由 Jiang 和 Shu 提出的五阶 WENO－JS 格式[59]来离散 DVBE 和改进 C－H 方程中的对流项，以使数值耗散能够达到最小化。式(6.51)的半离散化形式为

$$\begin{aligned} &\frac{\partial f_{\alpha,i,j}}{\partial t} + \frac{e_{\alpha x}}{\Delta x}(f_{\alpha,i+1/2,j} - f_{\alpha,i-1/2,j}) + \frac{e_{\alpha y}}{\Delta y}(f_{\alpha,i,j+1/2} - f_{\alpha,i,j-1/2}) \\ &= -\frac{(f_{\alpha,i,j} - f_{\alpha,i,j}^{\mathrm{eq}})}{\tau_\mathrm{v}} + F_{\alpha,i,j} \end{aligned} \tag{6.57}$$

式中，Δx 和 Δy 分别为 x 方向和 y 方向的网格步长；i 和 j 为每个单元的索引；$f_{\alpha,i,j}$ 和 $F_{\alpha,i,j}$ 分别为单元中心的分布函数和力函数；$f_{\alpha,i\pm 1/2,j}$ 和 $f_{\alpha,i,j\pm 1/2}$ 为单元界面上的分布函数。以 $f_{\alpha,i+1/2,j}$（简记为 $f_{\alpha,i+1/2}$）为例，介绍单元界面分布函数的计算过程。

$$f_{\alpha,i+1/2} = \sum_{k=0}^{2} \omega_k^{\mathrm{JS}} f_{\alpha,i+1/2}^k \tag{6.58}$$

式中，ω_k^{JS} 为加权系数；$f_{\alpha,i+1/2}^k$ 为当 $e_{\alpha x}>0$ 时的界面分布函数的三阶近似。在 WENO－JS 格式中，$f_{\alpha,i+1/2}^k$ 的计算表达式为

$$\begin{cases} f_{\alpha,i+1/2}^0 = \dfrac{1}{3} f_{\alpha,i-2} - \dfrac{7}{6} f_{\alpha,i-1} + \dfrac{11}{6} f_{\alpha,i} \\ f_{\alpha,i+1/2}^1 = -\dfrac{1}{6} f_{\alpha,i-1} + \dfrac{5}{6} f_{\alpha,i} + \dfrac{1}{3} f_{\alpha,i+1} \\ f_{\alpha,i+1/2}^2 = \dfrac{1}{3} f_{\alpha,i} + \dfrac{5}{6} f_{\alpha,i+1} - \dfrac{1}{6} f_{\alpha,i+2} \end{cases} \tag{6.59}$$

ω_k^{JS} 的计算表达式为

$$\begin{cases} \omega_k^{\mathrm{JS}} = \dfrac{\alpha_k}{\alpha_0 + \alpha_1 + \alpha_2} \\ \alpha_k = \dfrac{\gamma_k}{(\vartheta + \beta_k)^2} \end{cases} \tag{6.60}$$

式中，γ_k 为最佳权系数；ϑ 为一个小正数，以避免分母为零（一般取为 10^{-6}）；β_k 为光滑因子。在 WENO－JS 格式中，γ_k 和 β_k 分别为

$$\begin{cases} \gamma_0 = 0.1 \\ \gamma_1 = 0.6 \\ \gamma_2 = 0.3 \end{cases} \tag{6.61}$$

$$\begin{cases} \beta_0 = \dfrac{13}{12}(f_{\alpha,i-2} - 2f_{\alpha,i-1} + f_{\alpha,i})^2 + \dfrac{1}{4}(f_{\alpha,i-2} - 4f_{\alpha,i-1} + 3f_{\alpha,i})^2 \\ \beta_1 = \dfrac{13}{12}(f_{\alpha,i-1} - 2f_{\alpha,i} + f_{\alpha,i+1})^2 + \dfrac{1}{4}(f_{\alpha,i-1} - f_{\alpha,i+1})^2 \\ \beta_2 = \dfrac{13}{12}(f_{\alpha,i} - 2f_{\alpha,i+1} + f_{\alpha,i+2})^2 + \dfrac{1}{4}(3f_{\alpha,i} - 4f_{\alpha,i+1} + f_{\alpha,i+2})^2 \end{cases} \tag{6.62}$$

当把式（6.58）应用于计算域边界附近时，若需要使用边界外的点来计算 $f_{\alpha,i+1/2}^k$（如 $f_{\alpha,i+1/2}^0$），则把对应的加权系数 ω_k^{JS}（如 ω_0^{JS}）设为 0 即可。对于 $e_{\alpha x}<0$ 的

情况,可以采用与 $e_{\alpha x}>0$ 对称的方式计算 $f_{\alpha,\,i+1/2}$。$f_{\alpha,\,i-1/2,\,j}$ 以及 $f_{\alpha,\,i,\,j\pm1/2}$ 的计算过程与 $f_{\alpha,\,i+1/2,\,j}$ 的计算过程相同。

对于式(6.50)中的对流项,可以采用相同的方法进行计算。另外,由 6.1 节可知,式(6.55)中的 $\nabla\rho$ 能够转换为 $\nabla\rho=(\rho_h-\rho_l)\nabla\phi$,而式(6.50)中还包含 $\nabla^2\phi$。因此,为了保持高精度,采用各向同性中心差分[13]计算 $\nabla\phi$ 和 $\nabla^2\phi$:

$$\begin{cases}\nabla\phi=\sum\limits_{\alpha}\dfrac{\omega_{\alpha}\boldsymbol{e}_{\alpha}[\phi(\boldsymbol{x}+\boldsymbol{e}_{\alpha}\Delta t)-\phi(\boldsymbol{x}-\boldsymbol{e}_{\alpha}\Delta t)]}{2c_s^2\Delta t}\\ \nabla^2\phi=\sum\limits_{\alpha}\dfrac{\omega_{\alpha}[\phi(\boldsymbol{x}+\boldsymbol{e}_{\alpha}\Delta t)-2\phi(\boldsymbol{x})+\phi(\boldsymbol{x}-\boldsymbol{e}_{\alpha}\Delta t)]}{c_s^2\Delta t^2}\end{cases}\tag{6.63}$$

值得注意的是,与标准 LBM 中的碰撞-迁移过程相比,WENO 格式能够提高精度和稳定性。然而,它也破坏了标准 LBM 的简单性和局部性。

2. 时间离散和边界条件

对于式(6.50),本小节采用与 6.1.2 节相同的三阶 TVD Runge-Kutta 格式进行时间离散。对式(6.51),可以写成与式(6.33)相同的半隐式形式:

$$\frac{\partial f_{\alpha}}{\partial t}+\frac{\partial F_x}{\partial x}+\frac{\partial F_y}{\partial y}=\frac{1}{2}(\varOmega_{\alpha}^{n+1}+F_{\alpha}^{n+1}+\varOmega_{\alpha}^{n}+F_{\alpha}^{n})\tag{6.64}$$

式中,F_x 和 F_y 为通量;$\varOmega_{\alpha}$ 为碰撞项。它们的表达式为

$$\begin{cases}F_x=e_{\alpha x}f_{\alpha}\\ F_y=e_{\alpha y}f_{\alpha}\\ \varOmega_{\alpha}=-\dfrac{(f_{\alpha}-f_{\alpha}^{\mathrm{eq}})}{\tau_{\mathrm{v}}}\end{cases}\tag{6.65}$$

同样,引入一个新的分布函数:

$$\bar{f}_{\alpha}=f_{\alpha}-\frac{\Delta t}{2}(\varOmega_{\alpha}+F_{\alpha})\tag{6.66}$$

将式(6.66)代入式(6.64),则有

$$\bar{f}_{\alpha}^{n+1}=f_{\alpha}^{n}-\Delta t\left[\frac{\partial F_x}{\partial x}+\frac{\partial F_y}{\partial y}-\frac{1}{2}(\varOmega_{\alpha}^{n}+F_{\alpha}^{n})\right]\tag{6.67}$$

通过取新分布函数的零阶和一阶矩,压强和速度矢量的计算表达式为

$$\begin{cases}p^{*}=\sum\limits_{\alpha}\bar{f}_{\alpha}\\ \boldsymbol{u}=\sum\limits_{\alpha}\bar{f}_{\alpha}\boldsymbol{e}_{\alpha}+\dfrac{\boldsymbol{F}\Delta t}{2\rho}\end{cases}\tag{6.68}$$

这样,就可以计算下一个时间步上的平衡分布函数。此外,下一个时间步上分布函

数的计算表达式为

$$f_{\alpha}^{n+1}=\frac{\bar{f}_{\alpha}^{n+1}+\frac{\Delta t}{2\tau_{\mathrm{v}}}(f_{\alpha}^{\mathrm{eq}})^{n+1}+\frac{\Delta t}{2}F_{\alpha}^{n+1}}{1+\frac{\Delta t}{2\tau_{\mathrm{v}}}} \tag{6.69}$$

对于 $\nabla^2\mu_\phi$ 和 $\nabla^2\phi$ 的边界条件，本小节也采用与 6.1.2 节相同的方法。

6.2.3　数值模拟与结果讨论

本小节通过数值模拟几个典型的基准问题来验证所提出的 WENO－PFLBM。这些问题包括静止液滴、Rayleigh-Taylor 不稳定以及气泡上升，第一个算例用于检验当前方法的准确性，而后两个算例主要旨在检验 WENO－PFLBM 处理复杂界面演变的能力，并展示该方法在模拟大密度比和高雷诺数流动时的鲁棒性。最后，模拟液滴撞击液膜的过程，并将得到的数值结果与解析解或其他数值结果进行详细的比较。

1. 静止液滴

将半径为 R 的静止圆形液滴（密度为 ρ_h、动力黏性系数为 μ_h）放入尺寸为 $L\times L$ 的流场（密度为 ρ_l、动力黏性系数为 μ_l），并使其中心位于（0.5L，0.5L）。选用 150×150 的均匀计算网格，密度和动力黏性系数固定为 $\rho_\mathrm{h}=1\,000$、$\rho_\mathrm{l}=1$、$\mu_\mathrm{h}=10$、$\mu_\mathrm{l}=0.1$。其他相关参数设置为 $\varepsilon=0.75$、$\sigma=0.001\sim0.01$ 和 $M=0.1$。所有边界使用周期性边界条件。初始时，流场的压强为零。图 6.10（a）展示了水平中心线

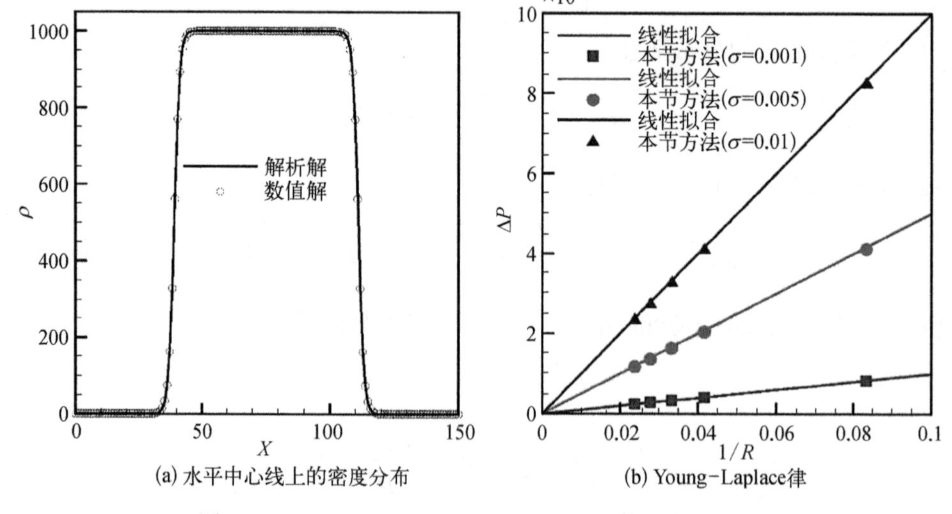

(a) 水平中心线上的密度分布　　(b) Young-Laplace律

图 6.10　$\rho_\mathrm{h}/\rho_\mathrm{l}=1\,000$ 和 $\mu_\mathrm{h}/\mu_\mathrm{l}=100$ 下的静止液滴算例

上的密度分布。可以看出,密度的值和线型与解析解非常吻合。根据 Young-Laplace 律,在平衡状态下压强跨过界面时会出现一个间跃,它的值由 $\Delta p = p_{\text{in}} - p_{\text{out}} = \sigma/R$ 确定,其中 p_{in} 和 p_{out} 分别表示液滴内外的压强。图 6.10(b)显示了压强差与不同液滴半径倒数之间的关系,当前结果再次与理论解非常吻合。

由于毛细力与压强跨界面跃变之间的不平衡,界面附近出现的非物理伪速度是 DVBE 的固有特性[60]。如果伪速度较大,可能导致界面的不合理运动甚至数值失稳。图 6.11 给出了本小节模拟的速度分布,可以看出伪速度主要存在于界面附近。当 $\sigma = 0.01$ 和 0.001 时,计算得到的最大伪速度值 $|\boldsymbol{u}_{\max}|$ 的量级分别为 10^{-9} 和 10^{-10}。对于改进的 S－C 模型[61], $|\boldsymbol{u}_{\max}|$ 的量级为 10^{-3}。对于改进的着色模型[62], $|\boldsymbol{u}_{\max}|$ 的量级为 10^{-5}。而对于大多数基于 C－H 方程的 PFLBM[23,63], $|\boldsymbol{u}_{\max}|$ 的量级能达到 10^{-5} 或 10^{-6}。基于改进的 C－H 方程和滤波操作, Zhang 等[26]发现 $|\boldsymbol{u}_{\max}|$ 的量级可以达到 10^{-8}。Liang 等[46]通过求解守恒的 Allen-Cahn 方程来捕捉界面,提出了一种精确的 PFLBM。使用该方法, $|\boldsymbol{u}_{\max}|$ 的量级降至 10^{-9}。然而,本节方法可以产生比上述所有方法都小的伪速度值。这意味着使用高阶数值方法可能是减少伪速度的有效途径。

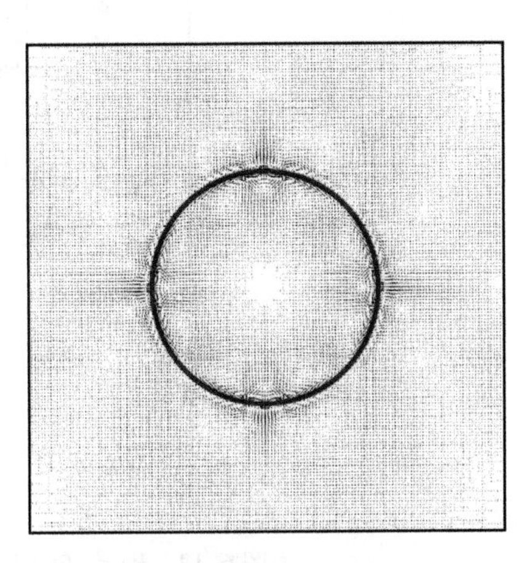

图 6.11　界面附近的伪速度

2. Rayleigh-Taylor 不稳定

Rayleigh-Taylor 不稳定是一个经典的两相流问题,它为验证所发展的方法提供了一个优良的基准算例[12,19,25]。计算域尺寸为 $d\times 4d$,里面有两种相同动力黏性系数但不同密度的流体。上下两侧是静止的固壁,左右两侧是周期性边界。初始时,重流体(密度为 ρ_{h})位于轻流体(密度为 ρ_{l})之上,界面受到某种函数形式的扰动,该函数为 $y(x) = 2d + 0.1d\cos(2\pi x/d)$。由于扰动的作用,界面将在重力作用下发生变形。影响界面拓扑结构的两个无量纲参数是阿特伍德数 At 和雷诺数 Re,它们的定义为

$$\begin{cases} At = \dfrac{\rho_{\text{h}} - \rho_{\text{l}}}{\rho_{\text{h}} + \rho_{\text{l}}} \\[2ex] Re = \dfrac{\rho_{\text{h}} d\sqrt{dg}}{\mu} \end{cases} \tag{6.70}$$

式中, g 为重力加速度的值; μ 为两种流体的动力黏性系数。在本小节的模拟中,特征速度($\sqrt{dg}$)为 0.06,参考时间($\sqrt{d/g}$)为 10 000/3,密度比为 $\rho_{\text{h}}/\rho_{\text{l}} = 3$(对应

$At = 0.5$)，$Re = 256$ 和 3 000。其他参数设为 $\varepsilon = 0.8$、$\sigma = 0.001$ 和 $M = 0.1$。选用 200×800 的均匀计算网格。

对于 $Re = 256$ 的情况，图 6.12 展示了气泡(上升的轻流体顶部)和尖端(下降的重流体底部)位置随时间的变化过程。图中还给出了传统 PFLB 求解器[19]、N-S 求解器[64]和多相流 LBFS[65]的结果。由图可知，本小节的结果与先前的研究[19,64,65]的结果很吻合。图 6.13 展示了不同时刻的界面拓扑结构。在早期阶段，

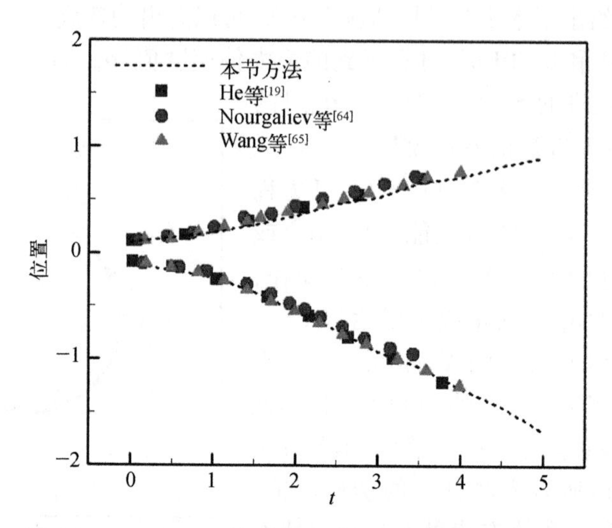

图 6.12 $Re = 256$ 时气泡和尖端位置随时间的变化过程

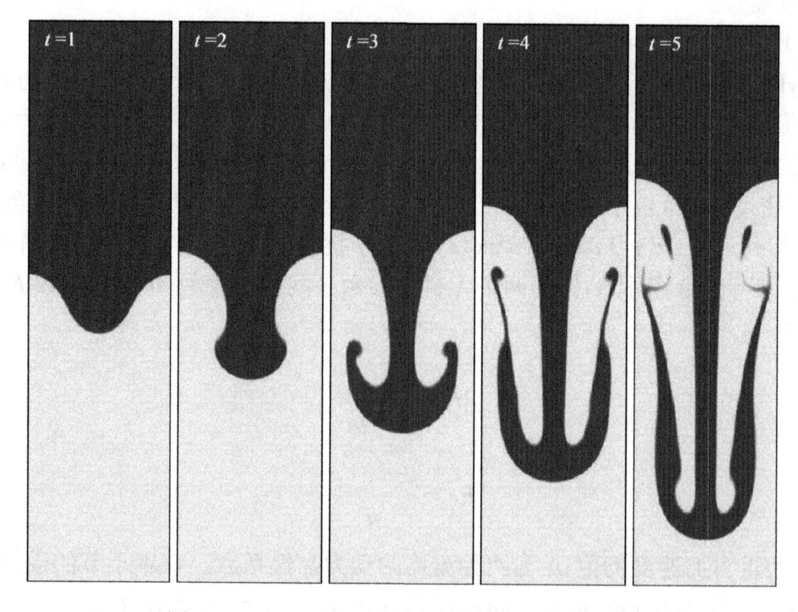

图 6.13 $Re = 256$ 时不同时刻的界面拓扑结构

可以看到正在形成的下降尖端和上升气泡。随后,重流体卷曲起来,并在下降尖端附近产生两个相邻的逆向旋转涡。随着时间的推移,这两个涡逐渐脱落,并在卷曲的末端形成一对微小液滴。这些结果与文献[19,25,64,65]中的现象保持一致。

对于 $Re = 3\,000$ 的情况,模拟变得更具挑战性。这是因为当雷诺数增大时,流体黏性的约束会变小,从而导致界面弥散现象加剧。因此,会出现更剧烈的拓扑变化。本小节模拟得到的气泡和尖端位置变化如图 6.14 所示。图中仍然包括了 N－S 求解器[12,66]和多相流 LBFS[65]的结果。这些结果相互吻合得很好。图 6.15 展示了不同

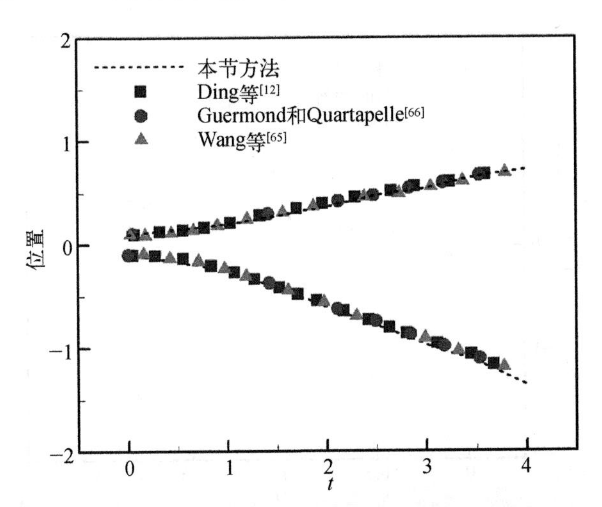

图 6.14　$Re = 3\,000$ 时气泡和尖端位置随时间的变化过程

图 6.15　$Re = 3\,000$ 时不同时刻的界面拓扑结构

时刻的界面拓扑结构。与图 6. 13 相比,可以清晰地观察到类似的现象,如卷曲和次级涡。这些结果说明本节方法具有模拟包含复杂界面演化的多相流问题的能力。

为了展示本节方法的稳定性,接下来模拟大密度比和高雷诺数条件下的 Rayleigh-Taylor 不稳定问题。与以前的研究[67,68]一样,选用密度比为 1 000(对应 $At = 0.998$)、黏性比为 100 和 $Re = 3\ 000$ 的参数进行数值模拟。图 6. 16 展示了气泡和尖端位置随时间的变化过程。可以看到,本小节的结果与文献[67,68]中的结果依然能吻合得很好。不同时刻的界面拓扑结构如图 6. 17 所示,与低密度比情况

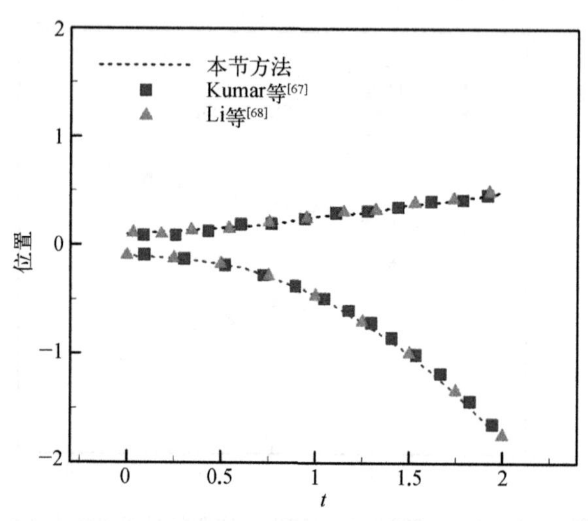

图 6. 16　大密度比和高雷诺数时气泡和尖端位置随时间的变化过程

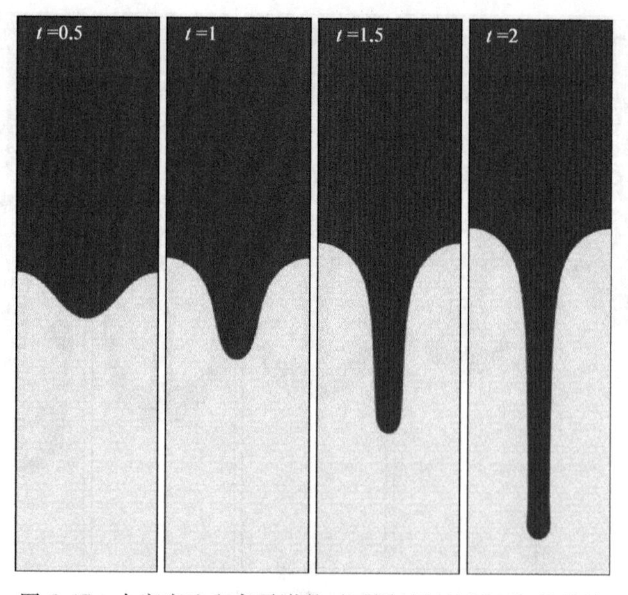

图 6. 17　大密度比和高雷诺数时不同时刻的界面拓扑结构

(图 6.15)相比,大密度比的结果有明显的差异。这些结果与文献[67,68]中的现象保持一致。该算例表明,本节的 WENO - PFLBM 具有模拟大密度比和高雷诺数多相流问题的能力。

3. 气泡上升

为了检验 WENO - PFLBM 的鲁棒性,接下来模拟具有大密度比和复杂界面变化特征的气泡上升过程。气泡的密度为 ρ_l、动力黏性系数为 μ_l,其周围流体的密度为 ρ_h、动力黏性系数为 μ_h。计算域的尺寸为 $2D \times 4D$, D 是气泡直径。初始时,气泡位于(D, D)的位置。左右两侧使用周期性边界条件,上下壁面使用无滑移边界条件。本问题的两个关键无量纲参数是雷诺数 Re 和奥托斯数 Eo,它们的定义为

$$\begin{cases} Re = \dfrac{\rho_h D\sqrt{Dg}}{\mu_h} \\ Eo = \dfrac{\rho_h g D^2}{\sigma} \end{cases} \tag{6.71}$$

在本小节的模拟中,考虑大密度比($\rho_h/\rho_l = 1\,000$)和大黏性比($\mu_h/\mu_l = 100$)的情况。参考时间($\sqrt{D/g}$)为 $1\,000\sqrt{10}$, $Re = 35$, $Eo = 10$、50 和 125。其他参数设为 $\varepsilon = 0.85$、$\sigma = 0.001$ 和 $M = 0.1$。选用 200×400 的均匀计算网格。

图 6.18 展示了三个 Eo 值下上升气泡的界面形状变化过程。当 $Eo = 10$ 时,气泡后缘的变形较小,这是因为表面张力相对于其他力占主导地位。当 $Eo = 50$ 时,在黏性力影响下,浮力大于表面张力,导致通过拉伸而产生的更大变形,并最终导致两侧尾巴的形成。当 $Eo = 125$ 时,这个变形过程更加明显,伴随着尾巴的裙边形状进一步延长和拉直。WENO - PFLBM 的气泡变形结果与其他方法[63,68]给出的结果非常相似。

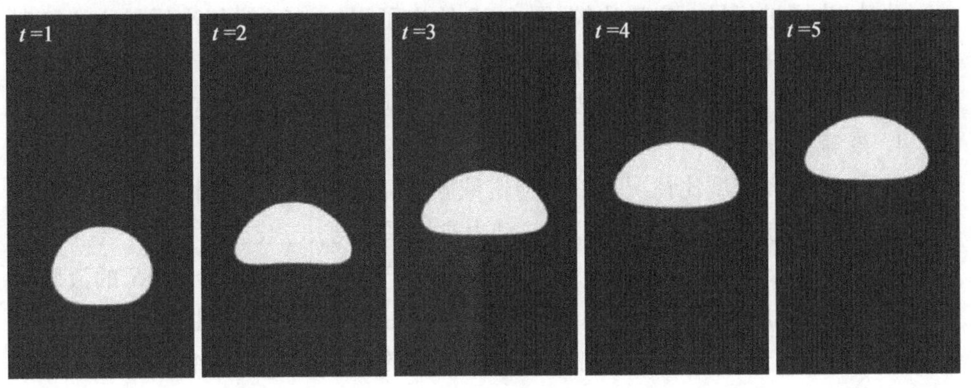

(a) Eo=10

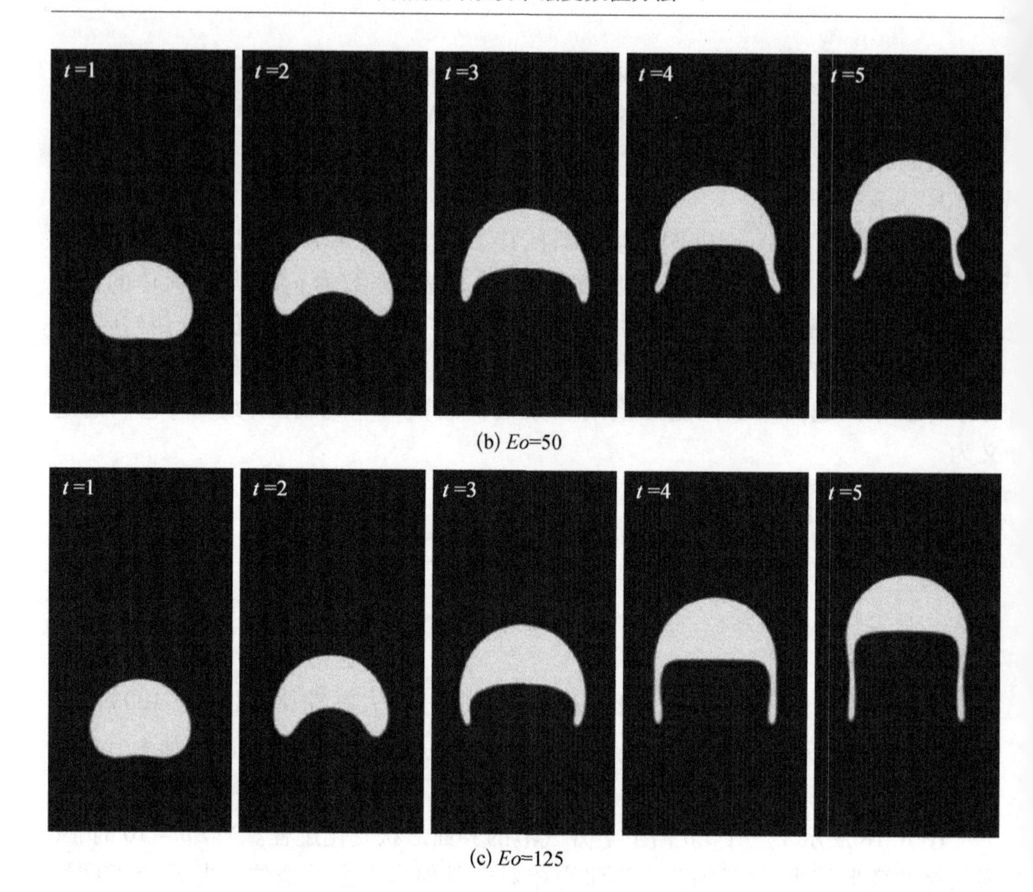

(b) Eo=50

(c) Eo=125

图 6.18　上升气泡的界面形状变化过程

为了进一步定量地展示本节方法的性能，t = 4 时刻的气泡界面位置和形状如图 6.19 所示。图中还包括 N－S/C－H 的结果[48]。可以看出，本小节的结果与先前的结果相当吻合。

此外，为了进行另一定量比较，图 6.20 给出了 Eo = 125 时气泡质量中心随时间的变化过程。图中还包括高精度的结果[63,69]。由图可知，本小节的结果与先前研究的结果一致，这说明本节方法模拟复杂多相问题的准确性和有效性。

4. 液滴撞击液膜

最后，考虑大密度比情况下液滴撞击液膜的复杂问题。一个半径为 R、初始速度为 U = 0.01 的圆形液滴（密度为 ρ_h、动力黏性系数为 μ_h）被放置在一个零重力环境中（密度为 ρ_l、动力黏性系数为 μ_l），且刚好位于一个厚度为 H = 0.5R 的液膜上方。计算域的宽度和高度分别为 20R 和 5R。左右两边使用周期性边界条件，上下两边使用无滑移边界条件。影响液滴撞击特性的两个主要无量纲参数是雷诺数 Re 和韦伯数 We，它们的定义为

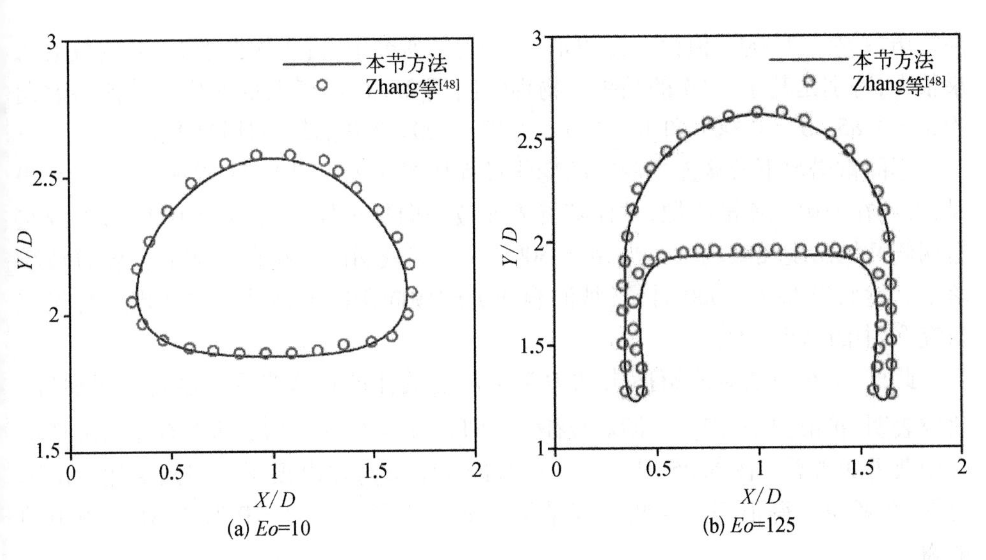

图 6.19　$t = 4$ 时气泡界面位置和形状的比较

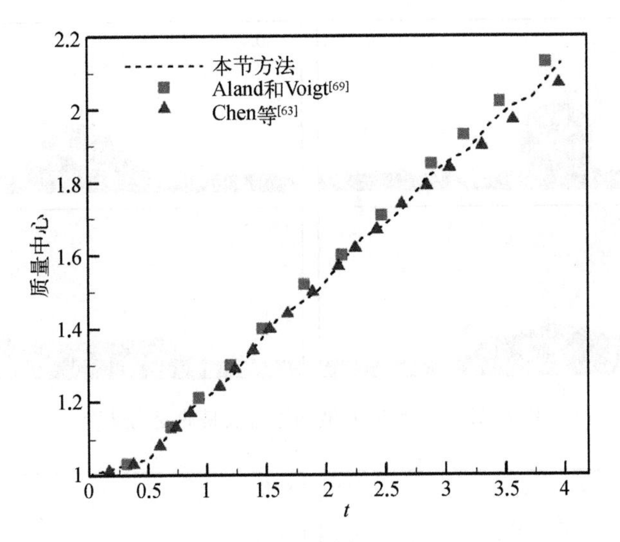

图 6.20　$Eo = 125$ 时气泡质量中心随时间的变化过程

$$\begin{cases} Re = \dfrac{2\rho_h RU}{\mu_h} \\ We = \dfrac{2\rho_h RU^2}{\sigma} \end{cases} \tag{6.72}$$

与先前的研究[63,67,68]相同，韦伯数固定为 $We = 8\ 000$。密度比和黏性比分别为 $\rho_h/\rho_l = 1\ 000$ 和 $\mu_h/\mu_l = 100$。选择三个典型的雷诺数 $Re = 20$、100 和 500 以及一个

高雷诺数 $Re = 2\,000$。值得一提的是,在先前的研究中,雷诺数高于 1 000 的数值结果很少,特别是基于 LBM 的结果。物理时间用 $2R/U$ 进行无量纲化。其他参数设为 $\varepsilon = 0.85$、$\sigma = 0.001$ 和 $M = 0.1$。选用 $1\,000 \times 250$ 的均匀计算网格。

不同雷诺数下液滴撞击液膜的变化过程如图 6.21 ~ 图 6.24 所示。当 $Re = 20$ 时,液滴在液膜上逐渐扩散,并伴随着表面波的向外传播。当 $Re = 100$ 时,液滴左右两侧开始出现飞溅现象。当 $Re = 500$ 时,飞溅液滴的尖端在生成后会朝着液膜落下。然而当 $Re = 2\,000$ 时,飞溅液滴的尖端倾向于向上移动。这些现象与先前研究[67]中的结果一致。

此外,本小节还对液滴撞击动力学中广受关注的扩散半径 r 进行定量研究。研究表明,扩散因子 $r/2R$ 遵循对数律[70],即 $r/2R = C\sqrt{Ut/2R}$,其中 C 是从最佳拟合中获得的常数。图 6.25 展示了本小节计算结果与理论预测之间的对比。由图可知,两者吻合得很好。这些计算结果有效证实了 WENO - PFLBM 在应用中的能力。

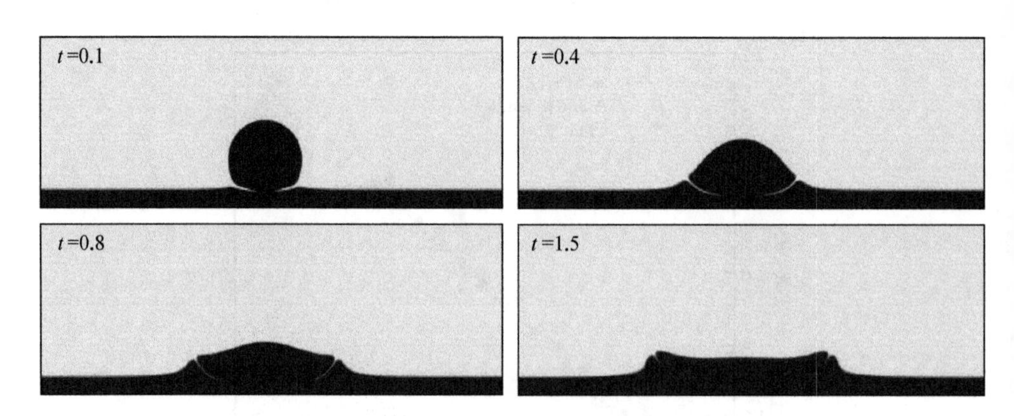

图 6.21　$Re = 20$ 时液滴撞击液膜的变化过程

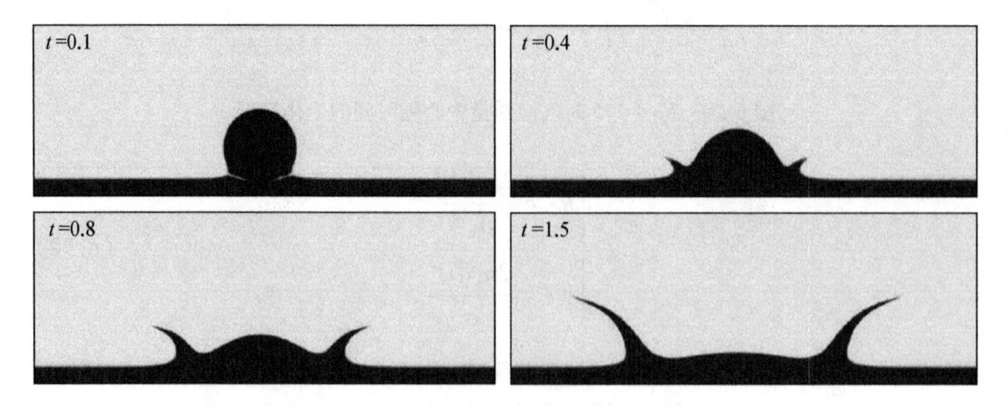

图 6.22　$Re = 100$ 时液滴撞击液膜的变化过程

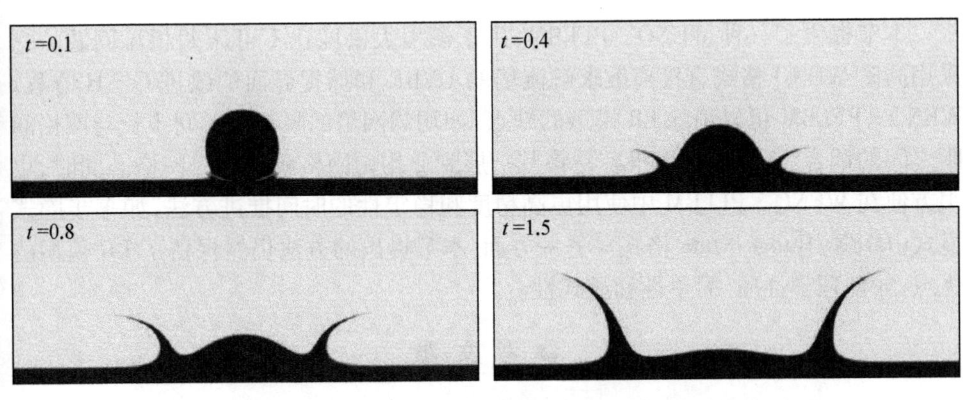

图 6.23　Re = 500 时液滴撞击液膜的变化过程

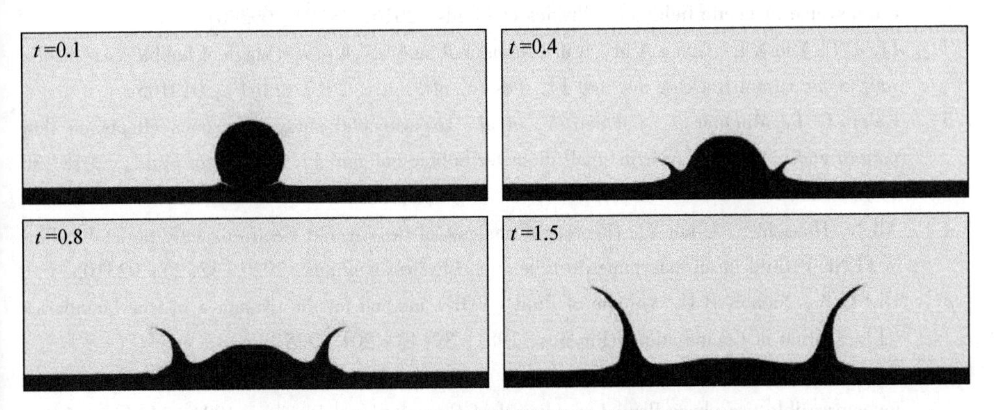

图 6.24　Re = 2 000 时液滴撞击液膜的变化过程

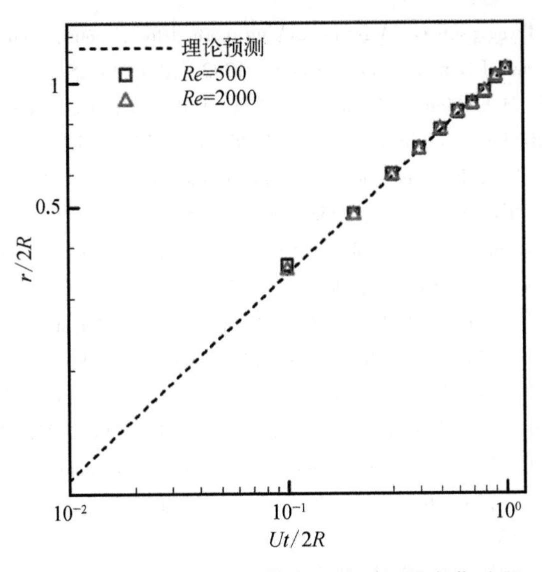

图 6.25　对数尺度下扩散因子随时间的变化过程

本节提供了一种 WENO－PFLBM，用于模拟大密度比不可压两相流问题。它采用高阶 WENO 格式直接离散求解流场的 DVBE 和捕捉界面的改进 C－H 方程。WENO－PFLBM 可以消除 LB 模型的缺点，如均匀网格的限制和时间步长与网格间距之间的耦合。因此，可以很容易将其扩展到非均匀网格或自适应网格。同时，也很方便在 WENO－PFLBM 中使用更高精度和稳定性的时间推进方法，如多步隐式显式（IMEX）Runge-Kutta 格式。另一方面，本节提出的方法仍然保留了 LB 模型的优点，如动理学性质、简单性和显式性。

参考文献

[1] Jin K, Kumar P, Vanka S P, et al. Rise of an argon bubble in liquid steel in the presence of a transverse magnetic field[J]. Physics of Fluids, 2016, 28(9): 093301.

[2] Liu L T, Yao X L, Zhang A M, et al. Numerical analysis of the jet stage of bubble near a solid wall using a front tracking method[J]. Physics of Fluids, 2017, 29(1): 012105.

[3] Kajero O T, Mukhtar A, Lokman A, et al. Experimental study of viscous effects on flow pattern and bubble behavior in small diameter bubble column[J]. Physics of Fluids, 2018, 30(9): 093101.

[4] Ali N, Hussain S, Ullah K. Theoretical analysis of two-layered electro-osmotic peristaltic flow of FENE-P fluid in an axisymmetric tube[J]. Physics of Fluids, 2020, 32(2): 023105.

[5] Hirt C W, Nichols B D. Volume of fluid (VOF) method for the dynamics of free boundaries[J]. Journal of Computational Physics, 1981, 39(1): 201－225.

[6] Sussman M, Smereka P, Osher S. A level set approach for computing solutions to incompressible two-phase flow[J]. Journal of Computational Physics, 1994, 114(1): 146－159.

[7] Unverdi S O, Tryggvason G. A front-tracking method for viscous, incompressible, multi-fluid flows[J]. Journal of Computational Physics, 1992, 100(1): 25－37.

[8] Anderson D M, McFadden G B, Wheeler A A. Diffuse-interface methods in fluid mechanics[J]. Annual Review of Fluid Mechanics, 1998, 30: 139－165.

[9] Cahn J W, Hilliard J E. Free energy of a nonuniform system. I. Interfacial free energy[J]. The Journal of Chemical Physics, 1958, 28(2): 258－267.

[10] Jacqmin D. Calculation of two-phase Navier-Stokes flows using phase-field modeling[J]. Journal of Computational Physics, 1999, 155(1): 96－127.

[11] Yue P, Feng J J, Liu C, et al. A diffuse-interface method for simulating two-phase flows of complex fluids[J]. Journal of Fluid Mechanics, 2004, 515: 293－317.

[12] Ding H, Spelt P D M, Shu C. Diffuse interface model for incompressible two-phase flows with large density ratios[J]. Journal of Computational Physics, 2007, 226(2): 2078－2095.

[13] Lee T, Lin C L. A stable discretization of the lattice Boltzmann equation for simulation of incompressible two-phase flows at high density ratio[J]. Journal of Computational Physics, 2005, 206(1): 16－47.

[14] Zheng H W, Shu C, Chew Y T. A lattice Boltzmann model for multiphase flows with large

density ratio[J]. Journal of Computational Physics, 2006, 218(1): 353 - 371.

[15] Fakhari A, Rahimian M H. Phase-field modeling by the method of lattice Boltzmann equations [J]. Physical Review E, 2010, 81(3): 036707.

[16] Gunstensen A K, Rothman D H, Zaleski S, et al. Lattice Boltzmann model of immiscible fluids[J]. Physical Review A, 1991, 43(8): 4320 - 4327.

[17] Shan X, Chen H. Lattice Boltzmann model for simulating flows with multiple phases and components[J]. Physical Review E, 1993, 47(3): 1815 - 1819.

[18] Swift M R, Osborn W R, Yeomans J M. Lattice Boltzmann simulation of nonideal fluids[J]. Physical Review Letters, 1995, 75(5): 830 - 833.

[19] He X, Chen S, Zhang R. A lattice Boltzmann scheme for incompressible multiphase flow and its application in simulation of Rayleigh-Taylor instability [J]. Journal of Computational Physics, 1999, 152(2): 642 - 663.

[20] Inamuro T, Ogata T, Tajima S, et al. A lattice Boltzmann method for incompressible two-phase flows with large density differences[J]. Journal of Computational Physics, 2004, 198(2): 628 - 644.

[21] Zu Y Q, He S. Phase-field-based lattice Boltzmann model for incompressible binary fluid systems with density and viscosity contrasts[J]. Physical Review E, 2013, 87(4): 043301.

[22] Fakhari A, Mitchell T, Leonardi C, et al. Improved locality of the phase-field lattice-Boltzmann model for immiscible fluids at high density ratios[J]. Physical Review E, 2017, 96(5): 053301.

[23] Liang H, Shi B C, Guo Z L, et al. Phase-field-based multiple-relaxation-time lattice Boltzmann model for incompressible multiphase flows [J]. Physical Review E, 2014, 89(5): 053320.

[24] Liang H, Shi B C, Chai Z H. An efficient phase-field-based multiple-relaxation-time lattice Boltzmann model for three-dimensional multiphase flows[J]. Computers & Mathematics with Applications, 2017, 73(7): 1524 - 1538.

[25] Shao J Y, Shu C. A hybrid phase field multiple relaxation time lattice Boltzmann method for the incompressible multiphase flow with large density contrast[J]. International Journal for Numerical Methods in Fluids, 2015, 77(9): 526 - 543.

[26] Zhang C, Guo Z, Li Y. A fractional step lattice Boltzmann model for two-phase flow with large density differences[J]. International Journal of Heat and Mass Transfer, 2019, 138: 1128 - 1141.

[27] Shi X, Lin J, Yu Z. Discontinuous Galerkin spectral element lattice Boltzmann method on triangular element[J]. International Journal for Numerical Methods in Fluids, 2003, 42(11): 1249 - 1261.

[28] Min M, Lee T. A spectral-element discontinuous Galerkin lattice Boltzmann method for nearly incompressible flows[J]. Journal of Computational Physics, 2011, 230(1): 245 - 259.

[29] Zadehgol A, Ashrafizaadeh M, Musavi S H. A nodal discontinuous Galerkin lattice Boltzmann method for fluid flow problems[J]. Computers & Fluids, 2014, 105: 58 - 65.

[30] Li W. High order spectral difference lattice Boltzmann method for incompressible hydrodynamics[J]. Journal of Computational Physics, 2017, 345: 618 - 636.

[31] Hejranfar K, Ghaffarian A. A high-order accurate unstructured spectral difference lattice Boltzmann method for computing inviscid and viscous compressible flows [J]. Aerospace Science and Technology, 2020, 98: 105661.

[32] Shi H, Li Y. Local discontinuous Galerkin methods with implicit-explicit multistep time-marching for solving the nonlinear Cahn-Hilliard equation [J]. Journal of Computational Physics, 2019, 394: 719 - 731.

[33] Pigeonneau F, Saramito P. Discontinuous Galerkin finite element method applied to the coupled Navier-Stokes/Cahn-Hilliard equations [C]//9th International Conference on Multiphase Flow, Florence, 2016.

[34] He X, Shan X, Doolen G D. Discrete Boltzmann equation model for nonideal gases [J]. Physical Review E, 1998, 57(1): R13 - R16.

[35] Kim J. A continuous surface tension force formulation for diffuse-interface models[J]. Journal of Computational Physics, 2005, 204(2): 784 - 804.

[36] Fakhari A, Geier M, Lee T. A mass-conserving lattice Boltzmann method with dynamic grid refinement for immiscible two-phase flows[J]. Journal of Computational Physics, 2016, 315: 434 - 457.

[37] Kopriva D A. A staggered-grid multidomain spectral method for the compressible Navier-Stokes equations[J]. Journal of Computational Physics, 1998, 143(1): 125 - 158.

[38] Roe P L. Approximate Riemann solvers, parameter vectors, and difference schemes [J]. Journal of Computational Physics, 1981, 43(2): 357 - 372.

[39] Guo Z, Zhao T S. Explicit finite-difference lattice Boltzmann method for curvilinear coordinates [J]. Physical Review E, 2003, 67(6): 066709.

[40] Gottlieb S, Shu C W. Total variation diminishing Runge-Kutta schemes[J]. Mathematics of Computation, 1998, 67: 73 - 85.

[41] Guo Z L, Zheng C G, Shi B C. Non-equilibrium extrapolation method for velocity and pressure boundary conditions in the lattice Boltzmann method[J]. Chinese Physics, 2002, 11(4): 366 - 374.

[42] Wang H L, Chai Z H, Shi B C, et al. Comparative study of the lattice Boltzmann models for Allen-Cahn and Cahn-Hilliard equations[J]. Physical Review E, 2016, 94(3): 033304.

[43] Huang H, Sukop M C, Lu X Y. Multiphase lattice Boltzmann methods: Theory and application [M]. West Sussex: John Wiley & Sons, 2015.

[44] Ren F, Song B, Sukop M C, et al. Improved lattice Boltzmann modeling of binary flow based on the conservative Allen-Cahn equation[J]. Physical Review E, 2016, 94(2): 023311.

[45] Fakhari A, Bolster D. Diffuse interface modeling of three-phase contact line dynamics on curved boundaries: A lattice Boltzmann model for large density and viscosity ratios[J]. Journal of Computational Physics, 2017, 334: 620 - 638.

[46] Liang H, Xu J, Chen J, et al. Phase-field-based lattice Boltzmann modeling of large-density-ratio two-phase flows[J]. Physical Review E, 2018, 97(3): 033309.

[47] Taylor G I. The formation of emulsion in definable field of flow[J]. Proceedings of the Royal Society of London, Series A, 1934, 146: 501 - 523.

[48] Zhang T, Wu J, Lin X. An interface-compressed diffuse interface method and its application

for multiphase flows[J]. Physics of Fluids, 2019, 31(12): 122102.

[49] Xia X, He C, Zhang P. Universality in the viscous-to-inertial coalescence of liquid droplets [J]. Proceedings of the National Academy of Sciences, 2019, 116(47): 23467–23472.

[50] Mei R, Shyy W. On the finite difference-based lattice Boltzmann method in curvilinear coordinates[J]. Journal of Computational Physics, 1998, 143(2): 426–448.

[51] Sofonea V, Lamura A, Gonnella G, et al. Finite-difference lattice Boltzmann model with flux limiters for liquid-vapor systems[J]. Physical Review E, 2004, 70(4): 046702.

[52] Cristea A, Gonnella G, Lamura A, et al. Finite-difference lattice Boltzmann model for liquid-vapor systems[J]. Mathematics and Computers in Simulation, 2006, 72(2–6): 113–116.

[53] Hejranfar K, Ezzatneshan E. Simulation of two-phase liquid-vapor flows using a high-order compact finite-difference lattice Boltzmann method [J]. Physical Review E, 2015, 92 (5): 053305.

[54] Nejat A, Abdollahi V. A critical study of the compressible lattice Boltzmann methods for Riemann problem[J]. Journal of Scientific Computing, 2013, 54(1): 1–20.

[55] Hejranfar K, Saadat M H, Taheri S. High-order weighted essentially nonoscillatory finite-difference formulation of the lattice Boltzmann method in generalized curvilinear coordinates [J]. Physical Review E, 2017, 95(2): 023314.

[56] Hejranfar K, Saadat M H. Preconditioned WENO finite-difference lattice Boltzmann method for simulation of incompressible turbulent flows[J]. Computers & Mathematics with Applications, 2018, 76(5): 1427–1446.

[57] Li Y, Choi J I, Kim J. A phase-field fluid modeling and computation with interfacial profile correction term[J]. Communications in Nonlinear Science and Numerical Simulation, 2016, 30(1–3): 84–100.

[58] Guo Z, Zheng C, Shi B. Discrete lattice effects on the forcing term in the lattice Boltzmann method[J]. Physical Review E, 2002, 65(4): 046308.

[59] Jiang G S, Shu C W. Efficient implementation of weighted ENO schemes[J]. Journal of Computational Physics, 1996, 126(1): 202–228.

[60] Guo Z, Zheng C, Shi B. Force imbalance in lattice Boltzmann equation for two-phase flows [J]. Physical Review E, 2011, 83(3): 036707.

[61] Yu Z, Fan L S. Multirelaxation-time interaction-potential-based lattice Boltzmann model for two-phase flow[J]. Physical Review E, 2010, 82(4): 046708.

[62] Ba Y, Liu H, Li Q, et al. Multiple-relaxation-time color-gradient lattice Boltzmann model for simulating two-phase flows with high density ratio [J]. Physical Review E, 2016, 94 (2): 023310.

[63] Chen Z, Shu C, Tan D, et al. Simplified multiphase lattice Boltzmann method for simulating multiphase flows with large density ratios and complex interfaces[J]. Physical Review E, 2018, 98(6): 063314.

[64] Nourgaliev R R, Dinh T N, Theofanous T G. A pseudocompressibility method for the numerical simulation of incompressible multifluid flows[J]. International Journal of Multiphase Flow, 2004, 30(7–8): 901–937.

[65] Wang Y, Shu C, Huang H B, et al. Multiphase lattice Boltzmann flux solver for

incompressible multiphase flows with large density ratio[J]. Journal of Computational Physics, 2015, 280: 404 - 423.

[66] Guermond J L, Quartapelle L. A projection FEM for variable density incompressible flows[J]. Journal of Computational Physics, 2000, 165(1): 167 - 188.

[67] Kumar E D, Sannasiraj S A, Sundar V. Phase field lattice Boltzmann model for air-water two phase flows[J]. Physics of Fluids, 2019, 31(7): 072103.

[68] Li Q Z, Lu Z L, Zhou D, et al. A high-order phase-field based lattice Boltzmann model for simulating complex multiphase flows with large density ratios[J]. International Journal for Numerical Methods in Fluids, 2021, 93(2): 293 - 313.

[69] Aland S, Voigt A. Benchmark computations of diffuse interface models for two-dimensional bubble dynamics[J]. International Journal for Numerical Methods in Fluids, 2012, 69(3): 747 - 761.

[70] Josserand C, Zaleski S. Droplet splashing on a thin liquid film[J]. Physics of Fluids, 2003, 15(6): 1650 - 1657.

第7章　可压缩流的高精度玻尔兹曼方法

近年来,高阶格式受到了越来越多的关注。相较于传统方法,高阶格式通过使用较少的网格来实现高精度,从而极大地节省了计算资源。Harten 等[1]提出了一种名为基本无振荡(ENO)的高阶格式,进而在高阶高分辨率的守恒率数值方法设计中找到了一种统一且有效的方法。在此基础上,Hu 和 Shu[2]利用线性和二次多项式发展了适用于二维三角网格的三阶和四阶加权基本无振荡(WENO)格式,该格式具有高精度和良好稳定性的特点。此外,流行的高阶格式还包括 Reed 和 Hill[3]提出的间断伽辽金(DG)方法,Kopriva 和 Kolias[4]提出的基于交错网格 Chebyshev 多域方法的谱差分(SD)方法以及 Huynh[5]提出的通量重构(FR)方法。Wang 和 Gao[6]将 FR 方法扩展到了三角形和混合网格。Vincent 等[7]发展了一种一维能量稳定的 FR 格式,它适用于非结构网格,具有计算模板紧凑和易于并行计算的优点。基于 FR 格式的后续研究有很多,其进一步的研究进展可参考文献[8]。

在可压缩流动的模拟中,无黏通量计算是最重要的。选择何种数值方法来求解无黏通量对激波捕获的稳定性和准确性有很大影响。大多数现有方法都是基于 Riemann 求解器来求解无黏通量,例如 Roe 格式[9]、Roem 格式[10]、AUSM 格式[11,12]和 HLL 格式[13,14]。在这些用于多维问题的方法中,法向速度对通量的贡献是通过求解沿计算单元界面法向方向的近似一维 Riemann 问题来实现的,同时切向速度的贡献是通过一些近似得到的。

7.1　无黏 FR - LBFS

近三十年来,格子 Boltzmann 方法(LBM)在理论和应用方面取得了巨大的发展,并成为流体力学的重要数值方法。在可压缩流模拟方面也取得了一些进展[15-20]。在可压缩 LBM 领域,目前的研究主要基于格子 Boltzmann 方程(LBE)和离散速度 Boltzmann 方程(DVBE)。它们的分布函数形式很复杂。对于二维和三维问题,它们的计算效率通常低于传统方法,如有限体积法(FVM)。这是因为格子速度的数量通常大于守恒变量的数量。此外,LBE 和 DVBE 中的松弛时间通常非常小。

为了克服这些缺点，Ji 等[21]提出了格子 Boltzmann 通量求解器（LBFS），它将结合了 LBM 和 FVM 的优点。LBFS 的思想是用 FVM 离散宏观控制方程，并通过局部重构 LBE 的解来计算单元界面上的无黏通量。此外，LBE 中的对流项是线性的，而传统 Riemann 求解器中的对流项是非线性的，这使得 LBFS 能够更容易地计算通量。基于 Ji 等[21]的工作，Yang 等[22,23]构建了若干无自由参数的可压缩 LBFS 模型。通过引入高阶的矩关系，这些模型中的格子速度可以通过物理方程来确定而不是人为给出。这使得所提出的模型在高马赫数流动的计算中更加稳定。

尽管 LBFS 是一种模拟可压缩流动的有效方法，但其精度仅为二阶，这是由于它采用了标准的 LBE。然而，LBE 中线性对流项的特点有助于通量计算，这使得利用高阶格式计算通量变得更加容易。因此，本节提供一种基于 FR 方法的高阶 LBFS（FR－LBFS）。

7.1.1 宏观控制方程

FR－LBFS 本质上求解的是 Euler 方程。本节考虑二维无黏可压缩流动问题，Euler 方程可写为

$$\frac{\partial \boldsymbol{W}}{\partial t}+\frac{\partial \boldsymbol{F}_{x,\,\mathrm{inv}}}{\partial x}+\frac{\partial \boldsymbol{F}_{y,\,\mathrm{inv}}}{\partial y}=0 \tag{7.1}$$

式中，t 为时间；$\boldsymbol{W}$ 为守恒变量矢量；$\boldsymbol{F}_{x,\,\mathrm{inv}}$ 和 $\boldsymbol{F}_{y,\,\mathrm{inv}}$ 分别为 x 方向和 y 方向的无黏通量矢量。它们的表达式为

$$\begin{cases}\boldsymbol{W}=[\rho \quad \rho u \quad \rho v \quad \rho e]^{\mathrm{T}}\\ \boldsymbol{F}_{x,\,\mathrm{inv}}=[\rho u \quad \rho u^2+p \quad \rho uv \quad u(\rho e+p)]^{\mathrm{T}}\\ \boldsymbol{F}_{y,\,\mathrm{inv}}=[\rho v \quad \rho uv \quad \rho v^2+p \quad v(\rho e+p)]^{\mathrm{T}}\end{cases} \tag{7.2}$$

式中，ρ、u、v 和 p 分别为流体密度、x 方向的速度、y 方向的速度和压强；e 为单位质量气体的总能。考虑理想气体模型，则状态方程为

$$p=(\gamma-1)\left[\rho e-\frac{\rho}{2}(u^2+v^2)\right] \tag{7.3}$$

式中，γ 为比热比。本章考虑的流体为空气，所以 $\gamma=1.4$。

7.1.2 FR 离散

为了用 FR 方法[24]求解方程(7.1)，首先将整个计算域划分为 N 个不重叠的

物理单元。为了便于计算,可以把每个物理单元映射到一个[−1, 1]×[−1, 1]的标准单元,如图 7.1 所示。标准单元的坐标系由(ξ, η)表示,因此物理域中的全局坐标系(x, y)与标准单元的局部坐标系(ξ, η)之间的映射关系为

$$\begin{bmatrix} x(\xi, \eta) \\ y(\xi, \eta) \end{bmatrix} = \sum_{i=1}^{K} M_i(\xi, \eta) \begin{pmatrix} x_i \\ y_i \end{pmatrix} \tag{7.4}$$

式中,K 为单元中定义的节点的数量;$M_i(\xi, \eta)$ 为映射函数。

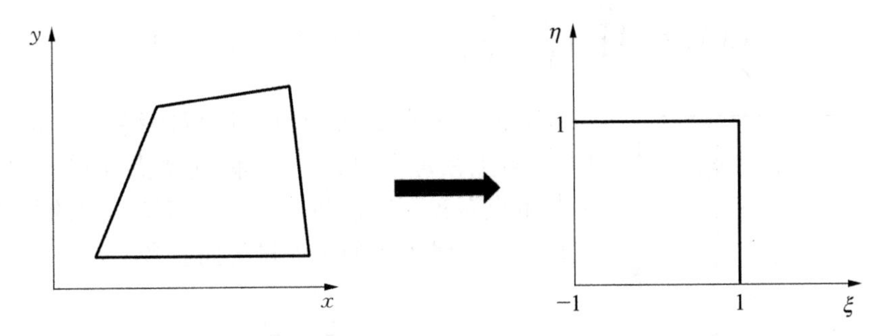

图 7.1　物理单元(左)和标准单元(右)之间的转换

相应地,每个单元中的方程(7.1)可以通过坐标变换重写为以下形式:

$$\frac{\partial \hat{\boldsymbol{W}}}{\partial t} + \frac{\partial \hat{\boldsymbol{F}}_{\xi, \mathrm{inv}}}{\partial \xi} + \frac{\partial \hat{\boldsymbol{F}}_{\eta, \mathrm{inv}}}{\partial \eta} = 0 \tag{7.5}$$

式中,$\hat{\boldsymbol{W}}$、$\hat{\boldsymbol{F}}_{\xi, \mathrm{inv}}$ 和 $\hat{\boldsymbol{F}}_{\eta, \mathrm{inv}}$ 分别为局部坐标系下的守恒变量矢量、ξ 方向和 η 方向的无黏通量矢量。它们与 $\boldsymbol{W}$、$\boldsymbol{F}_{x, \mathrm{inv}}$ 和 $\boldsymbol{F}_{y, \mathrm{inv}}$ 的关系为

$$\begin{cases} \hat{\boldsymbol{W}} = |\boldsymbol{J}| \ \boldsymbol{W} \\ \hat{\boldsymbol{F}}_{\xi, \mathrm{inv}} = |\boldsymbol{J}| \ \boldsymbol{J}^{-1} \boldsymbol{F}_{x, \mathrm{inv}} \\ \hat{\boldsymbol{F}}_{\eta, \mathrm{inv}} = |\boldsymbol{J}| \ \boldsymbol{J}^{-1} \boldsymbol{F}_{y, \mathrm{inv}} \end{cases} \tag{7.6}$$

式中,$\boldsymbol{J}$ 为映射函数 $M_i(\xi, \eta)$ 的雅可比矩阵;$|\boldsymbol{J}|$ 为雅可比矩阵的行列式。$\boldsymbol{J}$ 的计算表达式为

$$\boldsymbol{J} = \begin{bmatrix} \dfrac{\partial x}{\partial \xi} & \dfrac{\partial x}{\partial \eta} \\ \dfrac{\partial y}{\partial \xi} & \dfrac{\partial y}{\partial \eta} \end{bmatrix} \tag{7.7}$$

为了取得 $P+1$ 阶精度,需要在标准单元内布置$(P+1)\times(P+1)$个的点。在本节中,选择 Gauss-Legendre 点作为解点。具体而言,在二维标准单元,对两个方向上的一维 Gauss-Legendre 点作张量积运算,便可得到单元内的解点。假设前一个

时间步的守恒变量矢量已知,即守恒变量分布在单元内。对于每个单元,守恒变量矢量的 P 阶近似多项式为

$$\hat{\boldsymbol{W}}^{\mathrm{D}}=\sum_{i=1}^{P+1}\sum_{j=1}^{P+1}\hat{\boldsymbol{W}}_{i,j}\ell_i(\xi)\ell_j(\eta) \tag{7.8}$$

式中, $\hat{\boldsymbol{W}}_{i,j}$ 为解点$(\xi_i,\ \eta_j)$上的守恒变量矢量; ℓ_i (或 ℓ_j)为拉格朗日插值基函数。ℓ_i 的定义为

$$\ell_i(X)=\prod_{k=1,\ i\neq k}^{P+1}\left(\frac{X-X_k}{X_i-X_k}\right),\ i=1,\ 2,\ 3,\ \cdots,\ P+1 \tag{7.9}$$

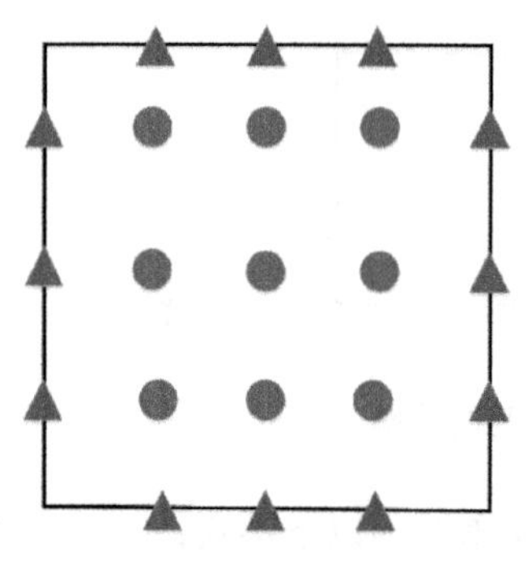

图 7.2　解点(圆形)和通量点(三角形)的分布

界面通量点定义为单元区域的终点。如图 7.2 所示,解点在每个单元的内部,通量点在单元边界上并与解点对齐。通过两个一维插值基函数的张量积,可以构建二维无黏通量矢量的插值多项式:

$$\begin{cases}\hat{\boldsymbol{F}}_{\xi,\ \mathrm{inv}}^{\mathrm{D}}(\xi,\ \eta)=\sum_{i=1}^{P+1}\sum_{j=1}^{P+1}\hat{\boldsymbol{F}}_{\xi,\ \mathrm{inv},\ i,\ j}\ell_i(\xi)\ell_j(\eta)\\ \hat{\boldsymbol{F}}_{\eta,\ \mathrm{inv}}^{\mathrm{D}}(\xi,\ \eta)=\sum_{i=1}^{P+1}\sum_{j=1}^{P+1}\hat{\boldsymbol{F}}_{\eta,\ \mathrm{inv},\ i,\ j}\ell_i(\xi)\ell_j(\eta)\end{cases} \tag{7.10}$$

式中, $\hat{\boldsymbol{F}}_{\xi,\ \mathrm{inv},\ i,\ j}$ 和 $\hat{\boldsymbol{F}}_{\eta,\ \mathrm{inv},\ i,\ j}$ 分别为解点$(\xi_i,\ \eta_j)$上的 ξ 方向和 η 方向的无黏通量矢量。

在未考虑相邻单元影响的情况下,守恒变量矢量多项式和无黏通量矢量多项式在单元界面上均是不连续的。这其中,不连续无黏通量矢量会导致计算不稳定。定义每个单元 ξ 方向和 η 方向的连续无黏通量矢量函数为多项式 $\hat{\boldsymbol{F}}_{\xi,\ \mathrm{inv}}^{\mathrm{C}}(\xi)$ 和 $\hat{\boldsymbol{F}}_{\eta,\ \mathrm{inv}}^{\mathrm{C}}(\eta)$。为了重构 $\hat{\boldsymbol{F}}_{\xi,\ \mathrm{inv}}^{\mathrm{C}}(\xi)$ 和 $\hat{\boldsymbol{F}}_{\eta,\ \mathrm{inv}}^{\mathrm{C}}(\eta)$,需要利用单元界面上的公共无黏通量矢量 $\hat{\boldsymbol{F}}_{\xi,\ \mathrm{inv}}^{\mathrm{com}}$ 和 $\hat{\boldsymbol{F}}_{\eta,\ \mathrm{inv}}^{\mathrm{com}}$ 对不连续无黏通量矢量多项式进行修正,即

$$\begin{cases}\hat{\boldsymbol{F}}_{\xi,\ \mathrm{inv}}^{\mathrm{C}}(\xi)=\hat{\boldsymbol{F}}_{\xi,\ \mathrm{inv}}^{\mathrm{D}}(\xi)+(\hat{\boldsymbol{F}}_{\xi,\ \mathrm{inv},\ \mathrm{L}}^{\mathrm{com}}-\hat{\boldsymbol{F}}_{\xi,\ \mathrm{inv}}^{\mathrm{D}}(-1))g_{\mathrm{L}}(\xi)\\ \qquad\qquad+(\hat{\boldsymbol{F}}_{\xi,\ \mathrm{inv},\ \mathrm{R}}^{\mathrm{com}}-\hat{\boldsymbol{F}}_{\xi,\ \mathrm{inv}}^{\mathrm{D}}(1))g_{\mathrm{R}}(\xi)\\ \hat{\boldsymbol{F}}_{\eta,\ \mathrm{inv}}^{\mathrm{C}}(\eta)=\hat{\boldsymbol{F}}_{\eta,\ \mathrm{inv}}^{\mathrm{D}}(\eta)+(\hat{\boldsymbol{F}}_{\eta,\ \mathrm{inv},\ \mathrm{D}}^{\mathrm{com}}-\hat{\boldsymbol{F}}_{\eta,\ \mathrm{inv}}^{\mathrm{D}}(-1))g_{\mathrm{D}}(\eta)\\ \qquad\qquad+(\hat{\boldsymbol{F}}_{\eta,\ \mathrm{inv},\ \mathrm{U}}^{\mathrm{com}}-\hat{\boldsymbol{F}}_{\eta,\ \mathrm{inv}}^{\mathrm{D}}(1))g_{\mathrm{U}}(\eta)\end{cases} \tag{7.11}$$

式中, $\hat{\boldsymbol{F}}_{\xi,\ \mathrm{inv}}^{\mathrm{D}}(\xi)$ 为式(7.10)中 η 取某常数的 ξ 方向无黏通量矢量; $\hat{\boldsymbol{F}}_{\eta,\ \mathrm{inv}}^{\mathrm{D}}(\eta)$ 为式(7.10)中 ξ 取某常数的 η 方向无黏通量矢量;下标 L 和 R 分别为单元的左边界和

右边界；下标 U 和 D 分别为单元的上边界和下边界；$g_{\mathrm{L}}(\xi)$ 和 $g_{\mathrm{R}}(\xi)$ 分别为 ξ 方向的左右边界修正函数；$g_{\mathrm{U}}(\eta)$ 和 $g_{\mathrm{D}}(\eta)$ 分别为 η 方向的上下边界修正函数。修正函数满足的条件为：$g_{\mathrm{L}}(-1)=g_{\mathrm{D}}(-1)=1$，$g_{\mathrm{L}}(1)=g_{\mathrm{D}}(1)=0$，$g_{\mathrm{R}}(-1)=g_{\mathrm{U}}(-1)=0$，$g_{\mathrm{R}}(1)=g_{\mathrm{U}}(1)=1$。

最后一步是计算连续无黏通量矢量的散度。此外，为了捕捉激波，将 Persson 和 Peraire[25] 提出的人工黏性方法应用于守恒变量矢量多项式以抑制伪振荡。这是通过在式(7.1)中添加 Laplacian 人工黏性项来实现的。

7.1.3　无自由参数的可压缩 LBFS 模型

为了计算单元界面上的公共通量矢量，可以采用传统的 Riemann 求解器，如 Roe、HLL 等。然而，LBE 中线性对流项的特点使得 LBFS 计算通量更为方便。此外，其他可压缩 LB 模型需要人工调整参数以确保数值方法能稳定地收敛到合理的解，而由 Yang 等[22,23] 提出的无自由参数可压缩 LBFS 具有更强的鲁棒性，更适合工程应用。具体而言，本节采用其中的 *D1Q4* 模型计算式(7.11)中单元界面公共无黏通量矢量 $\hat{\boldsymbol{F}}_{\mathrm{inv}}^{\mathrm{com}}$ 和 $\hat{\boldsymbol{G}}_{\mathrm{inv}}^{\mathrm{com}}$，该模型在综合性能方面优于 *D1Q3* 和 *D1Q5* 模型。下面仅介绍 $\hat{\boldsymbol{F}}_{\mathrm{inv}}^{\mathrm{com}}$ 的计算过程，$\hat{\boldsymbol{G}}_{\mathrm{inv}}^{\mathrm{com}}$ 的计算过程与之相同。

当式(7.8)中的守恒变量矢量 $\hat{\boldsymbol{W}}$ 更新后，可以将其转换到物理单元。这样，可以计算出单元界面上的原始变量，进而就能计算界面上的平衡分布函数。该过程如图 7.3 所示。令 u_{n} 表示界面上的法向速度。平衡分布函数的表达式可以定义为

$$
\begin{cases}
f_1^{\mathrm{eq}}=\dfrac{\rho(-d_1d_2^2-d_2^2u_{\mathrm{n}}+d_1u_{\mathrm{n}}^2+d_1c^2+u_{\mathrm{n}}^3+3u_{\mathrm{n}}c^2)}{2d_1(d_1^2-d_2^2)}\\[2ex]
f_2^{\mathrm{eq}}=\dfrac{\rho(-d_1d_2^2+d_2^2u_{\mathrm{n}}+d_1u_{\mathrm{n}}^2+d_1c^2-u_{\mathrm{n}}^3-3u_{\mathrm{n}}c^2)}{2d_1(d_1^2-d_2^2)}\\[2ex]
f_3^{\mathrm{eq}}=\dfrac{\rho(d_1^2d_2+d_1^2u_{\mathrm{n}}-d_2u_{\mathrm{n}}^2-d_2c^2-u_{\mathrm{n}}^3-3u_{\mathrm{n}}c^2)}{2d_2(d_1^2-d_2^2)}\\[2ex]
f_4^{\mathrm{eq}}=\dfrac{\rho(d_1^2d_2-d_1^2u_{\mathrm{n}}-d_2u_{\mathrm{n}}^2-d_2c^2+u_{\mathrm{n}}^3+3u_{\mathrm{n}}c^2)}{2d_2(d_1^2-d_2^2)}
\end{cases}
\tag{7.12}
$$

式中，d_1 和 d_2 为粒子速度；c 为粒子特殊速度。它们的定义为

$$
\begin{cases}
d_1=\sqrt{u_{\mathrm{n}}^2+3c^2-\sqrt{4u_{\mathrm{n}}^2c^2+6c^4}}\\[1ex]
d_2=\sqrt{u_{\mathrm{n}}^2+3c^2+\sqrt{4u_{\mathrm{n}}^2c^2+6c^4}}\\[1ex]
c=\sqrt{(\gamma-1)e_{\mathrm{f}}}
\end{cases}
\tag{7.13}
$$

式中，$e_f = p/[(\gamma - 1)\rho]$为流动势能。

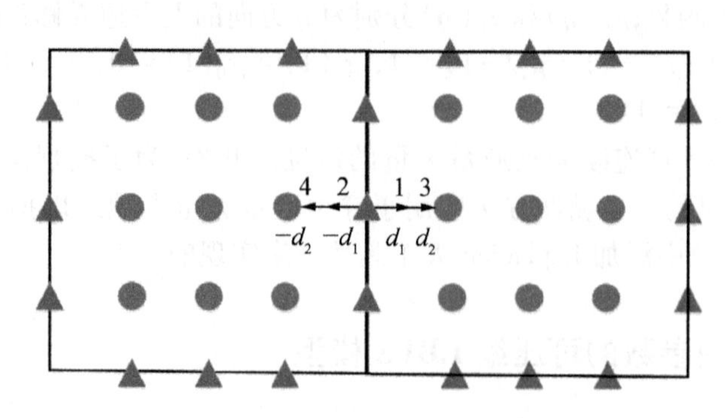

图 7.3　LB 解在通量点上的局部重构

因此，物理域单元界面上的公共无黏通量矢量 $F_{\text{inv}}^{\text{com}}$ 的计算表达式为

$$\boldsymbol{F}_{x,\ \text{inv}}^{\text{com}} = \begin{bmatrix} \sum_{k=1}^{4} f_k^{\text{eq}} d_k \\ \sum_{k=1}^{4} f_k^{\text{eq}} d_k d_k n_x + F_1 u_{tx} \\ \sum_{k=1}^{4} f_k^{\text{eq}} d_k d_k n_y + F_1 u_{ty} \\ \sum_{k=1}^{4} f_k^{\text{eq}} d_k \left(\frac{1}{2} d_k d_k + e_p\right) + \frac{1}{2} F_1 |\boldsymbol{u}_t|^2 \end{bmatrix} \tag{7.14}$$

式中，$F_1 = \sum_{k=1}^{4} f_k^{\text{eq}} d_k$ 为 $\boldsymbol{F}_{x,\ \text{inv}}^{\text{com}}$ 中的第一个元素；$e_p = [1 - (\gamma - 1)/2] e_f$ 为粒子势能；$\boldsymbol{u}_t = (u_{tx},\ u_{ty})$为界面上的切向速度矢量。$\boldsymbol{u}_t$ 和 $|\boldsymbol{u}_t|^2$ 的计算表达式为

$$\begin{cases} F_1 \boldsymbol{u}_t = F_1^{\text{L}} \boldsymbol{u}_t^{\text{L}} + F_1^{\text{R}} \boldsymbol{u}_t^{\text{R}} \\ F_1 |\boldsymbol{u}_t|^2 = F_1^{\text{L}} |\boldsymbol{u}_t^{\text{L}}|^2 + F_1^{\text{R}} |\boldsymbol{u}_t^{\text{R}}|^2 \end{cases} \tag{7.15}$$

式中，$\boldsymbol{u}_t^{\text{L}}$ 和 $\boldsymbol{u}_t^{\text{R}}$ 分别为单元界面左右两侧的切向速度矢量；F_1^{L} 和 F_1^{R} 分别为从单元界面的左右两侧通过平衡分布函数获得的质量通量。对于 $D1Q4$ 模型，$F_1^{\text{L}} = f_1^{\text{eq, L}} d_1^{\text{L}} + f_3^{\text{eq, L}} d_2^{\text{L}}$，$F_1^{\text{R}} = -f_2^{\text{eq, R}} d_1^{\text{R}} - f_4^{\text{eq, R}} d_2^{\text{R}}$。

最后，需要将单元界面上的公共无黏通量矢量从物理单元转换回标准单元以执行下一步更新。为了获得下一时间标准单元上的守恒变量矢量，只需计算不连续无黏通量矢量和公共界面无黏通量矢量即可。在本节涉及的基于结构和非结构网格的所有无黏可压缩流动问题中，都采用标准四阶 Runge-Kutta 方法进行时间离散。

7.1.4　数值模拟与结果讨论

本小节在 PyFR[24] 的框架下开展若干典型无黏可压缩流动问题的数值模拟，以展示所提出的 FR－LBFS 在结构和非结构网格上的精度和稳定性。这些问题包括密度扰动对流、sod 激波管问题、二维 Riemann 问题、斜面收缩喷管中的超声速流动、亚声速圆柱绕流以及跨声速 NACA0012 翼型绕流。此外，还选择两种传统 FR 方法（分别为 FR－HLLC 和 FR－Roem）的结果进行对比。

1. 密度扰动对流

为了展示本节方法的精度，首先模拟在可压缩流中广泛用于测试算法精度的密度扰动对流。密度的解析解和初始条件分别为

$$\rho^*(x,\ y,\ t) = 1 + 0.2\sin\{\pi[x + y - (u + v)t]\} \tag{7.16}$$

$$\begin{cases} u(x,\ y,\ 0) = 0.7 \\ v(x,\ y,\ 0) = 0.3 \\ p(x,\ y,\ 0) = 1 \end{cases} \tag{7.17}$$

计算域范围为$[-1,\ 1]\times[-1,\ 1]$，所有边界使用周期性边界条件。

为了检验精度，使用四种不同的均匀直角网格，其网格步长为 h = 1/4、1/8、1/16 和 1/32。基于解析解，可以定义本算例的 L_2 误差：

$$L_2 = \sqrt{\sum_{i=1}^{N}\int_{\Omega_i}[\rho^*(t) - \rho(t)]^2\mathrm{d}\Omega_i}\ \sqrt{\sum_{i=1}^{N}\sum_{j=1}^{N_q}[\rho^*(t) - \rho(t)]^2 J_i\omega_j} \tag{7.18}$$

式中，Ω_i 为第 i 个标准单元；J_i 为第 i 个标准单元的矩阵行列式；N 和 N_q 分别为单元数量和微分求积点数；ω_j 为第 j 个微分求积权系数。

表7.1比较了 $t=1$ 时不同网格尺寸下的 L_2 误差，以展示 FR－LBFS 的精度。结果显示，可以实现设计的阶数，即约为 $P+1$。如图7.4所示，本节方法的阶数由线性最小二乘拟合 $\log_{10}(h) \propto \log_{10}(L_2)$ 的斜率确定。P2、P3 和 P4 的斜率分别为 2.86、4.03 和 4.88。因此，相关性分析的结果表明，通过改变解点的数量，本节方法可以达到相应的精度要求。此外，从表7.2可以看出，在 P3 条件下，使用相同的网格尺寸，FR－LBFS 的误差始终小于 FR－HLLC 的误差，这意味着 FR－LBFS 比 FR－HLLC 更精确。

表 7.1　$t=1$ 时不同网格尺寸下的 L_2 误差

P	网格步长 h	L_2 误差	阶　数
2	1/4	2.09×10^{-3}	—
2	1/8	3.19×10^{-4}	2.71
2	1/16	4.28×10^{-5}	2.90
2	1/32	5.46×10^{-6}	2.97
3	1/4	5.93×10^{-5}	—
3	1/8	3.62×10^{-6}	4.03
3	1/16	2.17×10^{-7}	4.06
3	1/32	1.36×10^{-8}	4.00
4	1/4	3.99×10^{-6}	—
4	1/8	1.53×10^{-7}	4.70
4	1/16	4.99×10^{-9}	4.94
4	1/32	1.59×10^{-10}	4.97

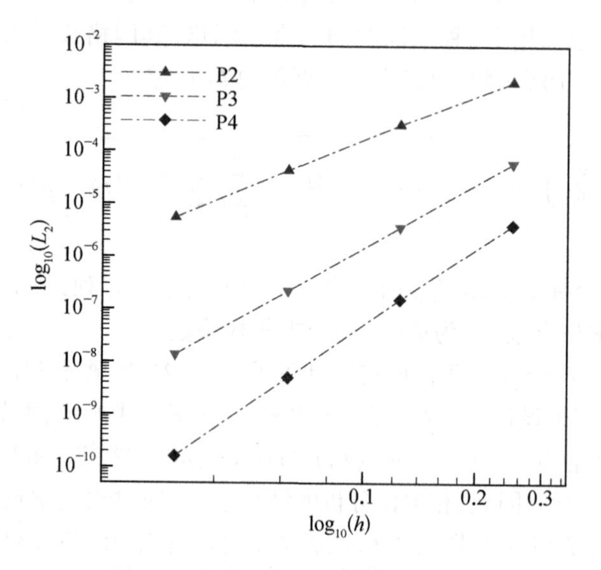

图 7.4　密度扰动对流的收敛性研究

表 7.2　$t = 1$、$P = 3$ 时不同网格尺寸下 FR－LBFS 和 FR－HLLC 的误差比较

网格步长 h	L_2 误差 FR－LBFS	阶数 FR－LBFS	L_2 误差 FR－HLLC	阶数 FR－HLLC
1/4	5.93×10^{-5}	—	6.6×10^{-5}	—
1/8	3.62×10^{-6}	4.03	4.14×10^{-6}	3.99
1/16	2.17×10^{-7}	4.06	2.47×10^{-7}	4.07
1/32	1.36×10^{-8}	4.00	1.56×10^{-8}	3.98

2. sod 激波管问题

作为典型的一维 Riemann 问题，sod 激波管问题已经被广泛地模拟，以验证数值方法的可靠性。该问题涉及复杂的流动现象，如接触间断、激波和扩展区。在这个算例中，初始条件是

$$(\rho, u, p) = \begin{cases}(1.0, 0.0, 1.0), & x < 0\\(0.125, 0.0, 0.1), & x \geqslant 0\end{cases} \tag{7.19}$$

计算域范围是[-1, 1]，并采用 0.01 的网格步长进行均匀离散。图 7.5 给出了 $t = 0.2$ 时的密度和速度分布情况。从图中可以清晰地看到扩张区和接触间断。随着精度的提高，数值解越来越接近精确解。特别是，P3 的解已经能满足精度要求。

3. 二维 Riemann 问题

在模拟一维 Riemann 问题之后，本小节考虑二维等熵或等温气体动力学中的 Riemann 问题。初始数据在每个象限内保持恒定，因此只有稀疏波、激波或滑移线连接两个相邻的恒定初始状态。该算例的更多信息可见文献[26]。本小节使用 P3 解进行计算。计算域为[-0.5, 0.5]×[-0.5, 0.5]，包含 178×178 个结构网格单元。初始条件是

$$(\rho, u, v, p) = \begin{cases}(1.0, 0.75, -0.5, 1.0), & 0 \leqslant x \leqslant 0.5, 0 \leqslant y \leqslant 0.5\\(2.0, 0.75, 0.5, 1.0), & -0.5 \leqslant x < 0, 0 \leqslant y \leqslant 0.5\\(1.0, -0.75, 0.5, 1.0), & -0.5 \leqslant x < 0, -0.5 \leqslant y < 0\\(3.0, -0.75, -0.5, 1.0), & 0 \leqslant x \leqslant 0.5, -0.5 \leqslant y < 0\end{cases} \tag{7.20}$$

从文献[27]中可知，本算例并没有准确的数据可用。图 7.6 展示了 $t = 0.3$ 时的马赫数云图。从图中可以清晰地观察到激波的存在。同时，图 7.7 显示了 $t = 0.3$ 时的密度等值线，并与文献[27]中的结果进行对比。文献[27]中的网格步长和精度分别为 2.5×10^{-3} 和 3。从图中可以看出，由于平面接触间断的相互作用，出现了四个剪切层，这与文献[27]中的结果非常吻合。因此，本算例的结果表明，本节方法具有优秀的捕捉间断的能力。

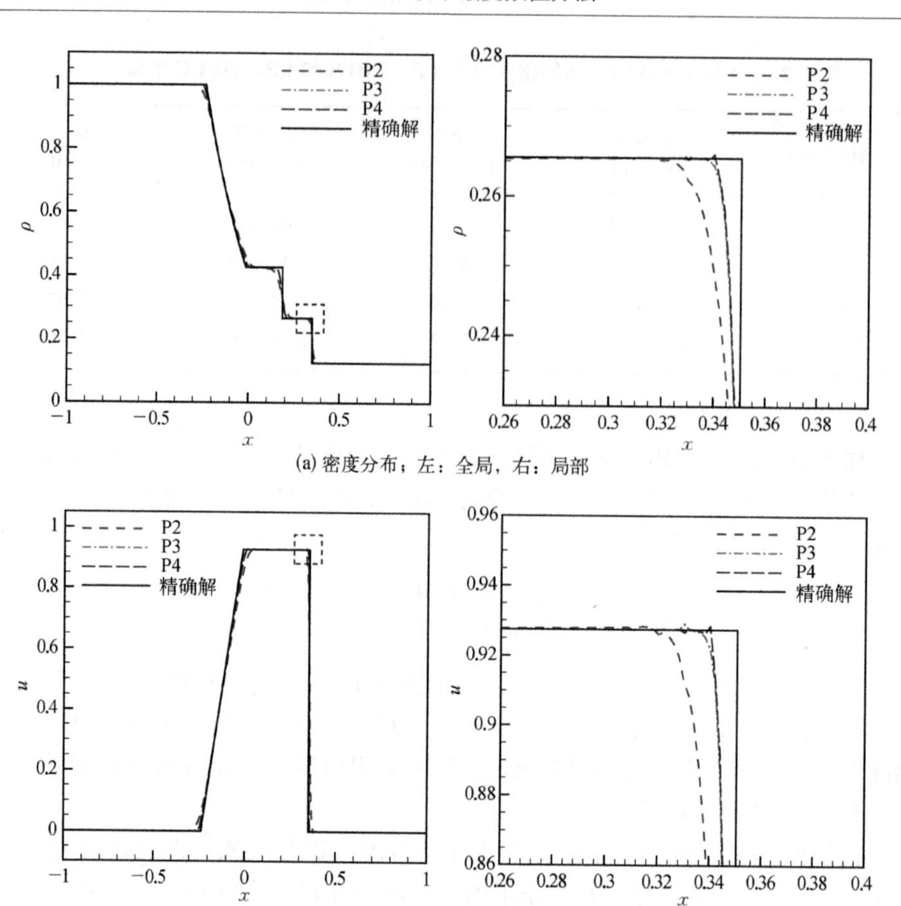

(a) 密度分布；左：全局，右：局部

(b) 速度分布；左：全局，右：局部

图 7.5 $t = 0.2$ 时 sod 激波管中的密度和速度分布

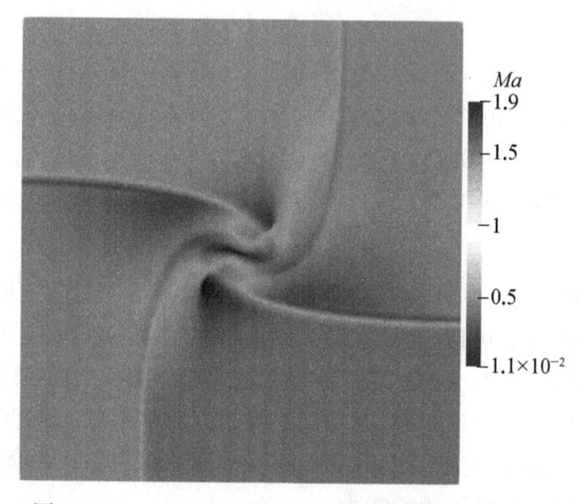

图 7.6 $t = 0.3$ 时二维 Riemann 问题的马赫数云图

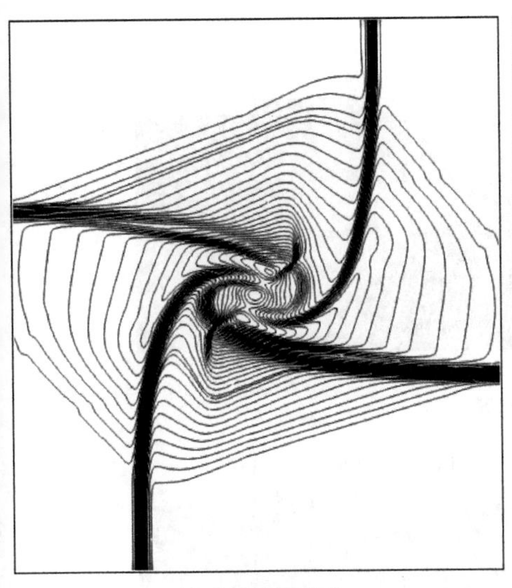

(a) 本小节的结果

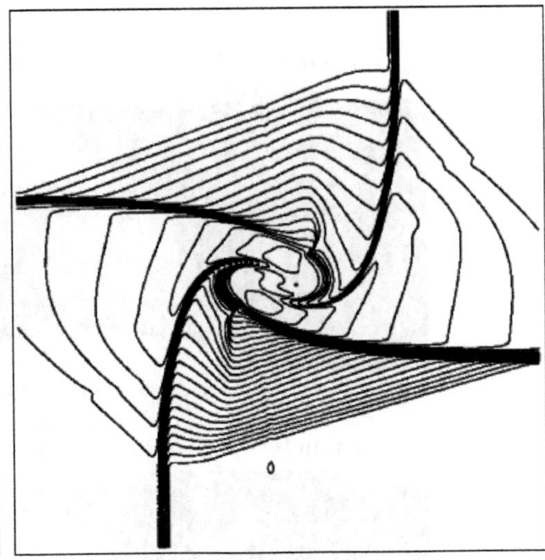

(b) 文献[27]中的结果

图 7.7　$t = 0.3$ 时二维 Riemann 问题的密度等值线图

4. 斜面收缩喷管中的超声速流动

为了验证 FR - LBFS 处理可压缩流与固壁接触问题的有效性,本小节模拟二维斜面收缩喷管中的超声速流动[28]。图 7.8 给出了这个问题的示意图。在底部和顶部壁面上,$x = 0.5$ 的位置有 15°的斜面。为了方便起见,本小节只使用 P3 解的 FR - LBFS 模拟对称平面以下区域内的流动。在计算域左侧施加马赫数 $Ma = 2$ 的入口边界条件。在底部施加壁面边界条件,在顶部施加对称边界条件。此外,右侧设置为出口边界条件。计算域用 40 × 120 个单元的结构网格进行离散。

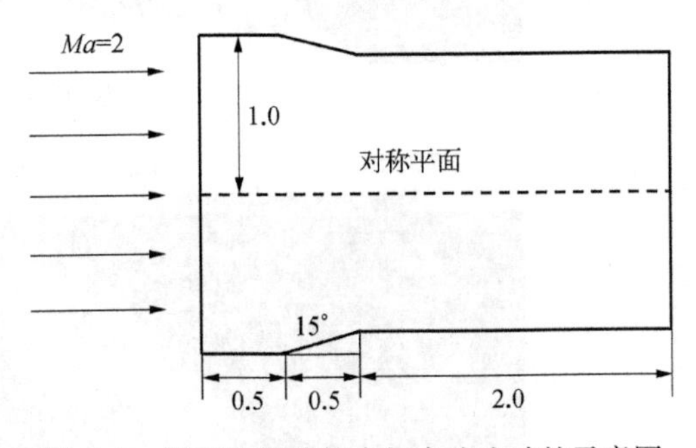

图 7.8　斜面收缩喷管中超声速流动的示意图

图 7.9 和图 7.10 分别展示了马赫数云图和密度等值线。同时,图中还包括 FR - HLLC 和 FR - Roem 的结果。根据这两个图中的结果,可以看出使用 FR - LBFS 能捕捉到流场中的激波,并且能有效地抑制数值振荡。此外,值得注意的是,FR - LBFS 的密度等值线比 FR - HLLC 和 FR - Roem 的结果更加平滑,这意味着本节方法更为准确。

5. 亚声速圆柱绕流

为了展示 FR - LBFS 模拟包括障碍物的可压缩流动的能力,本小节考虑亚声速圆柱体绕流问题[29,30]。本算例的来流马赫数 $Ma = 0.38$,圆柱的半径为 0.5。计

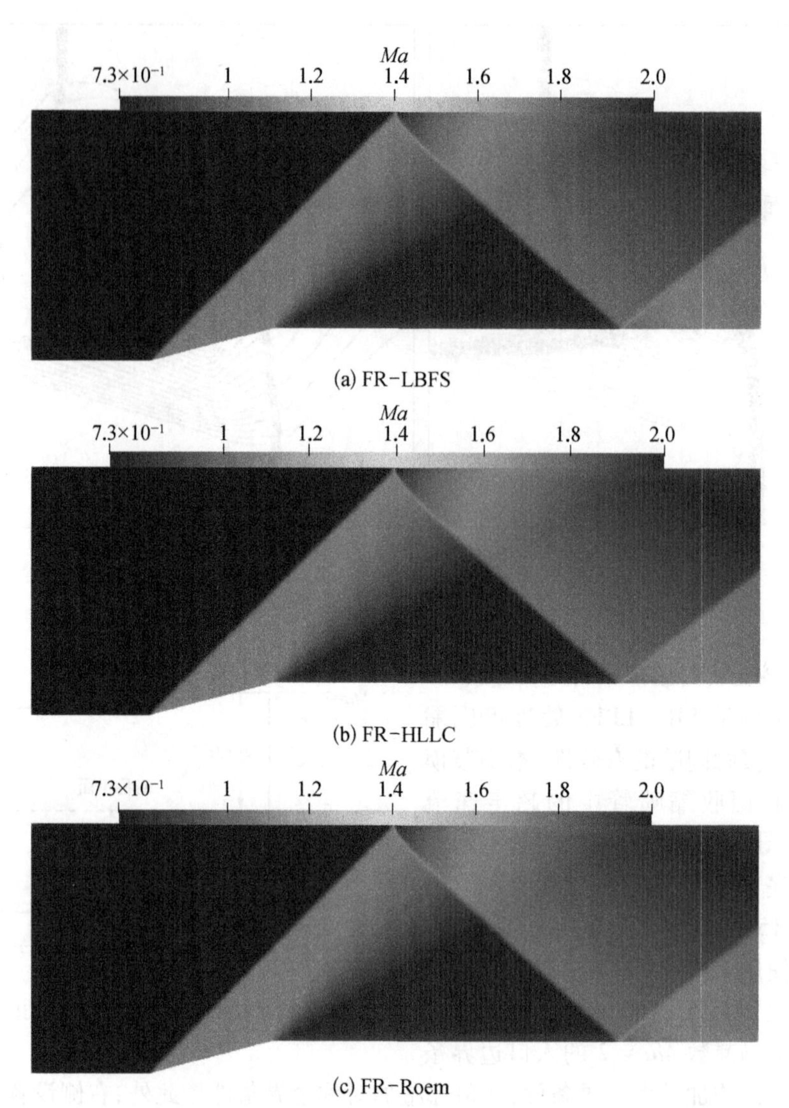

(a) FR-LBFS

(b) FR-HLLC

(c) FR-Roem

图 7.9　斜面收缩喷管中超声速流动的马赫数云图

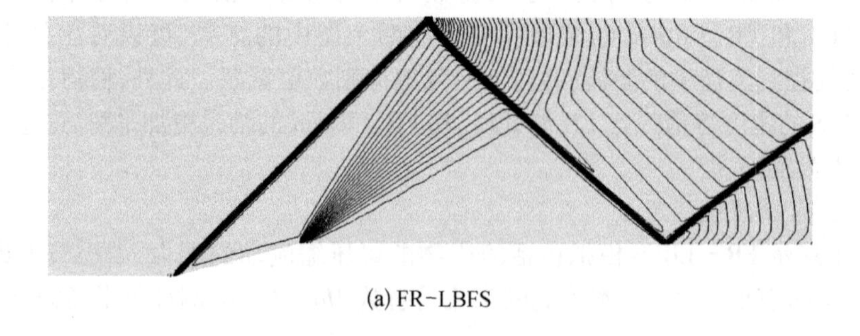

(a) FR-LBFS

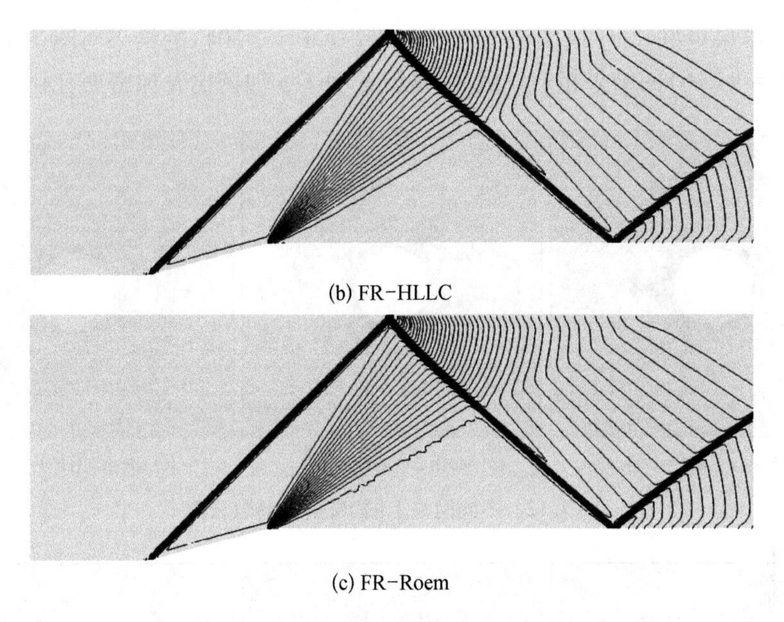

图 7.10　斜面收缩喷管中超声速流动的密度等值线图

算域为一个半径 10 的圆,采用 O 型网格进行离散。具体来说,生成三套具有二次几何映射的 Q2 网格(分别命名为 Mesh 1、Mesh 2 和 Mesh 3),它们尺寸分别为 16×4、32×8 和 64×16,如图 7.11 所示。

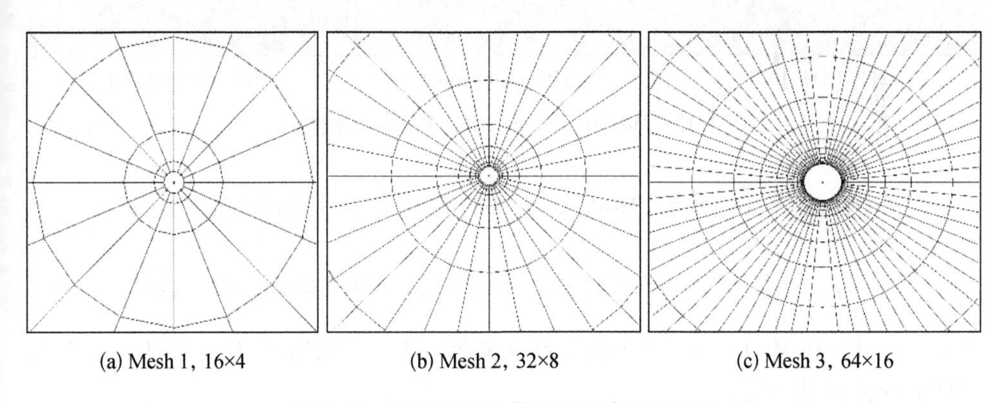

图 7.11　亚声速圆柱绕流的三套 Q2 网格

首先进行 h 加密测试。图 7.12 展示了不同网格上的 P2 解马赫数云图。很明显,最粗网格(Mesh 1)上的流场具有清晰可见的非物理尾流,Krivodonova 和 Berger[29] 证明了这一点。随着网格逐渐加密,非物理尾流得到了显著的抑制。然后在最粗网格上进行 p 加密测试。图 7.13 给出了 P3、P4 和 P5 解马赫数云图。显然,图 7.13(a)中 P3(自由度 DOF = 1 024)的结果比图 7.12(b)中 P2(DOF =

2 304)的结果更好。此外,图 7. 13(c)中 P5(DOF = 2 304)的结果与图 7. 12(c)中 P2(DOF = 9 216)的结果相似。因此,这就证明了 p 加密比 h 加密更有利。

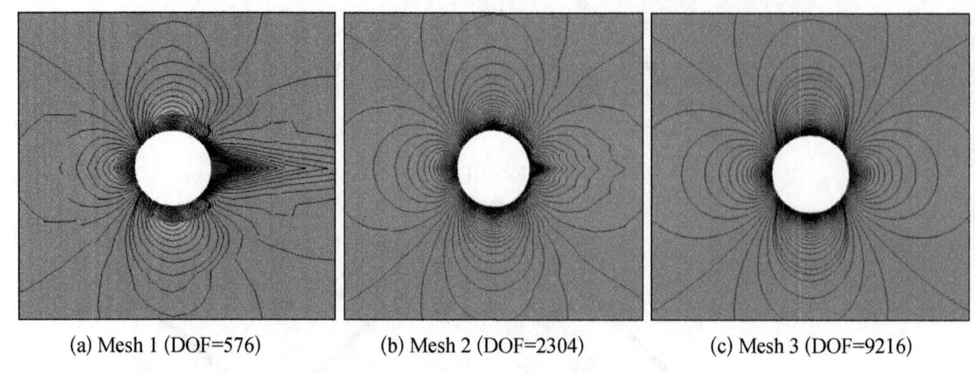

(a) Mesh 1 (DOF=576)　(b) Mesh 2 (DOF=2304)　(c) Mesh 3 (DOF=9216)

图 7. 12　不同网格上的 P2 解马赫数云图

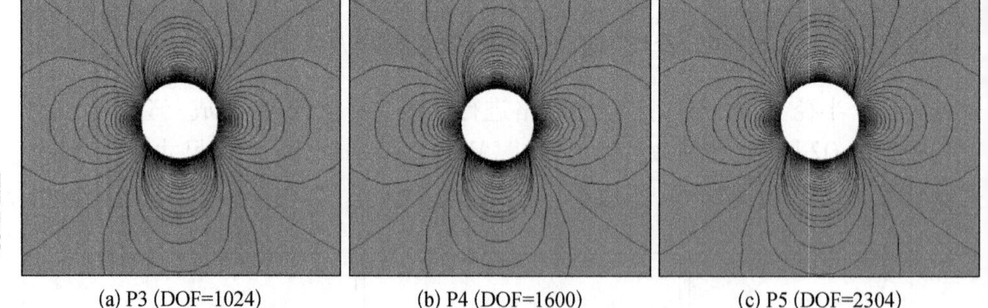

(a) P3 (DOF=1024)　(b) P4 (DOF=1600)　(c) P5 (DOF=2304)

图 7. 13　Mesh 1 上的 P3、P4、P5 解马赫数云图

此外,如图 7. 14 所示,Mesh 2 上 P2 解的圆柱表面压强系数 C_p $\left(C_p = \dfrac{p - p_\infty}{(1/2)\rho U_\infty^2}\right.$, p_∞ 和 U_∞ 分别为来流压强和速度$\Big)$在 $x = 0.5$ 附近出现了波动。然而,Mesh 2 上 P5 和 Mesh 3 上 P2 的结果都与文献[29]中的结果吻合得很好。这再次证明 p 加密的效果更好。

6. 跨声速 NACA0012 翼型绕流

为了进一步验证本节算法并在三角网格上测试其性能,本小节考虑跨声速 NACA0012 翼型绕流问题[31]。本算例的来流马赫数 $Ma = 0.8$,翼型攻角为 0°。如图 7. 15 所示,本算例也使用 Q2 网格。计算域尺寸为 20×28,共有 5 376 个三角形单元。本小节使用 P3 解的 FR - LBFS 进行模拟。图 7. 16 显示了翼型表面的压强系数。很明显,本小节的结果与文献[31]中的数据非常吻合。

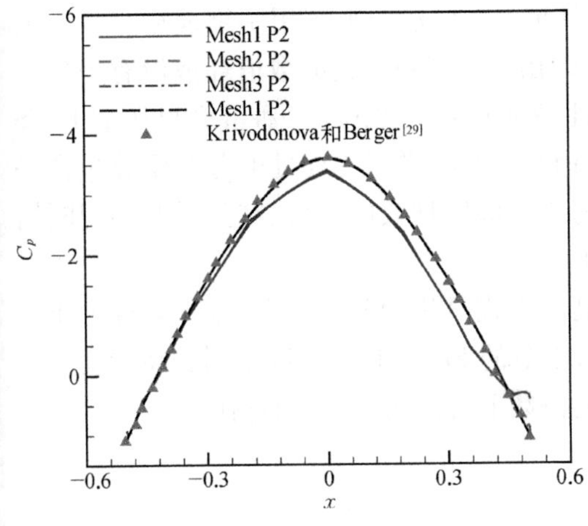

图 7.14　圆柱表面的压强系数分布

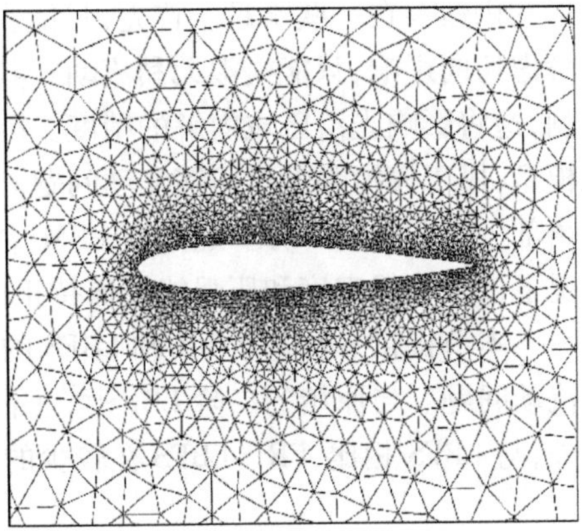

图 7.15　跨声速 NACA0012 翼型绕流的 Q2 网格

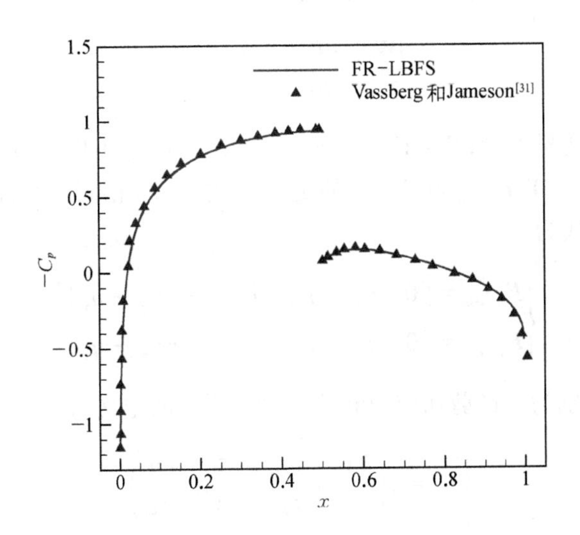

图 7.16　翼型表面的压强系数分布

本节提供了一种基于高阶 FR 格式的 LBFS，用于模拟无黏可压缩流动问题。采用 FR 求解 Euler 方程，而采用一维无自由参数可压缩 LBFS 中的 $D1Q4$ 模型沿着法向计算单元界面上的对流通量。与基于宏观方程的通量求解器相比，FR - LBFS 更容易计算通量，因为它具有 LBE 中的固有对流项。

7.2　黏性 FR - LBFS

虽然 7.1 节中提及的 LBFS 模型[21-23]已成功用于模拟若干可压缩流动问题，

但它仍然存在一些不足。首先,只能在单元界面的法向上应用一维模型。由于未考虑切向影响,只能模拟无黏流动。其次,由分布函数引起的数值耗散没有得到控制,这将影响光滑区域内解的精度。因此,Yang 等[32]提出了一种混合可压缩 LBFS 模型,用于模拟黏性可压缩流动问题。在该模型中,单元界面处的分布函数包含平衡部分和非平衡部分。通过在 LBM 中考虑实际物理效应,可以在强激波和间断情况下依然确保密度和压强能够保持正值。

本节提供一种基于 FR 和 LBFS 的高阶格式(FR - LBM),用于模拟黏性可压缩流动问题。与原始的二阶 LBFS[32]不同,本节的 FR - LBFS 可以达到更高精度。此外,与 LBFS 相比,FR - LBFS 在较少的网格数下可以达到相同的精度。

7.2.1　宏观控制方程

对于二维黏性可压缩流动,其控制方程为

$$\frac{\partial \boldsymbol{W}}{\partial t}+\frac{\partial \boldsymbol{F}_x}{\partial x}+\frac{\partial \boldsymbol{F}_y}{\partial y}=0 \tag{7.21}$$

式中,$\boldsymbol{W}$ 为守恒变量矢量;$\boldsymbol{F}_x=\boldsymbol{F}_{x,\,\mathrm{inv}}+\boldsymbol{F}_{x,\,\mathrm{vis}}$ 和 $\boldsymbol{F}_y=\boldsymbol{F}_{y,\,\mathrm{inv}}+\boldsymbol{F}_{y,\,\mathrm{vis}}$ 分别为 x 方向和 y 方向的通量矢量。$\boldsymbol{W}$、$\boldsymbol{F}_{x,\,\mathrm{inv}}$ 和 $\boldsymbol{F}_{y,\,\mathrm{inv}}$ 的定义与式(7.2)相同。黏性通量矢量 $\boldsymbol{F}_{x,\,\mathrm{vis}}$ 和 $\boldsymbol{F}_{y,\,\mathrm{vis}}$ 的表达式为

$$\begin{cases}\boldsymbol{F}_{x,\,\mathrm{vis}}=\begin{bmatrix}0 & \tau_{xx} & \tau_{xy} & u\tau_{xx}+v\tau_{xy}-q_x\end{bmatrix}^{\mathrm{T}}\\ \boldsymbol{F}_{y,\,\mathrm{vis}}=\begin{bmatrix}0 & \tau_{xy} & \tau_{yy} & u\tau_{xy}+v\tau_{yy}-q_y\end{bmatrix}^{\mathrm{T}}\end{cases} \tag{7.22}$$

式中,τ_{ij} 和 q_i 分别为黏性剪切应力和热通量。它们的定义为

$$\begin{cases}\tau_{ij}=\mu\left(\dfrac{\partial u_i}{\partial x_j}+\dfrac{\partial u_j}{\partial x_i}-\dfrac{2}{3}\delta_{ij}\dfrac{\partial u_k}{\partial x_k}\right)\\ q_i=-\lambda\dfrac{\partial T}{\partial x_i}\end{cases} \tag{7.23}$$

式中,μ 和 λ 分别为动力黏性系数和热传导系数;δ_{ij} 为克罗内克张量;T 为温度。

7.2.2　混合可压缩 LBFS 模型

本节采用混合可压缩 LBFS 模型[32]来计算单元界面上的公共无黏通量矢量 $\boldsymbol{F}_{x,\,\mathrm{inv}}^{\mathrm{com}}$ 和 $\boldsymbol{F}_{y,\,\mathrm{inv}}^{\mathrm{com}}$。这个模型具有物理意义,并且满足守恒律。在这个模型中,单元界面上的分布函数包含平衡部分和非平衡部分。通过 Chapman-Enskog 展开分析发

现,平衡部分能恢复无黏通量,而非平衡部分可以视为数值耗散。此外,本节还使用一个开关函数来调整数值黏度的大小。

由于采用的LBFS模型是一维的,只能沿单元界面的法线方向使用,因此必须将守恒变量矢量和无黏通量矢量的表达式转换为法向速度和切向速度的形式。其中,u_{n} 表示沿单元界面法线方向的速度,而单元界面切线方向的速度矢量则为

$$\boldsymbol{u}_{\mathrm{t}} = \boldsymbol{u} - u_{\mathrm{n}}\boldsymbol{n} \tag{7.24}$$

下面仅介绍 $\boldsymbol{F}_{x,\ \mathrm{inv}}^{\mathrm{com}}$ 的计算过程, $\boldsymbol{F}_{y,\ \mathrm{inv}}^{\mathrm{com}}$ 的计算过程与之相同。将式(7.24)代入式(7.2),转换后的守恒变量矢量和 x 方向无黏通量矢量可以表示为

$$\begin{cases} \boldsymbol{W} = \begin{bmatrix} \rho \\ \rho(u_{\mathrm{n}}\boldsymbol{n} + \boldsymbol{u}_{\mathrm{t}}) \\ \rho(u_{\mathrm{n}}^2/2 + |\boldsymbol{u}_{\mathrm{t}}|^2/2 + e) \end{bmatrix} \\ \boldsymbol{F}_{x,\ \mathrm{vis}} = \begin{bmatrix} \rho u_{\mathrm{n}} \\ (\rho u_{\mathrm{n}}^2 + p)\boldsymbol{n} + \rho u_{\mathrm{n}}\boldsymbol{u}_{\mathrm{t}} \\ [\rho(u_{\mathrm{n}}^2/2 + e) + p]u_{\mathrm{n}} + \rho u_{\mathrm{n}}|\boldsymbol{u}_{\mathrm{t}}|^2/2 \end{bmatrix} \end{cases} \tag{7.25}$$

当仅考虑法向速度的影响时,式(7.25)中的守恒变量矢量和无黏通量矢量可以用分布函数 $f_k(\boldsymbol{x},\ \mathrm{t})$ 计算:

$$\begin{cases} \overline{\boldsymbol{W}} = [\rho \ \ \rho u_{\mathrm{n}} \ \ \rho(u_{\mathrm{n}}^2/2 + e)]^{\mathrm{T}} = \sum_{k=1}^{4} \boldsymbol{\varphi} f_k(\boldsymbol{x},\ t) \\ \overline{\boldsymbol{F}}_{x,\ \mathrm{inv}} = [\rho u_{\mathrm{n}} \ \ \rho u_{\mathrm{n}}^2 + p \ \ [\rho(u_{\mathrm{n}}^2/2 + e) + p]u_{\mathrm{n}}]^{\mathrm{T}} = \sum_{k=1}^{4} \varsigma_k \boldsymbol{\varphi} f_k(\boldsymbol{x},\ t) \end{cases} \tag{7.26}$$

式中,$\boldsymbol{x}$ 为位置矢量;ς_k为第 k 个粒子速度; $\boldsymbol{\varphi} = [1 \quad \varsigma_k \quad \varsigma_k^2/2 + e_{\mathrm{p}}]^{\mathrm{T}}$ 为碰撞不变量。本节采用LBFS中的 $D1Q4$ 模型,ς_k的表达式为: $\varsigma_1 = d_1$,$\varsigma_2 = -d_1$,$\varsigma_3 = d_2$,$\varsigma_4 = -d_2$, d_1 和 d_2 的定义见式(7.13)。

在混合可压缩LBFS模型[32]中,设单元界面位于 $\boldsymbol{x} = 0$,因此单元界面上的分布函数 $f_k(0,\ t)$ 为

$$f_k(0,\ t) = f_k^{\mathrm{eq}}(0,\ t) + f_k^{\mathrm{neq}}(0,\ t) \tag{7.27}$$

式中,$f_k^{\mathrm{eq}}(0,\ t)$ 和 $f_k^{\mathrm{neq}}(0,\ t)$ 分别为单元界面上的平衡分布函数和非平衡分布函数。利用Chapman-Enskog展开并截断至第一项,单元界面上的分布函数可写为

$$f_k(0,\ t) = f_k^{\mathrm{eq}}(0,\ t) + \tau_0[f_k^{\mathrm{eq}}(-\varsigma_k\Delta t,\ t - \Delta t) - f_k^{\mathrm{eq}}(0,\ t)] \tag{7.28}$$

式中,τ_0 为数值黏性权重系数;Δt 为时间步长。为了控制非平衡分布函数产生的

数值黏性，根据动理学理论，τ_0 的计算表达式为

$$\tau_0 = \tanh\left(C\frac{|p^{\mathrm{L}} - p^{\mathrm{R}}|}{p^{\mathrm{L}} + p^{\mathrm{R}}}\right) \tag{7.29}$$

式中，p^{L} 和 p^{R} 分别为单元界面左右两侧的压强；C 为经验常数。在本节中，$C = 10$。由式(7.29)可知，在光滑流动区域，单元界面两侧的压强几乎相等，故 τ_0 趋向于0。而在激波附近，单元界面两侧的压强差很大，此时 τ_0 趋向于1，从而产生大量的数值黏性以稳定捕捉激波。

将式(7.28)代入式(7.26)，可以得到取决于法向速度的界面公共无黏通量矢量如下：

$$\begin{cases}\overline{\boldsymbol{F}}_{x,\,\mathrm{inv}}^{\mathrm{com}} = \overline{\boldsymbol{F}}_{x,\,\mathrm{inv}}^{\mathrm{com,\,I}} + \tau_0(\overline{\boldsymbol{F}}_{x,\,\mathrm{inv}}^{\mathrm{com,\,II}} - \overline{\boldsymbol{F}}_{x,\,\mathrm{inv}}^{\mathrm{com,\,I}}) \\ \overline{\boldsymbol{F}}_{x,\,\mathrm{inv}}^{\mathrm{com,\,I}} = \sum\limits_{k=1}^{4} \varsigma_k \boldsymbol{\varphi} f_k^{\mathrm{eq}}(0,\, t) \\ \overline{\boldsymbol{F}}_{x,\,\mathrm{inv}}^{\mathrm{com,\,II}} = \sum\limits_{k=1}^{4} \varsigma_k \boldsymbol{\varphi} f_k^{\mathrm{eq}}(-\varsigma_k \Delta t,\, t - \Delta t)\end{cases} \tag{7.30}$$

由式(7.30)可知，计算单元界面公共无黏通量矢量的关键在于计算界面平衡分布函数 $f_k^{\mathrm{eq}}(0,\, t)$ 和界面周围平衡分布函数 $f_k^{\mathrm{eq}}(-\varsigma_k\Delta t,\, t - \Delta t)$。借鉴迎风格式的思想，假设在单元界面处形成一个以分布函数为自变量的 Riemann 问题，界面周围平衡分布函数可以依据 $-\varsigma_i\Delta t$ 的位置来确定。对于 $D1Q4$ 模型，$f_k^{\mathrm{eq}}(-\varsigma_k\Delta t,\, t - \Delta t)$ 的计算表达式为

$$f_k^{\mathrm{eq}}(-\varsigma_k\Delta t,\, t - \Delta t) = \begin{cases} f_k^{\mathrm{eq,\,L}},\; k = 1,\, 3 \\ f_k^{\mathrm{eq,\,R}},\; k = 2,\, 4\end{cases} \tag{7.31}$$

式中，$f_k^{\mathrm{eq,\,L}}$ 和 $f_k^{\mathrm{eq,\,R}}$ 分别为界面左右两侧的平衡分布函数。它们由界面左右两侧重构之后的守恒变量来计算，本节采用三阶 MUSCL 格式以及 van Albada 限制器[33]来重构单元界面两侧的守恒变量。

对于界面平衡分布函数，它可以用界面上的守恒变量来计算。依据相容性条件[34]，非平衡分布函数对守恒变量的计算没有贡献。因此，将式(7.28)代入式(7.26)，并结合式(7.31)，可以得到取决于法向速度的界面守恒变量矢量 $\overline{\boldsymbol{W}}^0$ 如下：

$$\overline{\boldsymbol{W}}^0 = \sum_{k=1}^{4} \boldsymbol{\varphi} f_k(0,\, t) = \sum_{k=1}^{4} \boldsymbol{\varphi} f_k^{\mathrm{eq}}(-\varsigma_k\Delta t,\, t - \Delta t) = \sum_{k=1,\,3} \boldsymbol{\varphi} f_k^{\mathrm{eq,\,L}} + \sum_{k=2,\,4} \boldsymbol{\varphi} f_k^{\mathrm{eq,\,R}} \tag{7.32}$$

根据式(7.32)，可以得到界面上的密度、法向速度和压强。将它们代入式(7.12)和式(7.13)，就能得到界面上的平衡分布函数。

一旦确定界面平衡分布函数和界面周围平衡分布函数，便可将它们代入式(7.30)求出取决于法向速度部分的界面公共无黏通量矢量 $\bar{\boldsymbol{F}}_{x,\,\mathrm{inv}}^{\mathrm{com,\,I}}$ 和 $\bar{\boldsymbol{F}}_{x,\,\mathrm{inv}}^{\mathrm{com,\,II}}$。由式(7.25)和式(7.26)可知，界面公共无黏通量矢量 $\boldsymbol{F}_{x,\,\mathrm{inv}}^{\mathrm{com}}$ 还包含界面上切向速度的部分，即 $(\rho u_{\mathrm{n}}\boldsymbol{u}_{\mathrm{t}})^{0}$ 和 $(\rho u_{\mathrm{n}}|\boldsymbol{u}_{\mathrm{t}}|^{2})^{0}$，它们可以采用如下方法近似计算：

$$
\begin{cases}
(\rho u_{\mathrm{n}}\boldsymbol{u}_{\mathrm{t}})^{0} = \sum\limits_{k=1,\,3} \varsigma_k f_k^{\mathrm{eq},\,\mathrm{L}} \boldsymbol{u}_{\mathrm{t}}^{\mathrm{L}} + \sum\limits_{k=2,\,4} \varsigma_k f_k^{\mathrm{eq},\,\mathrm{R}} \boldsymbol{u}_{\mathrm{t}}^{\mathrm{R}} \\
(\rho u_{\mathrm{n}}|\boldsymbol{u}_{\mathrm{t}}|^{2})^{0} = \sum\limits_{k=1,\,3} \varsigma_k f_k^{\mathrm{eq},\,\mathrm{L}} |\boldsymbol{u}_{\mathrm{t}}^{\mathrm{L}}|^{2} + \sum\limits_{k=2,\,4} \varsigma_k f_k^{\mathrm{eq},\,\mathrm{R}} |\boldsymbol{u}_{\mathrm{t}}^{\mathrm{R}}|^{2}
\end{cases}
\tag{7.33}
$$

式中，$\boldsymbol{u}_{\mathrm{t}}^{\mathrm{L}}$ 和 $\boldsymbol{u}_{\mathrm{t}}^{\mathrm{R}}$ 分别为界面左右两侧的速度矢量。它们由界面左右两侧重构之后的守恒变量来计算。因此，界面公共无黏通量矢量 $\boldsymbol{F}_{\mathrm{inv}}^{\mathrm{com}}$ 的最终计算表达式为

$$
\begin{cases}
\boldsymbol{F}_{x,\,\mathrm{inv}}^{\mathrm{com}} = \boldsymbol{F}_{x,\,\mathrm{inv}}^{\mathrm{com,\,I}} + \tau_0(\boldsymbol{F}_{x,\,\mathrm{inv}}^{\mathrm{com,\,II}} - \boldsymbol{F}_{x,\,\mathrm{inv}}^{\mathrm{com,\,I}}) \\
\boldsymbol{F}_{x,\,\mathrm{inv}}^{\mathrm{com,\,I}} = \bar{\boldsymbol{F}}_{x,\,\mathrm{inv}}^{\mathrm{com,\,I}} + [0 \quad (\rho u_{\mathrm{n}}\boldsymbol{u}_{\mathrm{t}})^{0} \quad (\rho u_{\mathrm{n}}|\boldsymbol{u}_{\mathrm{t}}|^{2})^{0}/2]^{\mathrm{T}} \\
\boldsymbol{F}_{x,\,\mathrm{inv}}^{\mathrm{com,\,II}} = \bar{\boldsymbol{F}}_{x,\,\mathrm{inv}}^{\mathrm{com,\,II}} + [0 \quad (\rho u_{\mathrm{n}}\boldsymbol{u}_{\mathrm{t}})^{0} \quad (\rho u_{\mathrm{n}}|\boldsymbol{u}_{\mathrm{t}}|^{2})^{0}/2]^{\mathrm{T}}
\end{cases}
\tag{7.34}
$$

7.2.3　FR 离散

本小节将沿用 7.1.2 小节的 FR 离散方法。接下来，将重点介绍本小节与 7.1.2 小节的不同之处。当计算域采用 7.1.2 小节的方法离散后，每个单元中的方程(7.21)也可以通过坐标变换重写为以下形式：

$$
\frac{\partial \hat{\boldsymbol{W}}}{\partial t} + \frac{\partial \hat{\boldsymbol{F}}_{\xi}}{\partial \xi} + \frac{\partial \hat{\boldsymbol{F}}_{\eta}}{\partial \eta} = 0
\tag{7.35}
$$

式中，$\hat{\boldsymbol{W}}$、$\hat{\boldsymbol{F}}_{\xi}$ 和 $\hat{\boldsymbol{F}}_{\eta}$ 分别为局部坐标系下的守恒变量矢量、ξ 方向和 η 方向的通量矢量。它们与 $\boldsymbol{W}$、$\boldsymbol{F}_x$ 和 $\boldsymbol{F}_y$ 的关系为

$$
\begin{cases}
\hat{\boldsymbol{W}} = |\boldsymbol{J}|\ \boldsymbol{W} \\
\hat{\boldsymbol{F}}_{\xi} = |\boldsymbol{J}|\ \boldsymbol{J}^{-1}\boldsymbol{F}_x \\
\hat{\boldsymbol{F}}_{\eta} = |\boldsymbol{J}|\ \boldsymbol{J}^{-1}\boldsymbol{F}_y
\end{cases}
\tag{7.36}
$$

由式(7.8)可以构建守恒变量矢量多项式 $\hat{\boldsymbol{W}}^{\mathrm{D}}$。与式(7.10)类似，二维通量矢量的插值多项式为

$$\begin{cases} \hat{\boldsymbol{F}}_{\xi}^{\mathrm{D}}(\xi, \eta) = \sum_{i=1}^{P+1} \sum_{j=1}^{P+1} \hat{\boldsymbol{F}}_{x, i, j} \ell_i(\xi) \ell_j(\eta) \\ \hat{\boldsymbol{F}}_{\eta}^{\mathrm{D}}(\xi, \eta) = \sum_{i=1}^{P+1} \sum_{j=1}^{P+1} \hat{\boldsymbol{F}}_{y, i, j} \ell_i(\xi) \ell_j(\eta) \end{cases} \tag{7.37}$$

式中，$\hat{\boldsymbol{F}}_{x, i, j}$ 和 $\hat{\boldsymbol{F}}_{y, i, j}$ 分别为解点(ξ_i, η_j)上的 ξ 方向和 η 方向的通量矢量。同样，在单元界面上不连续的通量矢量多项式 $\hat{\boldsymbol{F}}_{\xi}^{\mathrm{D}}$ 和 $\hat{\boldsymbol{F}}_{\eta}^{\mathrm{D}}$ 会导致计算不稳定，需要构建连续的通量矢量多项式 $\hat{\boldsymbol{F}}_{\xi}^{\mathrm{C}}$ 和 $\hat{\boldsymbol{F}}_{\eta}^{\mathrm{C}}$。接下来仅介绍 $\hat{\boldsymbol{F}}_{\xi}^{\mathrm{C}}$ 的构建过程，$\hat{\boldsymbol{F}}_{\eta}^{\mathrm{C}}$ 的构建过程与之相同。

将标准单元内的守恒变量矢量多项式 $\hat{\boldsymbol{W}}^{\mathrm{D}}$ 转换成物理单元内的形式 $\boldsymbol{W}^{\mathrm{D}}$。这样，就能计算单元界面上的公共通量矢量 $\boldsymbol{F}_{x}^{\mathrm{com}}$，它包含无黏通量矢量 $\boldsymbol{F}_{x, \mathrm{inv}}^{\mathrm{com}}$ 和黏性通量矢量 $\boldsymbol{F}_{x, \mathrm{vis}}^{\mathrm{com}}$。根据式(7.34)，可以计算得到 $\boldsymbol{F}_{x, \mathrm{inv}}^{\mathrm{com}}$。利用局部 DG 方法[35]，可以计算 $\boldsymbol{F}_{x, \mathrm{vis}}^{\mathrm{com}}$ 如下：

$$\boldsymbol{F}_{x, \mathrm{vis}}^{\mathrm{com}} = \frac{\boldsymbol{F}_{x, \mathrm{vis}, \mathrm{L}} + \boldsymbol{F}_{x, \mathrm{vis}, \mathrm{R}}}{2} + \varepsilon_{\mathrm{LDG}}(\boldsymbol{W}_{\mathrm{L}}^{\mathrm{D}} - \boldsymbol{W}_{\mathrm{R}}^{\mathrm{D}}) + \beta_{\mathrm{LDG}}(\boldsymbol{F}_{x, \mathrm{vis}, \mathrm{L}} - \boldsymbol{F}_{x, \mathrm{vis}, \mathrm{R}}) \tag{7.38}$$

式中，$\boldsymbol{F}_{x, \mathrm{vis}, \mathrm{L}}$ 和 $\boldsymbol{F}_{x, \mathrm{vis}, \mathrm{R}}$ 分别为单元界面左右两侧的黏性通量矢量；$\boldsymbol{W}_{\mathrm{L}}^{\mathrm{D}}$ 和 $\boldsymbol{W}_{\mathrm{R}}^{\mathrm{D}}$ 分别为单元界面左右两侧的守恒变量矢量多项式；$\varepsilon_{\mathrm{LDG}}$ 和 β_{LDG} 分别为局部 DG 方法中控制解跳跃的参数和迎风参数。在本节中，$\varepsilon_{\mathrm{LDG}} = 0.1$、$\beta_{\mathrm{LDG}} = 0.5$。当求得物理单元内的界面公共通量矢量 $\boldsymbol{F}_{x}^{\mathrm{com}}$ 后，可以转换得到标准单元内的界面公共通量矢量 $\hat{\boldsymbol{F}}_{\xi}^{\mathrm{com}}$。

与式(7.11)类似，通过利用界面公共通量矢量 $\hat{\boldsymbol{F}}_{\xi}^{\mathrm{com}}$ 对不连续通量矢量多项式 $\hat{\boldsymbol{F}}^{\mathrm{D}}$ 进行修正，可以得到连续通量矢量多项式 $\hat{\boldsymbol{F}}_{\xi}^{\mathrm{C}}$ 如下：

$$\hat{\boldsymbol{F}}_{\xi}^{\mathrm{C}}(\xi) = \hat{\boldsymbol{F}}_{\xi}^{\mathrm{D}}(\xi) + (\hat{\boldsymbol{F}}_{\xi, \mathrm{L}}^{\mathrm{com}} - \hat{\boldsymbol{F}}_{\xi}^{\mathrm{D}}(-1)) g_{\mathrm{L}}(\xi) + (\hat{\boldsymbol{F}}_{\xi, \mathrm{R}}^{\mathrm{com}} - \hat{\boldsymbol{F}}_{\xi}^{\mathrm{D}}(1)) g_{\mathrm{R}}(\xi) \tag{7.39}$$

式中，$\hat{\boldsymbol{F}}_{\xi}^{\mathrm{D}}(\xi)$ 为式(7.37)中 η 取某常数的 ξ 方向通量矢量。其他函数和符号的定义与式(7.11)相同。与 7.1.2 节相同，最后也需要计算连续通量矢量的散度。此外，通过在式(7.21)中添加 Laplacian 人工黏性项，以达到在捕捉激波时抑制伪振荡的效果。最后，对于本节涉及的基于结构和非结构网格的黏性可压缩流动问题，都采用标准四阶 Runge-Kutta 方法进行时间离散。

7.2.4 数值模拟与结果讨论

本小节在 PyFR[24] 的框架下开展若干典型黏性可压缩流动问题的数值模拟，以展示所提出的 FR－LBFS 的有效性和普适性。这些问题包括制造解算例、顶盖驱动方腔流、双马赫反射、激波边界层干扰以及超声速压缩拐角流动。

1. 制造解算例

为了展示本节方法的精度，首先模拟广泛用于可压缩 N－S 方程精度测试的制造解算例[36]。该算例的解析解为

$$\begin{cases}\rho^* = p^* = \mathrm{e}^{-5[4(x-0.5)^2+(y-0.5)^2]} + 1 \\ u^* = v^* = 1\end{cases} \tag{7.40}$$

计算域范围为[0, 1]×[0, 1]，所有边界使用周期性边界条件。马赫数 $Ma = 0.4$，雷诺数 $Re = 1\,000$。为了检验精度，使用四种不同的均匀直角网格，其网格步长为 $h =$ 1/8、1/16、1/32 和 1/64。基于密度的解析解，本算例的 L_2 误差定义与式(7.18)相同。

本节方法的阶数由线性最小二乘拟合 $\log_{10}(h) \propto \log_{10}(L_2)$ 的斜率确定。表7.3 比较了不同网格尺寸下的 L_2 误差，以展示 FR－LBFS 的精度。结果显示，可以实现设计的阶数，即约为 $P+1$。此外，表 7.4 比较了在 P3 条件下的 FR－LBFS 和基于 Roe 格式的传统 FR 方法（FR－Roe）的 L_2 误差。结果表明，使用相同的网格尺寸，FR－LBFS 的误差始终小于 FR－Roe 的误差，且 FR－LBFS 的精度略高，这意味着 FR－LBFS 比 FR－Roe 更精确。

表 7.3　不同网格尺寸下的 L_2 误差

P	网格步长 h	L_2 误差	阶数
2	1/8	3.40×10^{-4}	—
2	1/16	8.08×10^{-5}	3.05
2	1/32	1.02×10^{-5}	2.98
2	1/64	1.34×10^{-6}	2.92
3	1/8	2.32×10^{-5}	—
3	1/16	3.51×10^{-6}	4.02
3	1/32	2.18×10^{-7}	4.09
3	1/64	1.61×10^{-8}	3.75

表 7.4　$P=3$ 时不同网格尺寸下 FR－LBFS 和 FR－Roe 的误差比较

网格步长 h	L_2 误差 FR－LBFS	阶数 FR－LBFS	L_2 误差 FR－Roe	阶数 FR－Roe
1/8	2.32×10^{-5}	—	2.32×10^{-5}	—
1/16	3.51×10^{-6}	4.02	3.51×10^{-6}	4.02
1/32	2.18×10^{-7}	4.09	2.19×10^{-7}	4.00
1/64	1.61×10^{-8}	3.75	1.84×10^{-8}	3.57

2. 顶盖驱动方腔流

顶盖驱动方腔流是测试黏性求解器性能的一个基准算例。流体被一个单位方形腔体所包围,其中顶壁以固定速度 U_0 向右移动,而其他三个壁面保持静止。本算例采用非均匀计算网格,以便更好地捕捉靠近壁面的旋涡结构。马赫数 $Ma = 0.3$,选用的两个雷诺数分别为 $Re = 1\,000$ 和 3 200。在方腔壁面上使用无滑移等温边界条件。

为了展示高阶求解器的性能,图 7.17 给出了不同网格尺寸下垂直和水平中心线上的速度分布。由图可知,8 × 8 网格的 P4 解与 Ghia 等[37]的结果吻合得更好。此外,8 × 8 网格 P4 解的速度分布与 48 × 48 网格 P1 解的速度分布几乎相同。然而,8 × 8 网格 P4 解的自由度比 48 × 48 网格 P1 解的自由度要少得多。因此,这再次证明了 p 加密比 h 加密更有利。

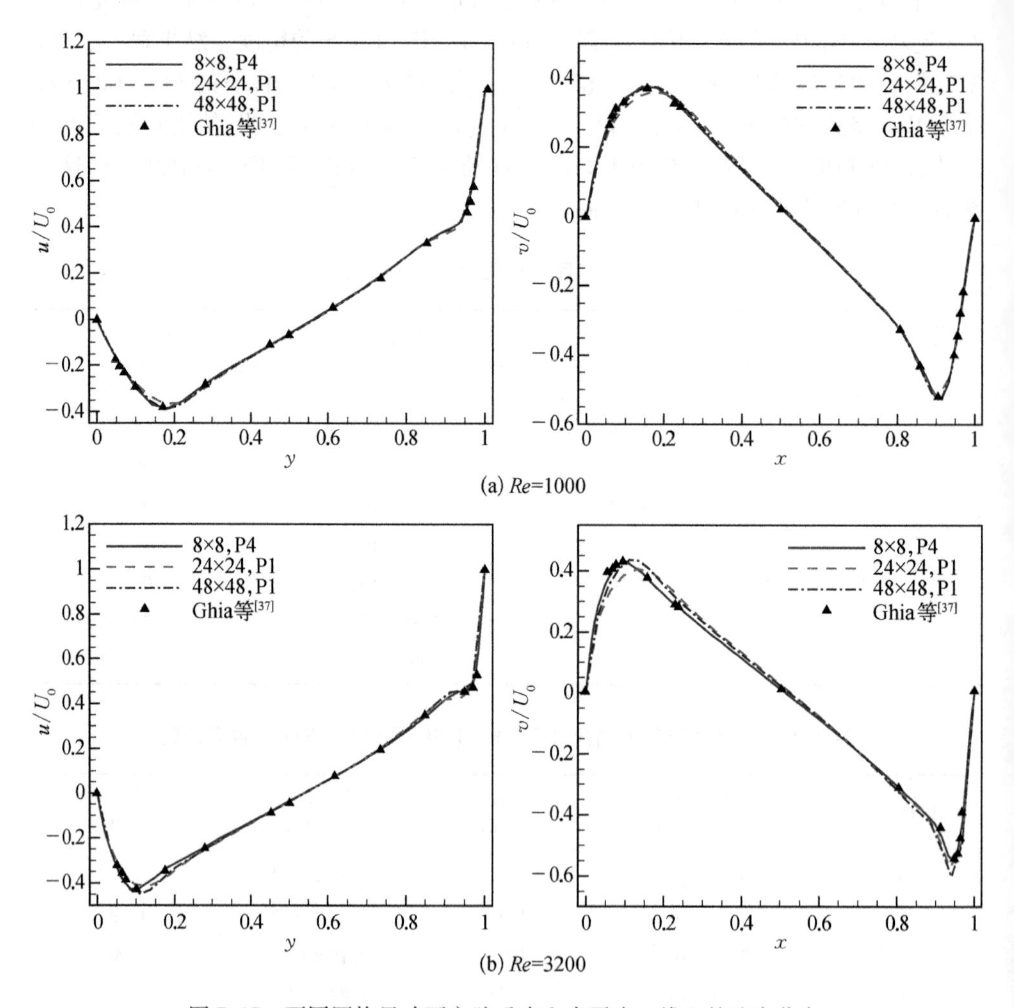

图 7.17 不同网格尺寸下方腔垂直和水平中心线上的速度分布

图7.18展示了8×8网格P4解的流线。与 Re = 1 000 的情况相比,在 Re = 3 200 的情况下,方腔右下角出现了一个小旋涡,这是由于高阶方法的性能更好,从而捕捉到了这个细小的流动结构。此外,虽然本算例的网格量比文献[37,38]中的网格量少得多,但结果依然很吻合。

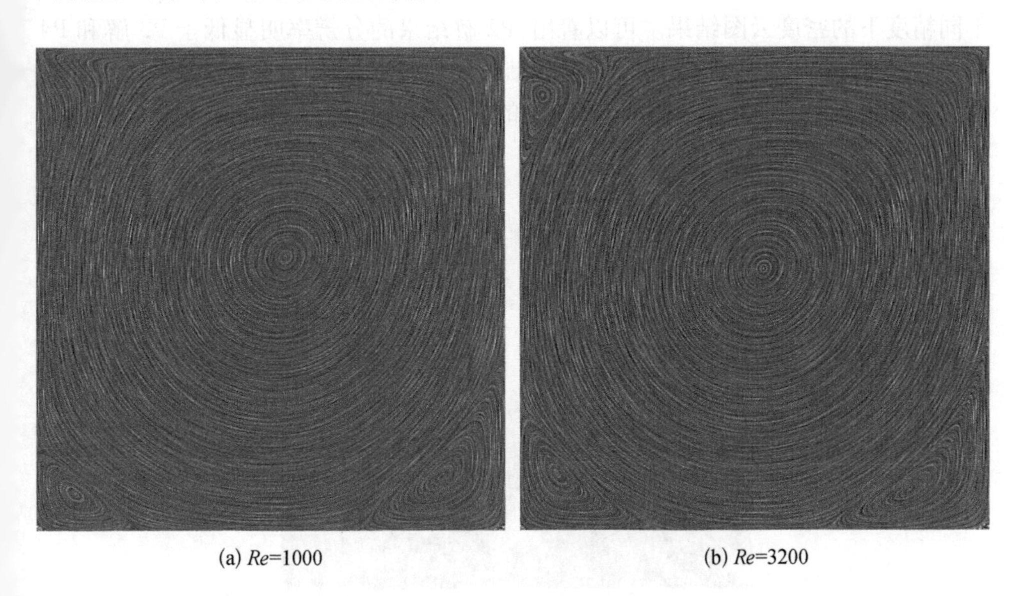

(a) Re=1000　　(b) Re=3200

图7.18　顶盖驱动方腔流的流线图

3. 双马赫反射

在超声速以及高超问题的研究中,激波干扰是一种最常见的复杂流动现象。这些复杂现象会显著影响航空航天飞行器的气动力和气动热,准确理解其动力学原理对航空航天领域的发展有着很大的促进作用。特别是在亚声速翼型绕流、超声速进气道以及超声速吸气发动机中,这些相互作用会导致流动分离,产生阻力和性能损失。而且,激波干扰一般会产生低频的不稳定激波系统,这种不稳定性可以改变或诱导热负荷结构疲劳损伤。

对于双马赫反射问题,因其与超声速飞行器和高超声速飞行器等各种高速应用的相关性而受到广泛关注。双马赫反射涉及超声速流动与固体障碍物的相互作用,其生成强激波从障碍物表面反射。在对超声速问题的模拟中,使用高阶格式不可避免的一个难点是对激波的捕捉,这也是制约高阶格式发展的一个重要因素。本节的激波捕捉格式采用 Dzanic 和 Witherden[39] 的熵过滤方法,它有很好的密度和压强保正性能以及没有依赖于算例的自由参数。

在本算例的模拟中,计算域范围为[0, 4]×[0, 1],采用2 400×600的均匀计算网格。初始时刻一道马赫数 Ma = 10 的右行强激波以60°角在壁面上反射,在左

边界以及下边界 $x<1/6$ 处，设置为波后条件。计算域下边界 $x\geqslant 1/6$ 处，设置为无滑移绝热壁。在计算域的右边界处为波前条件，上边界为 $Ma=10$ 的激波条件。波前的流场密度为 1.4，速度为 0，压强为 1，波后条件可根据激波关系式得到。

图 7.19 为双马赫反射的密度云图，展示了该问题中的复杂流动，并且对比了不同精度下的密度云图结果。可以看出，P2 解结果的分辨率明显低于 P3 解和 P4 解结果的分辨率，同时，P3 解和 P4 解的结果较为接近，表明该算法的 P3 精度已经能够满足要求。图 7.20 则展示了 P3 解的流场局部放大图，可以看到三个马赫杆周围的细致的涡结构。

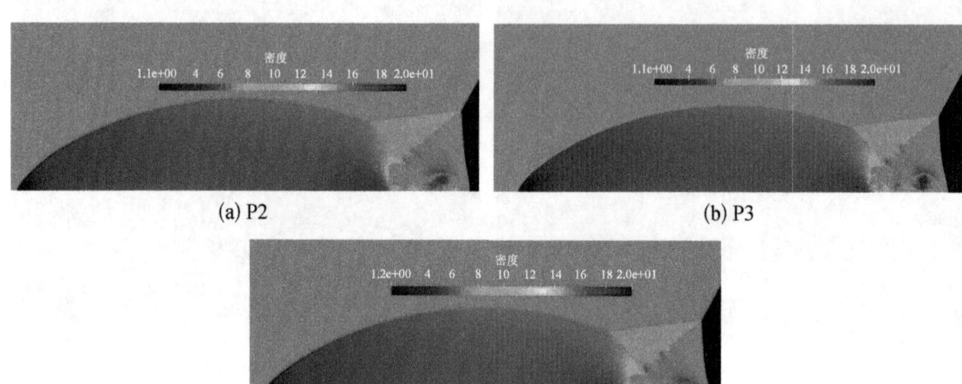

(a) P2　　(b) P3

(c) P4

图 7.19　双马赫反射的密度云图

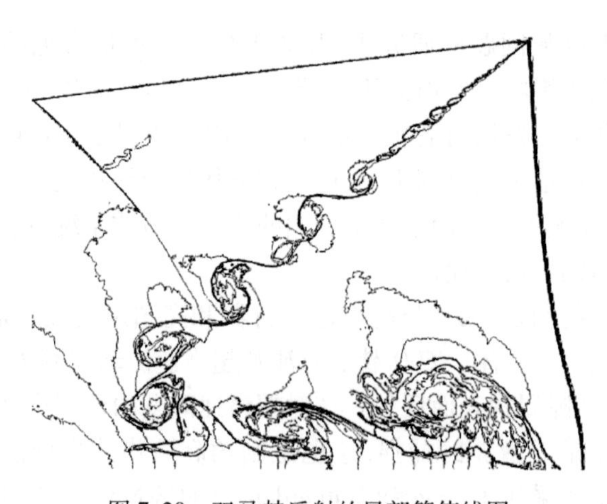

图 7.20　双马赫反射的局部等值线图

4. 激波边界层干扰

激波撞击到边界层后会产生流动分离和随后的再循环气泡。在这种情况下，激波不再反射到壁面上。相反,它会演变成边界层边缘的一道膨胀波与分离点和重附点附近的两道压缩波的组合。本算例采用与 Degrez 等[40]相同的流动参数,来流马赫数和雷诺数分别为 $Ma = 2.15$ 和 $Re = 1 \times 10^5$。计算域如图 7.21 所示,它由一个平板和一个激波生成器组成。平板的左端设计成圆弧以避免奇点。如图 7.22 所示,采用具有 4 155 个单元的非结构网格来离散计算域。上边界是无黏边界条件,左右两侧分别是超声速流入和流出边界条件。平板左端的前部是对称壁,而平板是绝热壁。本小节使用 P3 解进行计算。

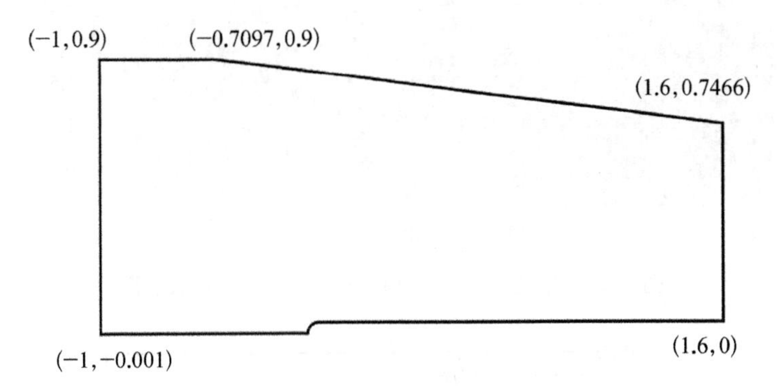

图 7.21　激波边界层干扰的计算域

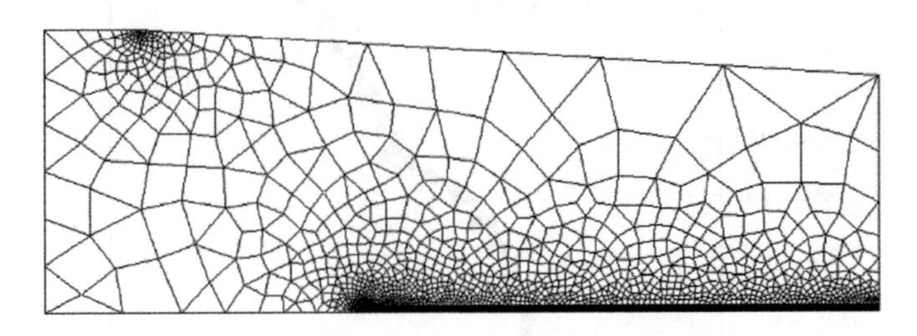

图 7.22　激波边界层干扰的计算网格

图 7.23 展示了激波边界层干扰的压强系数和马赫数云图。从图中可以清晰地观察到在不同位置处出现的激波,以及激波边界层干扰的影响。图 7.24 给出了平板上的压强系数 C_p 变化情况。由图可知,本小节的 C_p 与 Degrez 等[40]的实验结果和 Moro 等[41]的数值结果很吻合。其中,Moro 等[41]采用了自适应网格技术。然而,在激波撞击平板($x = 0.8$)的区域周围,Vila-Pérez 等[42]基于 DG 方法的 C_p 大于其他结果。这表明,本节的方法能准确模拟激波撞击位置处的流动分离状况。此外,Degrez 等[40]的数值结果与其他结果相比却有较大的偏差,这是由 Degrez 等[40]采用的数值方法引起的。

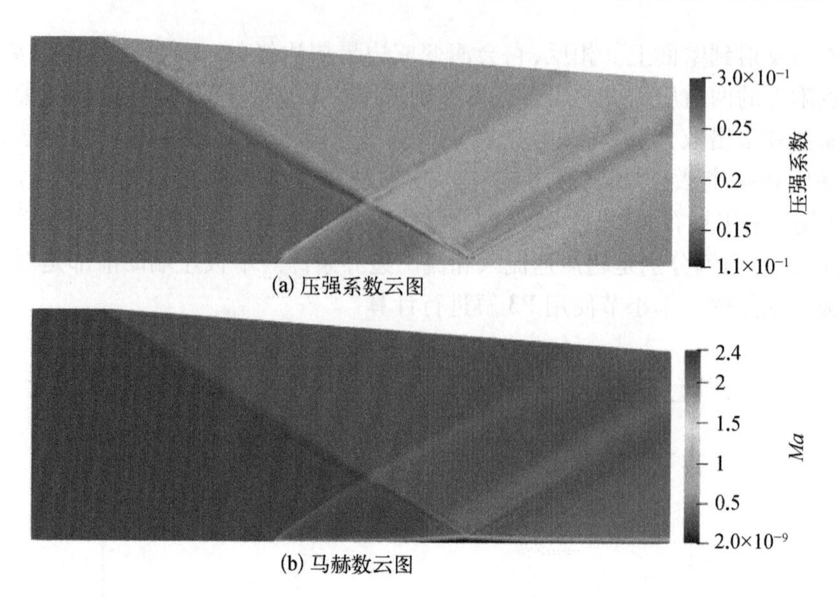

图 7.23　激波边界层干扰的压强系数和马赫数云图

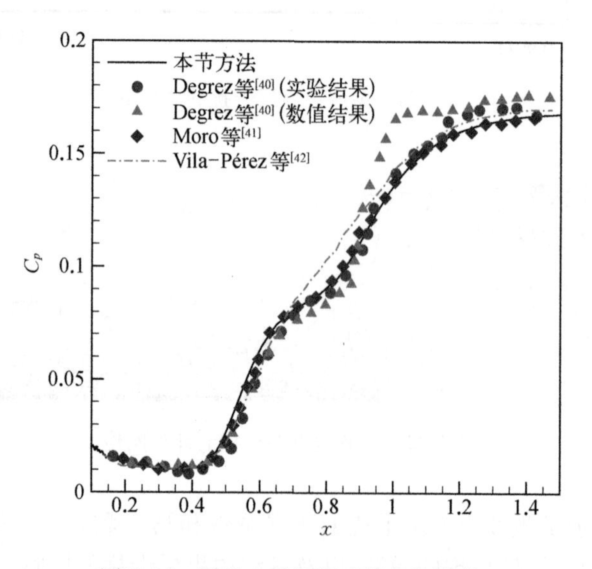

图 7.24　平板上的压强系数变化情况

图 7.25 给出了平板上的表面摩擦系数 $C_{\mathrm{f}}\left[C_{\mathrm{f}}=\dfrac{\tau_x}{(1/2)\rho U_\infty^2},\ \tau_x \text{ 为摩擦应力}\right]$ 变化情况。由图可知,本小节的 C_{f} 与 Moro 等[41] 的数值结果依然很吻合,而 Vila-Pérez 等[42] 仍然无法准确计算激波撞击平板区域周围的 C_{f}。同时,Degrez 等[40] 的数值结果再次与其他结果相差较大。

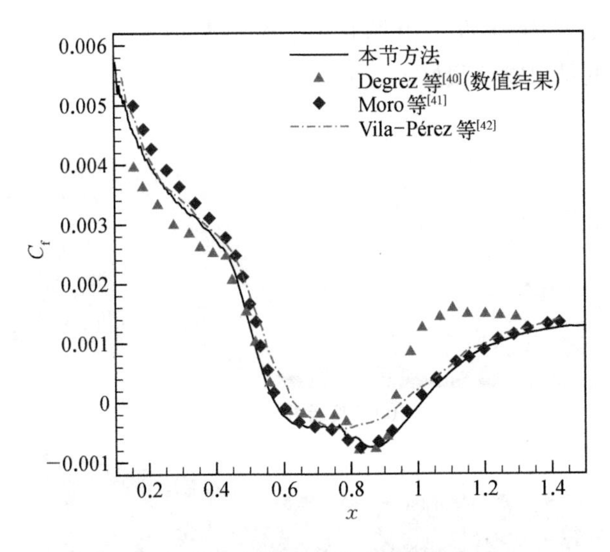

图 7.25　平板上的表面摩擦系数变化情况

5. *超声速压缩拐角流动*

由拐角引起的流动分离现象是研究激波边界层干扰的典型问题。拐角产生的激波强度超过边界层所能承受的范围时，将会在拐角处发生边界层分离现象。本算例为超声速压缩拐角流动，是经典的黏性可压缩层流问题。拐角的倾斜角度为 10°，来流马赫数为 $Ma = 3$，雷诺数为 $Re = 16\,800$。如图 7.26 所示，采用具有 3 707 个单元的非结构网格来离散计算域。平板左端为坐标原点，左边界为入口边界，距离平板左端为 0.2。上边界为远场边界，其与平板的距离为 0.575。右边界为出口边界，其位于 $x = 1.8$ 处。在底面 $0 \leqslant x \leqslant 1.8$ 处设置为无滑移边界条件且温度设为来流总温，在 $-0.2 \leqslant x \leqslant 0$ 的区域为对称边界。本小节依然使用 P3 解进行计算。

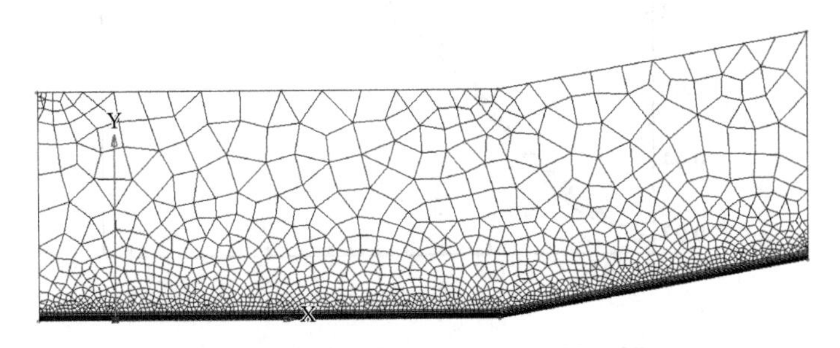

图 7.26　超声速压缩拐角流动的计算网格

图 7.27 展示了超声速压缩拐角流动的密度和马赫数云图。其中，密度云图清楚地显示出了由平板左端产生的激波以及拐角引起的压缩扇形区。图 7.28 为平

板上的压强系数变化情况。由图可知，本小节的 C_p 与 Carter[43] 和 Hung 和 MacCormack[44] 的结果吻合很好。

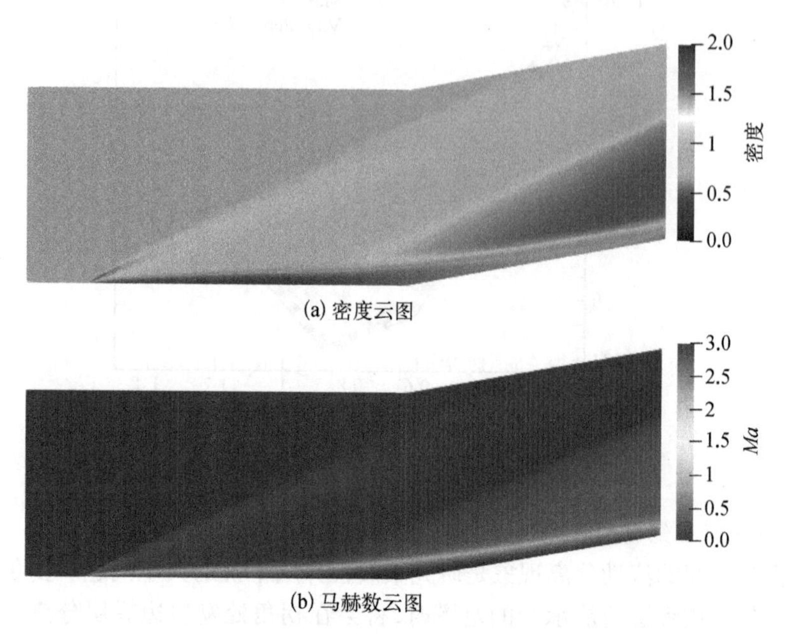

图 7.27　超声速压缩拐角流动的密度和马赫数云图

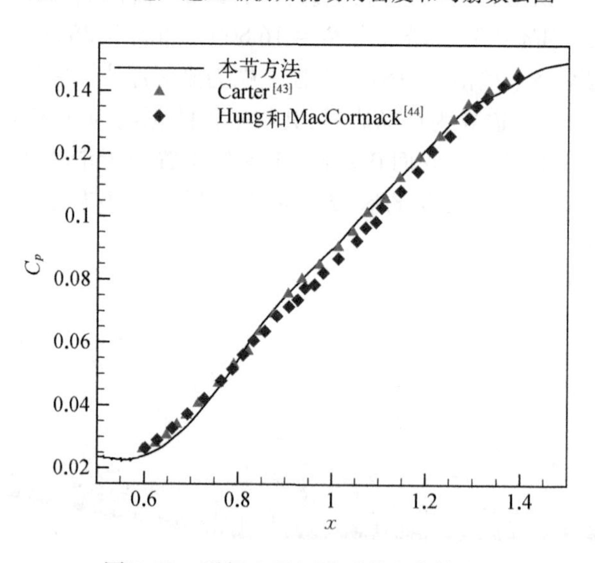

图 7.28　平板上的压强系数变化情况

图 7.29 给出了平板上的表面摩擦系数变化情况。由图可知，本小节的 C_f 与文献[43]和[44]的结果依然很吻合。最后，表 7.5 展示了边界层分离点位置 x_s 和

再附点位置 x_r 与文献数据的比较。当 C_f 从正值变为负值时,流动发生了分离;而 C_f 从负值变为正值时,流动发生了再附。从表中可以看出,本小节的结果与文献[43-47]数据吻合很好。

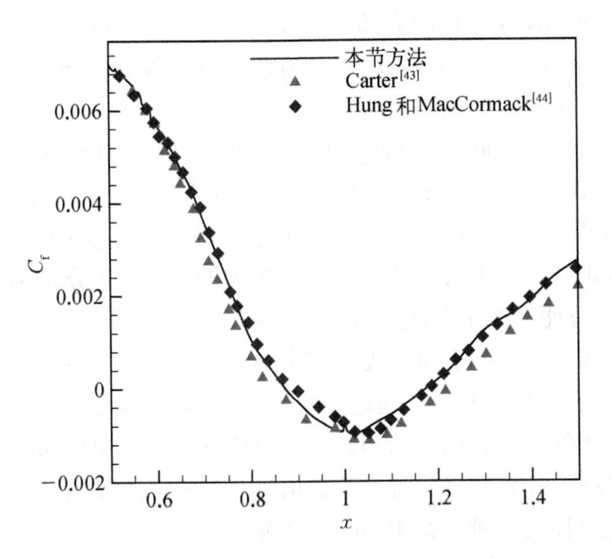

图 7.29　平板上的表面摩擦系数变化情况

表 7.5　超声速压缩拐角流动的分离点和再附点位置

数 据 来 源	分离点 x_s	再附点 x_r
本小节	0.86	1.19
Carter[43]	0.84	1.22
Hung 和 MacCormack[44]	0.89	1.18
Shakib 等[45]	0.88	1.17
Mittal 和 Yadav[46]	0.89	1.13
Kotteda 和 Mittal[47]	0.88	1.17

本节提供了一种用于模拟黏性可压缩流动问题高阶 FR - LBFS。采用 FR 进行空间离散,而采用 LBFS 计算单元界面上的无黏通量,它能很好地控制格式的耗散大小,更利于捕捉激波。此外,采用具有高保正性的熵过滤方法作为激波捕捉格式。

7.3　WENO - GKFS

除了基于格子 Boltzmann 模型的数值方法(即 LBE 和 DVBE),基于连续

Boltzmann 模型的数值方法,称为气体动理学格式(GKS)或气体动理学通量求解器(gas kinetic flux solver, GKFS)[48-50],也是模拟可压缩流动的一种优秀格式,并成功用于模拟湍流、多相流、化学反应流等[51-53]。然而,由于 GKFS 使用基于 Maxwell 分布函数的连续 Boltzmann 方程的局部解来计算单元界面上的数值通量,通量表达式通常非常复杂。另外,由于 Maxwell 分布函数的复杂性,GKFS 的计算效率也会受到很大影响,这可能成为工程应用的一个重大缺陷。

与常规的 GKFS 不同,由 Yang 等[54]提出的基于圆函数的 GKFS(circular function-based GKFS, C-GKFS)假设所有粒子都集中在一个圆上而不是无限域内。这样,Maxwell 分布函数可以简化为圆函数。由于粒子势能和粒子平动速度之间是独立的,因此只需简化与粒子平动速度相关的 Maxwell 分布函数,而剩余部分则等相当于粒子势能。为了解决积分域的问题,Yang 等[55,56]提出了一种新的分布函数变换方法,将粒子速度空间的无限积分域转换为有限积分域。基于这种变换方法,C-GKFS 可用于模拟二维问题。此外,为了确保能够恢复到 Euler 或 N-S 方程,简化后的分布函数必须在所有阶次上满足与 Maxwell 分布函数一致的矩关系。值得注意的是,由于单元界面上的数值通量表达式包含了两个方向的速度分量,C-GKFS 能够作为一种二维 Riemann 求解器。

基于各种高阶格式,如高阶紧致有限差分格式[57]、DG[58]、隐式中心型有限体积格式[59]、紧致有限体积结合加权最小二乘重构[60]、两步四阶时间结合 Hermite WENO 重构[61]等,目前已发展出了不同的高阶 GKFS。对于高阶数值方法来说,一个关键的挑战在于看似矛盾的先决条件:低耗散性(用于捕捉小尺度流动特征)和足够的数值耗散性(用于稳定地捕捉间断)。在 C-GKFS[54]基础上,本节提供一种基于 WENO 格式的高阶 GKFS(WENO-GKFS)。WENO 格式可以轻松实现高阶数,同时保持良好的鲁棒性,这对 C-GKFS 来说是一个非常好的特性。因此,WENO-GKFS 能够捕捉到更多的流场细节,这可能会为 C-GKFS 的实际工程应用提供一些尝试。

7.3.1 基于圆函数的 GKFS

对于忽略了源项的二维 N-S 方程,采用有限体积法进行空间离散,其中守恒变量定义在控制体单元中心。在每个控制体单元上,离散后的方程表达式为

$$\frac{\mathrm{d}\boldsymbol{W}}{\mathrm{d}t} = -\frac{1}{\Omega}\sum_{i=1}^{N}\left(\boldsymbol{F}_{\mathrm{inv}}^{\mathrm{c}} - \boldsymbol{F}_{\mathrm{vis}}^{\mathrm{c}}\right)S_i \tag{7.41}$$

式中,$\boldsymbol{W}$ 为守恒变量矢量;$\boldsymbol{F}_{\mathrm{inv}}^{\mathrm{c}}$ 和 $\boldsymbol{F}_{\mathrm{vis}}^{\mathrm{c}}$ 分别为单元界面上的无黏通量矢量和黏性通

量矢量；Ω 为控制体的体积；N 为控制体单元界面的数量；S_i 为每个界面的面积。$\boldsymbol{W}$ 的定义与式(7.2)相同，$\boldsymbol{F}_{\text{inv}}^{\text{c}}$ 和 $\boldsymbol{F}_{\text{vis}}^{\text{c}}$ 的表达式为

$$\begin{cases}\boldsymbol{F}_{\text{inv}}^{\text{c}}=[\rho u_{\text{n}} \quad \rho u u_{\text{n}}+p n_x \quad \rho v u_{\text{n}}+p n_y \quad (\rho e+p) u_{\text{n}}]^{\text{T}} \\ \boldsymbol{F}_{\text{vis}}^{\text{c}}=[0 \quad n_x \tau_{xx}+n_y \tau_{xy} \quad n_x \tau_{xy}+n_y \tau_{yy} \quad n_x \Theta_x+n_y \Theta_y]^{\text{T}}\end{cases} \tag{7.42}$$

式中，$\boldsymbol{n}=(n_x, n_y)$ 为单元界面上的单位法向量；u_{n} 为界面上的法向速度；$\boldsymbol{\Theta}_i=(\Theta_x, \Theta_y)$ 为黏性剪切应力与热通量之和。Θ_i 的表达式为

$$\begin{cases}\Theta_x=u \tau_{xx}+v \tau_{xy}+\lambda \dfrac{\partial T}{\partial x} \\ \Theta_y=u \tau_{xy}+v \tau_{yy}+\lambda \dfrac{\partial T}{\partial y}\end{cases} \tag{7.43}$$

本节采用传统的五阶差分格式来离散黏性通量矢量 $\boldsymbol{F}_{\text{vis}}^{\text{c}}$，对于无黏通量矢量 $\overline{\boldsymbol{F}}_{\text{inv}}^{\text{c}}$，则采用 C－GKFS 进行离散。为了便于计算 $\overline{\boldsymbol{F}}_{\text{inv}}^{\text{c}}$，可以在单元界面上引入局部坐标系。在该坐标系中，1 方向为单元界面的外法线方向，2 方向为单元界面的切线方向。在局部坐标系中，守恒变量矢量和无黏通量矢量分别为

$$\begin{cases}\overline{\boldsymbol{W}}=[\rho \quad \rho u_1 \quad \rho u_2 \quad \rho e]^{\text{T}} \\ \overline{\boldsymbol{F}}_{\text{inv}}^{\text{c}}=[\rho u_1 \quad \rho u_1^2+p \quad \rho u_1 u_2 \quad (\rho e+p) u_1]^{\text{T}}\end{cases} \tag{7.44}$$

式中，$\boldsymbol{u}=(u_1, n_2)$ 为局部坐标系下的速度矢量。式(7.44)中的 $\overline{\boldsymbol{W}}$ 仅用于计算单元界面上的守恒变量及 C－GKFS 中的平衡分布函数。单元中心的守恒变量仍然由控制方程(7.41)来更新。由于 $u_{\text{n}}=u_1$、$u=u_1 n_x-u_2 n_y$、$v=u_1 n_y+u_2 n_x$，利用 $\overline{\boldsymbol{W}}$ 的 u_1 和 u_2 就能计算式(7.42)中的通量矢量。接下来介绍如何使用 C－GKFS 计算式(7.44)。

在 GKFS 中，依据分布函数 f 满足的各阶矩关系，可以利用 f 计算守恒变量矢量 $\overline{\boldsymbol{W}}$ 和无黏通量矢量 $\overline{\boldsymbol{F}}_{\text{inv}}^{\text{c}}$：

$$\begin{cases}\overline{\boldsymbol{W}}=\displaystyle\int_{-\infty}^{+\infty} \boldsymbol{\varphi} f \mathrm{d} \Xi_1 \\ \overline{\boldsymbol{F}}_{\text{inv}}^{\text{c}}=\displaystyle\int_{-\infty}^{+\infty} \xi_1 \boldsymbol{\varphi} f \mathrm{d} \Xi_1\end{cases} \tag{7.45}$$

式中，Ξ_1 为相速度空间；$\boldsymbol{\varphi}=[1 \quad \xi_1 \quad \xi_2 (\xi_1^2+\xi_2^2)/2+e_{\text{p}}]^{\text{T}}$ 为碰撞不变量；ξ_1 和 ξ_2 分别为粒子速度矢量在局部坐标系中的法向分量和切向分量；$e_{\text{p}}=(2-\gamma) e_{\text{f}}$ 为粒子势能。由式(7.45)可知，常规 GKFS 的相速度空间中的粒子分布在负无穷到正无

穷的无限域空间内。同时,平衡分布函数 g 取为 Maxwell 分布函数,其形式较为复杂。为此,C－GKFS[54]假设相速度空间中的所有粒子都分布在以(u_1, u_2)为圆心、c 为半径的圆周上,其中 $c^2=(\xi_1-u_1)^2+(\xi_2-u_2)^2$。这样,平衡分布函数可简化为圆函数 g_c:

$$g_c=\begin{cases}\dfrac{\rho}{2\pi}, & (\xi_1-u_1)^2+(\xi_2-u_2)^2=c^2\\ 0, & (\xi_1-u_1)^2+(\xi_2-u_2)^2\neq c^2\end{cases} \tag{7.46}$$

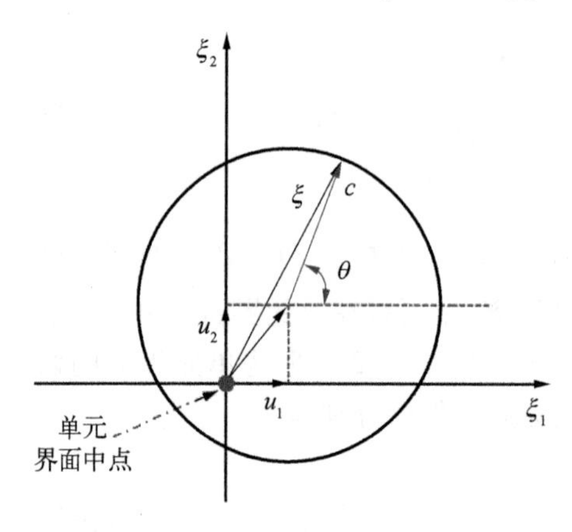

图 7.30　圆函数的分布示意图

如图 7.30 所示,粒子速度 ξ_1 和 ξ_2 为

$$\begin{cases}\xi_1=u_1+c\cos\theta\\ \xi_2=u_2+c\sin\theta\end{cases} \tag{7.47}$$

式中,θ 为圆周径向与单元界面法线方向的夹角。

从式(7.45)可知,计算 $\bar{\boldsymbol{F}}_{\text{inv}}^{\text{c}}$ 的关键在于获得单元界面上的分布函数 f 和碰撞不变量 $\boldsymbol{\varphi}$。在 C－GKFS 中,根据 Chapman-Enskog 展开分析可知,单元界面上的分布函数由两部分组成:

$$f(0,\ t)=g_c(0,\ t)+\tau_0[g_c(-\boldsymbol{\xi}\Delta t,\ t-\Delta t)-g_c(0,\ t)] \tag{7.48}$$

式中,$g_c(0,\ t)$为单元界面上的圆函数;$g_c(-\boldsymbol{\xi}\Delta t,\ t-\Delta t)$为圆周上的圆函数;$\tau_0$ 为数值黏性权重系数;Δt 为时间步长。为了控制非平衡分布函数产生的数值黏性,τ_0 的计算表达式与式(7.29)相同。将式(7.48)代入式(7.45),可得无黏通量矢量 $\bar{\boldsymbol{F}}_{\text{inv}}^{\text{c}}$ 为

$$\begin{cases}\bar{\boldsymbol{F}}_{\text{inv}}^{\text{c}}=\bar{\boldsymbol{F}}_{\text{inv}}^{\text{c, I}}+\tau_0(\bar{\boldsymbol{F}}_{\text{inv}}^{\text{c, II}}-\bar{\boldsymbol{F}}_{\text{inv}}^{\text{c, I}})\\ \bar{\boldsymbol{F}}_{\text{inv}}^{\text{c, I}}=\displaystyle\int_0^{2\pi}\xi_1^{\text{face}}\boldsymbol{\varphi}^{\text{face}}g_c^{\text{face}}\mathrm{d}\theta\\ \bar{\boldsymbol{F}}_{\text{inv}}^{\text{c, II}}=\displaystyle\int_0^{2\pi}\xi_1^{\text{cir}}\boldsymbol{\varphi}^{\text{cir}}g_c^{\text{cir}}\mathrm{d}\theta\end{cases} \tag{7.49}$$

式中,上标 face 和 cir 分别为单元界面和圆周。由式(7.49)可知,无黏通量矢量 $\bar{\boldsymbol{F}}_{\text{inv}}^{\text{c}}$ 由 $\bar{\boldsymbol{F}}_{\text{inv}}^{\text{c, I}}$ 和 $\bar{\boldsymbol{F}}_{\text{inv}}^{\text{c, II}}$ 两部分组成,它们分别由单元界面上的圆函数 g_c^{face} 和圆周上的圆函数 g_c^{cir} 以及碰撞不变量 $\boldsymbol{\varphi}^{\text{face}}$ 和 $\boldsymbol{\varphi}^{\text{cir}}$ 计算得到。

根据局部坐标系中的法向粒子速度分量 ξ_1, g_c^{cir} 和 $\boldsymbol{\varphi}^{\text{cir}}$ 可计算如下:

$$g_c^{\text{cir}} = \begin{cases} g_c^{\text{face, L}}, & \xi_1 \geqslant 0 \\ g_c^{\text{face, R}}, & \xi_1 < 0 \end{cases} \tag{7.50a}$$

$$\boldsymbol{\varphi}^{\text{cir}} = \begin{cases} \boldsymbol{\varphi}^{\text{face, L}}, & \xi_1 \geqslant 0 \\ \boldsymbol{\varphi}^{\text{face, R}}, & \xi_1 < 0 \end{cases} \tag{7.50b}$$

式中，$g_c^{\text{face, L}}$ 和 $g_c^{\text{face, R}}$ 分别为界面左右两侧的圆函数；$\boldsymbol{\varphi}^{\text{face, L}}$ 和 $\boldsymbol{\varphi}^{\text{face, R}}$ 分别为界面左右两侧的碰撞不变量。它们由界面左右两侧的守恒变量来计算，本节采用三阶 MUSCL 格式以及 van Albada 限制器[33]来将单元中心的守恒变量插值到界面左右两侧。将式(7.48)代入式(7.45)，并结合式(7.50)，可得界面上的守恒变量矢量 $\overline{\boldsymbol{W}}^{\text{c}}$ 如下：

$$\begin{cases} \overline{\boldsymbol{W}}^{\text{c}} = \overline{\boldsymbol{W}}^{\text{c, L}} + \overline{\boldsymbol{W}}^{\text{c, R}} \\ \overline{\boldsymbol{W}}^{\text{c, L}} = \int_{\xi_1 \geqslant 0} \boldsymbol{\varphi}^{\text{face, L}} g_c^{\text{face, L}} \mathrm{d}\theta \\ \overline{\boldsymbol{W}}^{\text{c, R}} = \int_{\xi_1 < 0} \boldsymbol{\varphi}^{\text{face, R}} g_c^{\text{face, R}} \mathrm{d}\theta \end{cases} \tag{7.51}$$

式中，$\overline{\boldsymbol{W}}^{\text{c, L}}$ 和 $\overline{\boldsymbol{W}}^{\text{c, R}}$ 右端的积分域与 ξ_1 的值相关。根据图 7.30 可知，该积分域也由界面上的 u_1 和 c 确定。因此，在计算式(7.51)的积分时，必须先预估界面上的 u_1 和 c。它们可以采用 Roe 平均来近似计算，也可以直接取为上一时刻界面上的值。依据不同的 ξ_1 值，$\overline{\boldsymbol{W}}^{\text{c}}$ 的具体计算表达式如下。

1. 当 $u_1 > c$ 时

$$\overline{\boldsymbol{W}}^{\text{c}} = \overline{\boldsymbol{W}}^{\text{c, L}} = \begin{bmatrix} \rho \\ \rho u_1 \\ \rho u_2 \\ \dfrac{1}{2}\rho(u_1^2 + u_2^2 + c^2 + 2e_{\text{p}}) \end{bmatrix}^{\text{L}} \tag{7.52a}$$

2. 当 $u_1 < -c$ 时

$$\overline{\boldsymbol{W}}^{\text{c}} = \overline{\boldsymbol{W}}^{\text{c, R}} = \begin{bmatrix} \rho \\ \rho u_1 \\ \rho u_2 \\ \dfrac{1}{2}\rho(u_1^2 + u_2^2 + c^2 + 2e_{\text{p}}) \end{bmatrix}^{\text{R}} \tag{7.52b}$$

3. 当$-c<u_1<c$时

$$\bar{\boldsymbol{W}}^{c}=\bar{\boldsymbol{W}}^{c,L}+\bar{\boldsymbol{W}}^{c,R}=\begin{bmatrix}\dfrac{\rho\theta_1}{\pi}\\ \dfrac{\rho(u_1\theta_1+c\sin\theta_1)}{\pi}\\ \dfrac{\rho u_2\theta_1}{\pi}\\ \dfrac{\rho(W_{e1}\theta_1+2u_1c\sin\theta_1)}{2\pi}\end{bmatrix}^{L}+\begin{bmatrix}\dfrac{\rho\theta_2}{\pi}\\ \dfrac{\rho(u_1\theta_2-c\sin\theta_1)}{\pi}\\ \dfrac{\rho u_2\theta_2}{\pi}\\ \dfrac{\rho(W_{e1}\theta_2-2u_1c\sin\theta_1)}{2\pi}\end{bmatrix}^{R} \tag{7.52c}$$

式中，$\theta_1=\arccos(-u_1/c)$；$\theta_2=\pi-\theta_1$；$W_{e1}=\theta(u_1^2+u_2^2+c^2+2e_p)$。根据得到的$\bar{\boldsymbol{W}}^{c}$可以计算界面上的圆函数$g_c^{face}$，将其代入式(7.49)，即可得到界面圆函数对应的无黏通量$\bar{\boldsymbol{F}}_{inv}^{c,I}$如下：

$$\bar{\boldsymbol{F}}_{inv}^{c,I}=\begin{bmatrix}\rho u_1\\ \rho u_1^2+\dfrac{1}{2}\rho c^2\\ \rho u_1u_2\\ \dfrac{1}{2}\rho u_1(u_1^2+u_2^2+2c^2+2e_p)\end{bmatrix}^{face} \tag{7.53}$$

最后，将式(7.50)中的g_c^{cir}和$\boldsymbol{\varphi}^{cir}$代入式(7.49)，可计算圆周圆函数对应的无黏通量$\bar{\boldsymbol{F}}_{inv}^{c,II}$如下：

$$\bar{\boldsymbol{F}}_{inv}^{c,II}=\int_{\xi_1\geq 0}\xi_1^{L}\boldsymbol{\varphi}^{face,L}g_c^{face,L}d\theta+\int_{\xi_1<0}\xi_1^{R}\boldsymbol{\varphi}^{face,R}g_c^{face,R}d\theta \tag{7.54}$$

式中，ξ_1^L和ξ_1^R分别为界面左右两侧的法向粒子速度分量。与式(7.53)类似，依据不同的ξ_1值，$\bar{\boldsymbol{F}}_{inv}^{c,II}$的具体计算表达式如下。

1. 当$u_1>c$时

$$\bar{\boldsymbol{F}}_{inv}^{c,II}=\int_{\xi_1\geq 0}\xi_1^{L}\boldsymbol{\varphi}^{face,L}g_c^{face,L}d\theta=\begin{bmatrix}\rho u_1\\ \rho u_1^2+\dfrac{1}{2}\rho c^2\\ \rho u_1u_2\\ \dfrac{1}{2}\rho u_1(u_1^2+u_2^2+2c^2+2e_p)\end{bmatrix}^{L} \tag{7.55a}$$

2. 当 $u_1 < -c$ 时

$$\overline{\boldsymbol{F}}_{\text{inv}}^{\text{c, II}} = \int_{\xi_1<0} \xi_1^{\text{R}} \boldsymbol{\varphi}^{\text{face, R}} g_{\text{c}}^{\text{face, R}} \text{d}\theta = \begin{bmatrix} \rho u_1 \\ \rho u_1^2 + \dfrac{1}{2}\rho c^2 \\ \rho u_1 u_2 \\ \dfrac{1}{2}\rho u_1 (u_1^2 + u_2^2 + 2c^2 + 2e_{\text{p}}) \end{bmatrix}^{\text{R}} \tag{7.55b}$$

3. 当 $-c < u_1 < c$ 时

$$\overline{\boldsymbol{F}}_{\text{inv}}^{\text{c, II}} = \begin{bmatrix} \dfrac{\rho(u_1\theta_1 + c\sin\theta_1)}{\pi} \\ \dfrac{\rho[2u_1^2\theta_1 + c^2\theta_1 + F_{mx}(\theta_1)]}{\pi} \\ \dfrac{\rho u_2(u_1\theta_1 + c\sin\theta_1)}{\pi} \\ \dfrac{\rho[F_{e1}(\theta_1) + F_{e2}(\theta_1)]}{2\pi} \end{bmatrix}^{\text{L}} + \begin{bmatrix} \dfrac{\rho(u_1\theta_2 - c\sin\theta_1)}{\pi} \\ \dfrac{\rho[2u_1^2\theta_2 + c^2\theta_2 - F_{mx}(\theta_1)]}{\pi} \\ \dfrac{\rho u_2(u_1\theta_2 - c\sin\theta_1)}{\pi} \\ \dfrac{\rho[F_{e1}(\theta_1) - F_{e2}(\theta_1)]}{2\pi} \end{bmatrix}^{\text{R}} \tag{7.55c}$$

式中，$F_{mx}(\theta) = (4u_1 c + c^2\cos\theta)\sin\theta$；$F_{e1}(\theta) = (2u_1c^2 + u_1^3 + u_1u_2^2 + 2u_1e_{\text{p}})\theta$；$F_{e2}(\theta) = (3cu_1^2 + c^3 + cu_2^2 + 2ce_{\text{p}} + u_1c^2\cos\theta)\sin\theta$。

7.3.2 空间重构和时间离散

传统 C－GKFS[54–56] 的空间精度可达到二阶。为了提高 C－GKFS 的空间精度，本节采用 WENO 中的 WENO－Z 格式[62–64] 对界面左右两侧的守恒变量进行重构。下面以界面左侧的守恒变量矢量 $\overline{\boldsymbol{W}}^{\text{c, L}}$ 为例，介绍具体的重构过程。

对于二维问题，设单元界面位于 $(i + 1/2, j)$ 处，则该处的 $\overline{\boldsymbol{W}}^{\text{c, L}}$ 中任一元素 $\overline{W}^{\text{L, r}}(i + 1/2, j)$ 的五阶 WENO 近似为

$$\overline{W}^{\text{L, r}}(i + 1/2, j) = \sum_{k=0}^{2} \omega_k^{\text{Z}} W_{i+1/2,\, k}^{\text{L, r}} \tag{7.56}$$

式中，ω_k^{Z} 为 WENO－Z 格式中的加权系数；$W_{i+1/2,\, k}^{\text{L, r}}$ 为 $\overline{W}^{\text{L, r}}(i + 1/2, j)$ 的三阶近似。$W_{i+1/2,\, k}^{\text{L, r}}$ 的计算表达式为

$$\begin{cases} W_{i+1/2,\,0}^{\mathrm{L},\,\mathrm{r}} = \dfrac{1}{3}W_{i-2,\,j}^{\mathrm{r}} - \dfrac{7}{6}W_{i-1,\,j}^{\mathrm{r}} + \dfrac{11}{6}W_{i,\,j}^{\mathrm{r}} \\ W_{i+1/2,\,1}^{\mathrm{L},\,\mathrm{r}} = -\dfrac{1}{6}W_{i-1,\,j}^{\mathrm{r}} + \dfrac{5}{6}W_{i,\,j}^{\mathrm{r}} + \dfrac{1}{3}W_{i+1,\,j}^{\mathrm{r}} \\ W_{i+1/2,\,2}^{\mathrm{L},\,\mathrm{r}} = \dfrac{1}{3}W_{i,\,j}^{\mathrm{r}} + \dfrac{5}{6}W_{i+1,\,j}^{\mathrm{r}} - \dfrac{1}{6}W_{i+2,\,j}^{\mathrm{r}} \end{cases} \tag{7.57}$$

式中，W^{r} 为单元中心的守恒变量。ω_k^{Z} 的计算表达式为

$$\begin{cases} \omega_k^{\mathrm{Z}} = \dfrac{\alpha_k^{\mathrm{Z}}}{\alpha_0^{\mathrm{Z}} + \alpha_1^{\mathrm{Z}} + \alpha_2^{\mathrm{Z}}} \\ \alpha_k^{\mathrm{Z}} = \gamma_k \left[1 + \left(\dfrac{\tau_5}{\vartheta + \beta_k} \right)^p \right] \end{cases} \tag{7.58}$$

式中，γ_k 为最佳权系数；$\tau_5 = |\beta_0 - \beta_2|$ 为全局光滑因子；ϑ 为一个小正数，以避免分母为零（一般取为 10^{-6}）；β_k 为光滑因子；p 为幂指数。最佳权系数和光滑因子分别为

$$\begin{cases} \gamma_0 = 0.1 \\ \gamma_1 = 0.6 \\ \gamma_2 = 0.3 \end{cases} \tag{7.59}$$

$$\begin{cases} \beta_0 = \dfrac{13}{12}(W_{i-2,\,j}^{\mathrm{r}} - 2W_{i-1,\,j}^{\mathrm{r}} + W_{i,\,j}^{\mathrm{r}})^2 + \dfrac{1}{4}(W_{i-2,\,j}^{\mathrm{r}} - 4W_{i-1,\,j}^{\mathrm{r}} + 3W_{i,\,j}^{\mathrm{r}})^2 \\ \beta_1 = \dfrac{13}{12}(W_{i-1,\,j}^{\mathrm{r}} - 2W_{i,\,j}^{\mathrm{r}} + W_{i+1,\,j}^{\mathrm{r}})^2 + \dfrac{1}{4}(W_{i-1,\,j}^{\mathrm{r}} - W_{i+1,\,j}^{\mathrm{r}})^2 \\ \beta_2 = \dfrac{13}{12}(W_{i,\,j}^{\mathrm{r}} - 2W_{i+1,\,j}^{\mathrm{r}} + W_{i+2,\,j}^{\mathrm{r}})^2 + \dfrac{1}{4}(3W_{i,\,j}^{\mathrm{r}} - 4W_{i+1,\,j}^{\mathrm{r}} + W_{i+2,\,j}^{\mathrm{r}})^2 \end{cases} \tag{7.60}$$

界面右侧的守恒变量矢量 $\overline{\boldsymbol{W}}^{\mathrm{c},\,\mathrm{R}}$ 可采用类似的方法重构计算。随后，可以采用 7.3.1 小节中所述的 C－GKFS 计算界面上的无黏通量矢量 $\overline{\boldsymbol{F}}_{\mathrm{inv}}^{\mathrm{c}}$。此外，本节采用标准三阶 Runge-Kutta 方法进行时间离散。

7.3.3 数值模拟与结果讨论

本小节开展若干典型可压缩流动的数值模拟，以验证所提出的 WENO－GKFS 的性能。首先，进行精度测试。之后，通过模拟两个无黏可压缩问题（四激波相互作用、激波气泡相互作用）和三个黏性可压缩问题（平板边界层流动、障碍物激波衍射以及高超声速圆柱绕流），以展示 WENO－GKFS 能够计算得到的更多流场细节。

1. 精度测试

为了展示本节方法的精度,首先模拟密度扰动对流。本算例为无黏流动问题,其初始条件为

$$\begin{cases}\rho(x,\ y,\ 0) = 1 + 0.2\sin[\pi(x + y)] \\ u(x,\ y,\ 0) = v(x,\ y,\ 0) = p(x,\ y,\ 0) = 1\end{cases} \tag{7.61}$$

所有边界使用周期性边界条件,则该算例的解析解为

$$\begin{cases}\rho^*(x,\ y,\ t) = 1 + 0.2\sin[\pi(x + y - 2t)] \\ u^*(x,\ y,\ t) = v^*(x,\ y,\ t) = p^*(x,\ y,\ t) = 1\end{cases} \tag{7.62}$$

计算域范围为$[-1,\ 1]\times[-1,\ 1]$。使用四种不同的均匀直角网格离散计算域,其网格步长为 h = 1/20、1/30、1/40 和 1/80。基于密度的解析解,本算例的 L_2 误差定义与式(7.18)相同。同样,本节方法的阶数也由线性最小二乘拟合 $\log_{10}(h) \propto \log_{10}(L_2)$ 的斜率确定。

表 7.6 比较了分别采用二阶格式的 C - GKFS 和四阶格式的 WENO - GKFS 计算时,不同网格尺寸下的 L_2 误差,以展示相应的精度。结果显示,可以达到格式的对应阶数。

表 7.6　不同网格尺寸下的 L_2 误差

格式阶数	网格步长 h	L_2 误差	阶数
2	1/20	2.91×10^{-3}	—
2	1/30	1.30×10^{-3}	1.99
2	1/40	7.42×10^{-4}	1.95
2	1/80	1.76×10^{-4}	2.11
4	1/20	1.34×10^{-4}	—
4	1/30	2.59×10^{-5}	4.05
4	1/40	8.12×10^{-6}	4.04
4	1/80	5.10×10^{-7}	3.98

2. 四激波相互作用

四激波相互作用[65]是一个经典的二维 Riemann 问题。本算例的计算域范围为$[0,\ 1]\times[0,\ 1]$,采用 500×500 的均匀直角网格离散计算域,所有边界使用无反射边界条件。根据不同的初始条件,四激波相互作用会形成总共 19 种流动结构。本算例的初始条件是

$$
(\rho, u, v, p)=\begin{cases}(1.5, 0, 0, 1.5), & 0.7 \leqslant x \leqslant 1, 0.7 \leqslant y \leqslant 1 \\ (0.5323, 1.206, 0, 0.3), & 0 \leqslant x < 0.7, 0.7 \leqslant y \leqslant 1 \\ (0.137, 1.206, 1.206, 0.029), & 0 \leqslant x < 0.7, 0 \leqslant y < 0.7 \\ (0.5323, 0, 1.206, 0.3), & 0.7 \leqslant x \leqslant 1, 0 \leqslant y < 0.7\end{cases} \tag{7.63}
$$

初始时刻,在流场中有四道激波。随着时间的推移,它们相互影响,并形成了复杂的激波、涡旋和接触间断相互作用的流动。

图 7.31 给出了本节方法计算的 $t=0.6$ 时的密度等值线图。同时,图中还包

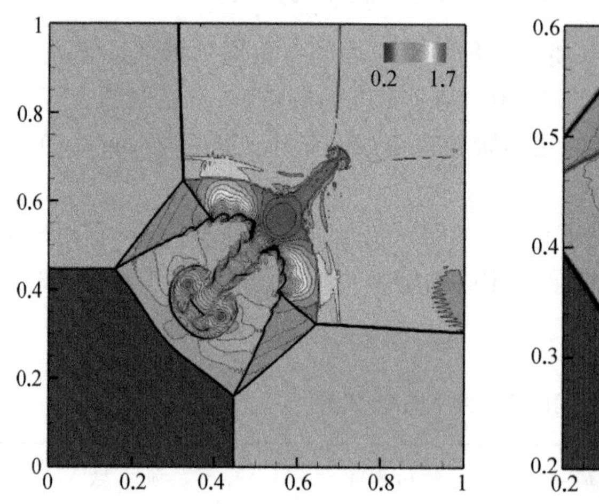

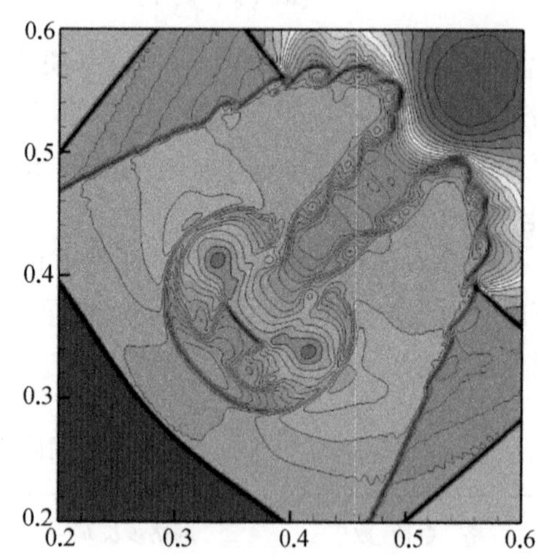

(a) 本节方法的结果;左:全局,右:局部

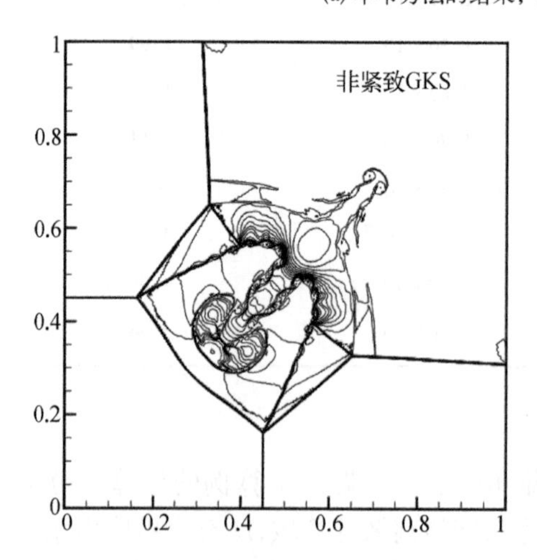

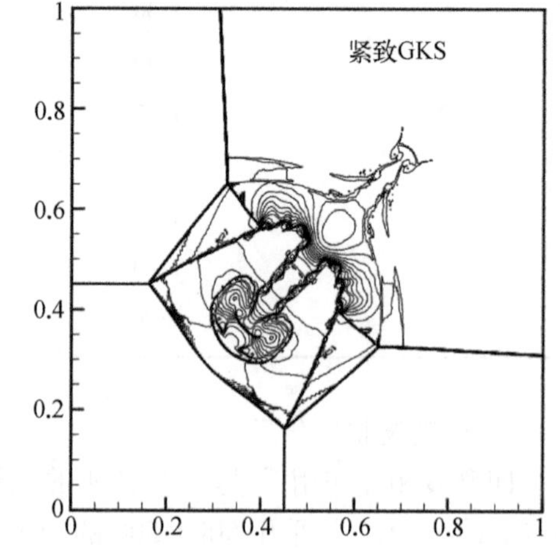

(b) 文献[61]中的结果;左:非紧致GKS格式,右:紧致GKS格式

图 7.31　四激波相互作用在 $t=0.6$ 时的密度等值线图

括了文献[61]中的结果。由图可知,不同结果的流场的发展情况相同,且本节方法的结果可以很好地解析小尺度的流动结构。这表明,C-GKFS 结合 WENO 能够很好地解决 Kelvin-Helmholtz 不稳定性问题。

3. 激波气泡相互作用

作为研究激波加速非均匀流的一个简化模型,激波气泡相互作用已得到了广泛的研究[66]。本算例的计算域范围、计算网格以及边界条件均与四激波相互作用算例相同。初始时刻,有一道向右移动的激波位于 $x=0.1$ 处,一个半径为 0.15 的气泡其中心位于(0.5, 0.5)处。本算例的初始条件是

$$(\rho,\ u,\ v,\ p)=\begin{cases}(1.3764,\ 0.394,\ 0,\ 1.5698), & \text{激波左侧}\\(1,\ 0,\ 0,\ 1), & \text{激波右侧}\\(0.138,\ 0,\ 0,\ 1) & \text{气泡内}\end{cases}\tag{7.64}$$

这个问题可以分为两部分。第一部分是激波正在通过气泡,而气泡尚未破裂。图 7.32 展示了这个变化过程(从左到右,上到下),图 7.33 给出了文献[66]中激波与气泡相互作用后的折射模式示意图。由图可知,本节方法的结果完美展示了不同气泡界面曲率对激波折射模式的影响。

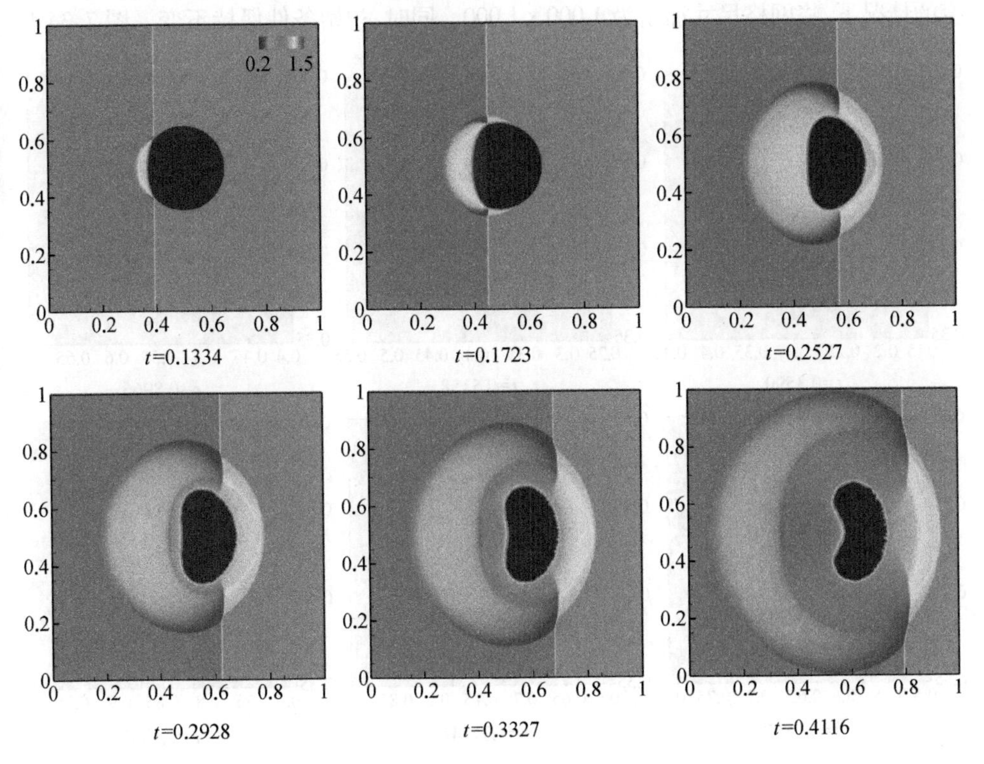

图 7.32　激波气泡相互作用的第一部分变化过程

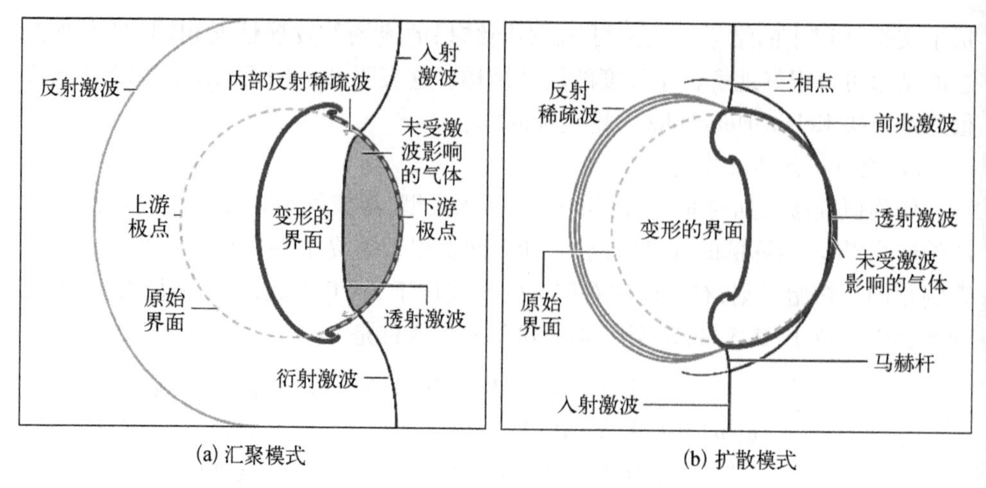

图 7.33　激波与气泡相互作用后的折射模式示意图

第二部分是激波已经完全通过了气泡，并且气泡已经发生了变形和破裂。为了避免气泡被吹出计算域，将激波初始位置改为 $x = 0.04$，并将气泡中心位置改为 $(0.15, 0.5)$ 且半径为 0.1。为了能捕捉更多的真实物理现象，在保持计算域范围不变的情况下，将网格尺寸加密为 $1\,000 \times 1\,000$。同时，初始条件保持不变。图 7.34 显

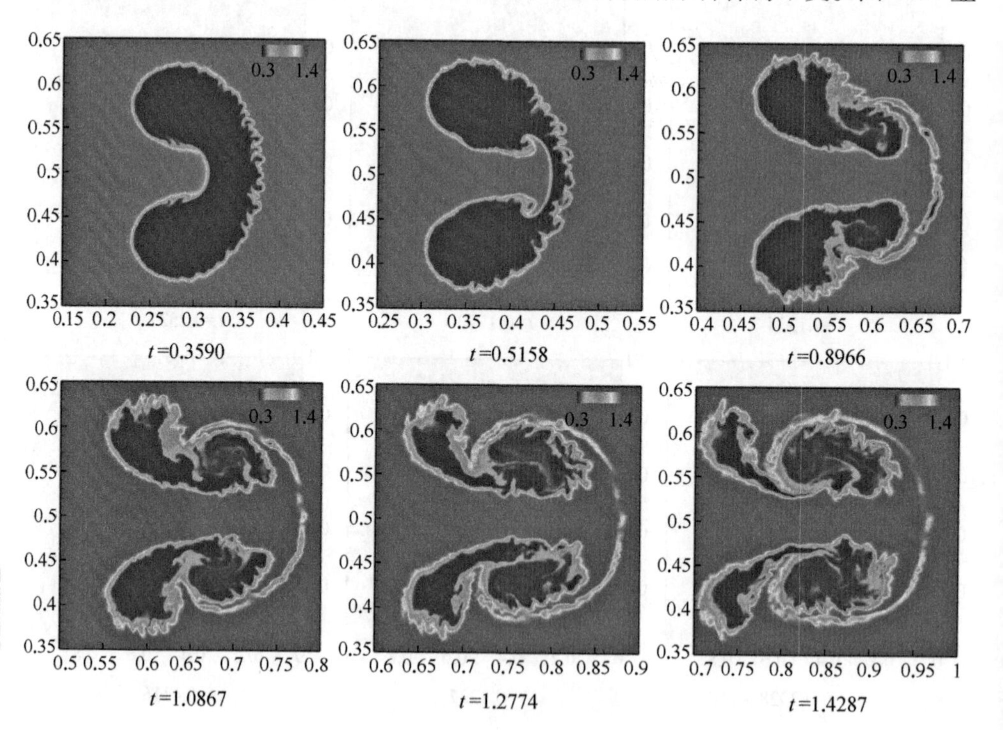

图 7.34　激波气泡相互作用的第二部分变化过程

示了气泡从整体到破裂的形态变化过程(从左到右,从上到下),图 7.35 给出了文献[67]中的实验结果。同样,气泡破裂的过程与文献中的实验数据相比,具有良好的一致性。

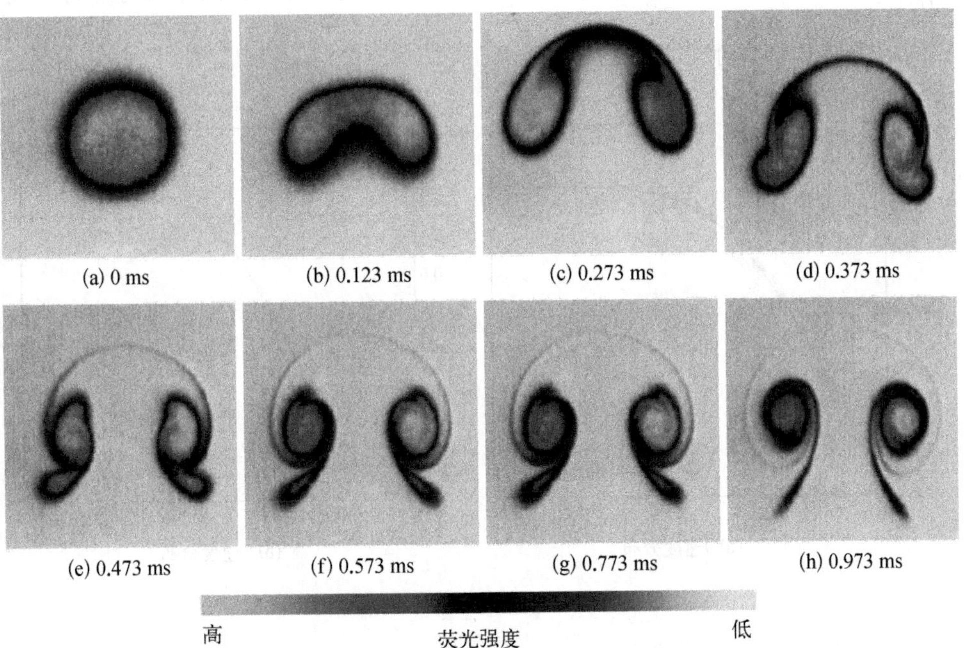

图 7.35　气泡与激波相互作用后从完整到破裂的实验结果

4. 平板边界层流动

平板边界层流动是一种经典的黏性流动问题,它的解析解为 Blasius 解。在本算例中,马赫数 $Ma = 0.15$,雷诺数 $Re = 100\,000$。计算域范围为 $[-50, 100] \times [0, 40]$。采用非均匀直角网格离散计算域,如图 7.36 所示。平板位于计算域底部,使用无滑移绝热边界条件。

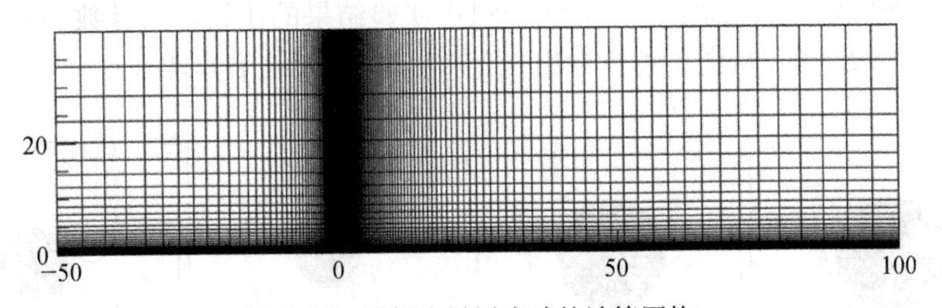

图 7.36　平板边界层流动的计算网格

图 7.37 展示了三个不同 x 截面上的速度分布。图中,纵坐标定义为 $\eta =$

$y\sqrt{\frac{U_\infty}{\nu x}}$，$u$ 速度分布图的横坐标为 $u' = \frac{u}{U_\infty}$，v 速度分布图的横坐标为 $v' = \frac{v}{\sqrt{U_\infty \nu / x}}$。其中，$U_\infty$ 为来流速度，ν 为运动黏性系数。由图可知，本节方法计算得到的结果与 Blasius 解非常吻合。

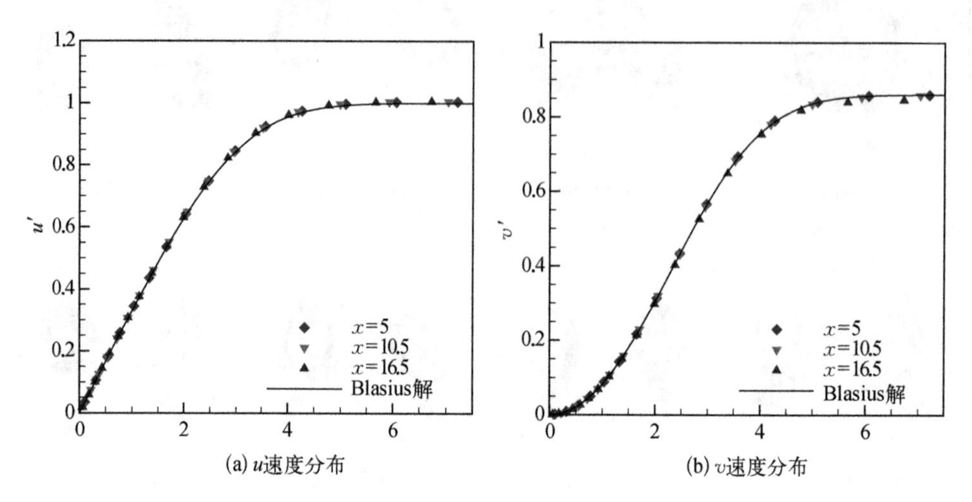

(a) u速度分布　　(b) v速度分布

图 7.37　三个不同 x 截面上的速度分布

5. 障碍物激波衍射

针对平面激波在圆柱体和楔形体上的衍射问题，过去的几十年里已开展了大量的实验和数值模拟研究[68-72]。在本算例中，流场初始化遵循 Rankine-Hugoniot 条件。

图 7.38 展示了平面激波在圆柱体上的衍射过程（从左到右）。计算域用 400×800 的非均匀网格离散。马赫数 Ma = 1.34，雷诺数 Re = 2 000。由图可知，流场关于中心水平轴呈现出强烈的对称关系，整个过程与文献[72]中的计算结果吻合良好。图 7.39 展示了当前结果与文献[68]中实验结果的比较。马赫数 Ma = 2.82，雷诺数 Re = 2 000。从图中可以看出，当前结果与实验结果非常一致。

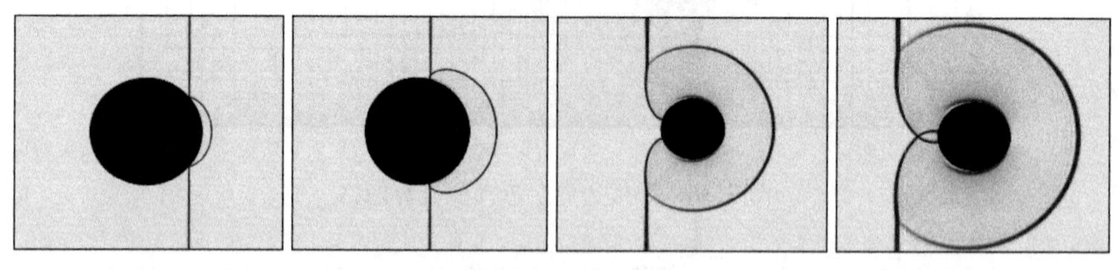

(a) 本节方法的计算结果

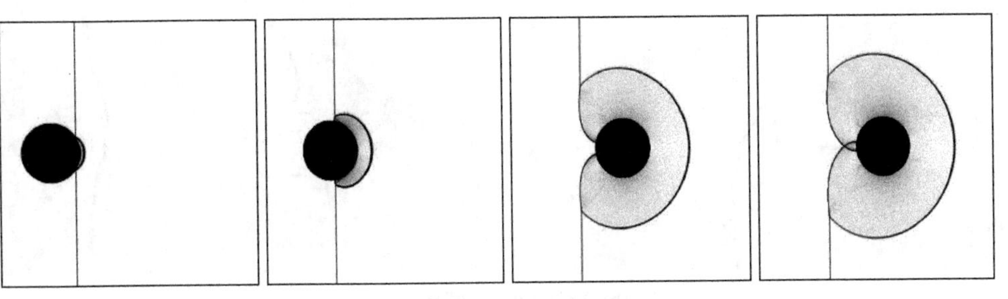

(b) 文献[72]中的计算结果

图7.38　平面激波在圆柱体上的衍射过程

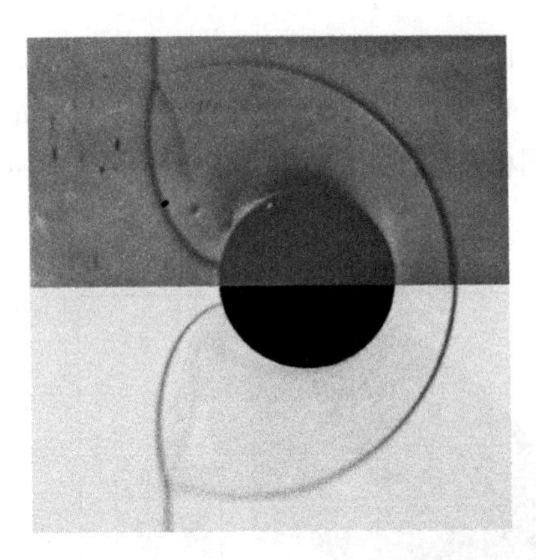

图7.39　圆柱体激波衍射比较；
上半：文献[68]中实验结果，
下半：当前的数值结果

图7.40展示了楔形体与激波相交时周围流场的演变。计算域用200×600的非均匀网格离散。马赫数 $Ma=1.3$，雷诺数 $Re=1\,000\,000$。由图可知，本节方法的计算结果与实验结果[69]保持一致。

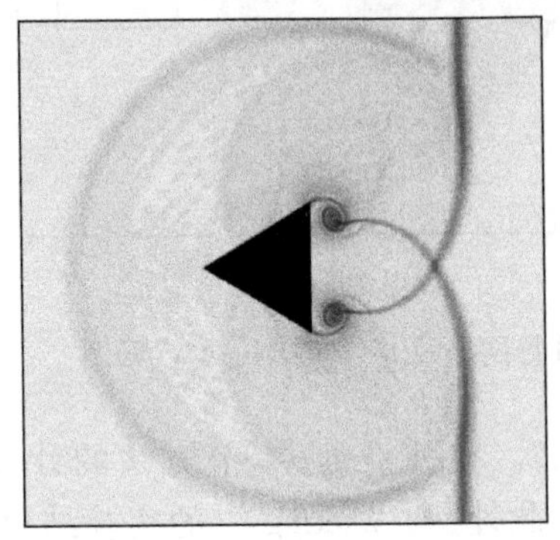

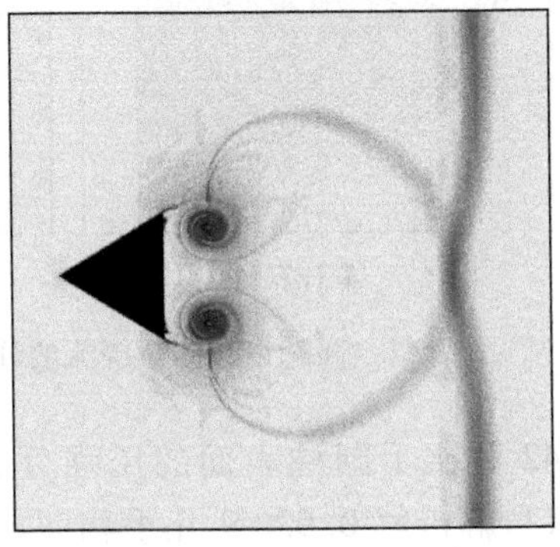

(a) 本节方法的计算结果

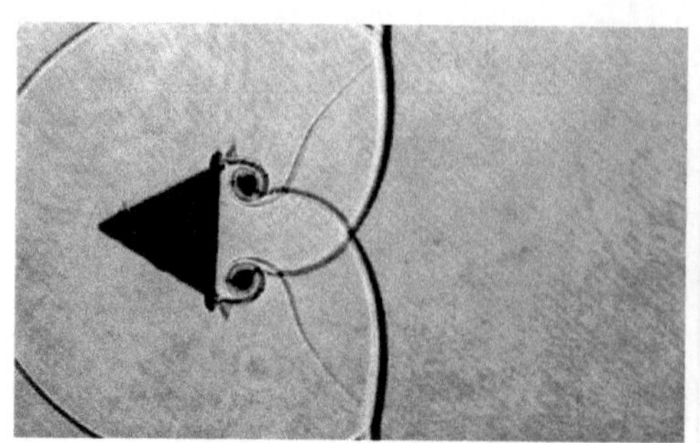
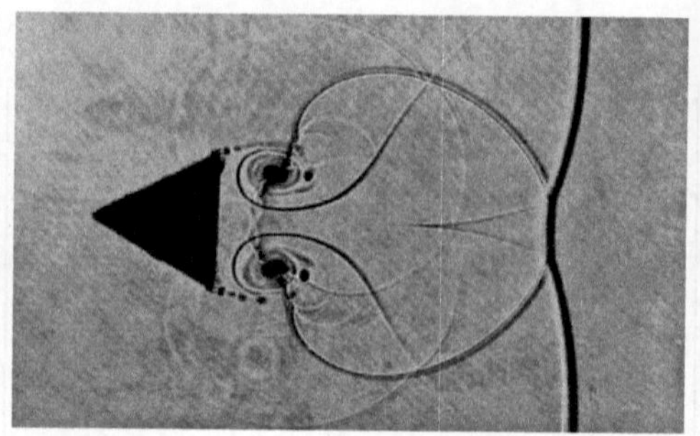

(b) 文献[69]中的实验结果

图 7.40　平面激波在楔形体上的衍射过程

6. 高超声速圆柱绕流

为了检验本节方法在高超声速流条件下的性能,模拟马赫数 Ma = 8.03 的圆柱体绕流。在本算例中,雷诺数 Re = 183 500,来流温度为 124.94 K,圆柱表面温度为 299.44 K。计算域用 50×60 的非均匀网格离散,如图 7.41(a)所示,图 7.41(b)为 t = 1 时刻的密度云图。

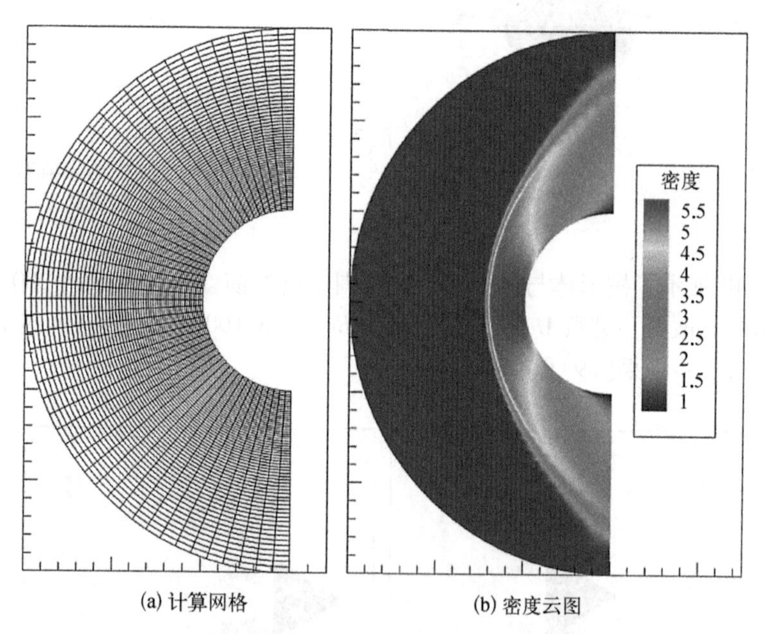

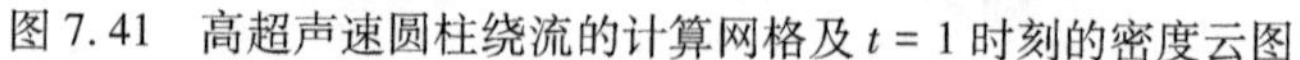

(a) 计算网格　　(b) 密度云图

图 7.41　高超声速圆柱绕流的计算网格及 t = 1 时刻的密度云图

图 7.42 对比了圆柱表面的压强分布。在驻点处,本节方法的计算结果为 0.921 7,这与解析解 0.920 9 几乎相同。此外,与 Wieting[73] 的实验结果以及 Xu 等[74] 的多维 GKS 结果相比,本节方法可以在少量网格的情况下获得良好的结果。

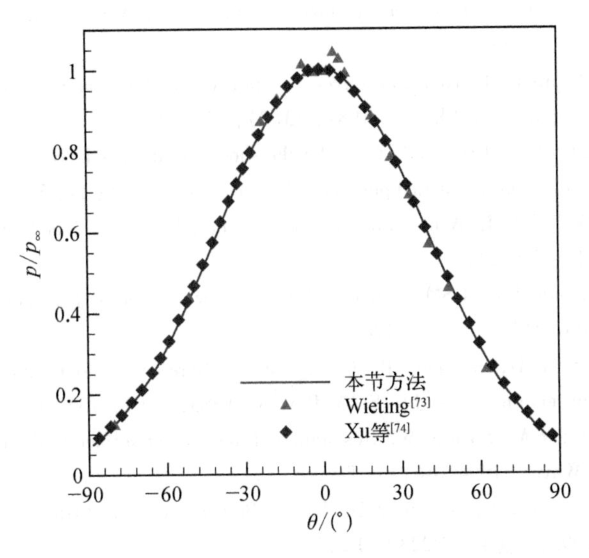

图 7.42 高超声速圆柱绕流的表面压强分布对比

本节提供了一种有限体积框架下的 WENO-GKFS。该方法能够在较少网格下捕捉可压缩流场的更多细节。其中,采用的 C-GKFS 可以克服 GKFS 中 Maxwell 分布函数的复杂性,并避免在 Euler 或 N-S 求解器中分别处理法向和切向通量的不便之处。同时,采用的 WENO-Z 格式能够提高 C-GKFS 的精度。

参考文献

[1] Harten A, Engquist B, Osher S, et al. Uniformly high order accurate essentially non-oscillatory schemes, III[J]. Journal of Computational Physics, 1987, 71(2): 231-303.

[2] Hu C, Shu C W. Weighted essentially non-oscillatory schemes on triangular meshes[J]. Journal of Computational Physics, 1999, 150(1): 97-127.

[3] Reed W H, Hill T R. Triangular mesh methods for the neutron transport equation[R]. Technical Report, LA-UR-73-479, 1973.

[4] Kopriva D A, Kolias J H. A conservative staggered-grid Chebyshev multidomain method for compressible flows[J]. Journal of Computational Physics, 1996, 125(1): 244-261.

[5] Huynh H T. A flux reconstruction approach to high-order schemes including discontinuous Galerkin methods[C]//18th AIAA Computational Fluid Dynamics Conference, Miami, 2007.

[6] Wang Z J, Gao H. A unifying lifting collocation penalty formulation including the discontinuous Galerkin, spectral volume/difference methods for conservation laws on mixed grids[J]. Journal of Computational Physics, 2009, 228(21): 8161-8186.

[7] Vincent P E, Castonguay P, Jameson A. A new class of high-order energy stable flux reconstruction schemes[J]. Journal of Scientific Computing, 2011, 47(1): 50-72.

[8] Wang Z J, Huynh H T. A review of flux reconstruction or correction procedure via

reconstruction method for the Navier-Stokes equations[J]. Mechanical Engineering Reviews, 2016, 3(1): 15-00475.

[9] Roe P L. Approximate Riemann solvers, parameter vectors, and difference schemes[J]. Journal of Computational Physics, 1981, 43(2): 357-372.

[10] Kim S, Kim C, Rho O H, et al. Cures for the shock instability: Development of a shock-stable Roe scheme[J]. Journal of Computational Physics, 2003, 185(2): 342-374.

[11] Liou M S, Steffen C J. A new flux splitting scheme[J]. Journal of Computational Physics, 1993, 107(1): 23-39.

[12] Liou M S. A sequel to AUSM, Part II: AUSM$^+$-up for all speeds[J]. Journal of Computational Physics, 2006, 214(1): 137-170.

[13] Harten A, Lax P D, van Leer B. On upstream differencing and Godunov-type schemes for hyperbolic conservation laws[J]. SIAM Review, 1983, 25(1): 35-61.

[14] Toro E F, Spruce M, Speares W. Restoration of the contact surface in the HLL-Riemann solver [J]. Shock Waves, 1994, 4(1): 25-34.

[15] Alexander F J, Chen S, Sterling J D. Lattice Boltzmann thermohydrodynamics[J]. Physical Review E, 1993, 47(4): R2249-R2252.

[16] Sun C H. Simulations of compressible flows with strong shocks by adaptive lattice Boltzmann model[J]. Journal of Computational Physics, 2000, 161(1): 70-84.

[17] Kataoka T, Tsutahara M. Lattice Boltzmann method for the compressible Euler equations[J]. Physical Review E, 2004, 69(5): 056702.

[18] Qu K, Shu C, Chew Y T. Alternative method to construct equilibrium distribution functions in lattice-Boltzmann method simulation of inviscid compressible flows at high Mach number[J]. Physical Review E, 2007, 75(3): 036706.

[19] He Y L, Liu Q, Li Q. Three-dimensional finite-difference lattice Boltzmann model and its application to inviscid compressible flows with shock waves[J]. Physica A: Statistical Mechanics and its Applications, 2013, 392(20): 4884-4896.

[20] Li K, Zhong C. A lattice Boltzmann model for simulation of compressible flows[J]. International Journal for Numerical Methods in Fluids, 2015, 77(6): 334-357.

[21] Ji C Z, Shu C, Zhao N. A lattice Boltzmann method-based flux solver and its application to solver shock tube problem[J]. Modern Physics Letters B, 2009, 23(3): 313-316.

[22] Yang L M, Shu C, Wu J. Development and comparative studies of three non-free parameter lattice Boltzmann models for simulation of compressible flows[J]. Advances in Applied Mathematics and Mechanics, 2012, 4(4): 454-472.

[23] Yang L M, Shu C, Wu J. A moment conservation-based non-free parameter compressible lattice Boltzmann model and its application for flux evaluation at cell interface[J]. Computers & Fluids, 2013, 79: 190-199.

[24] Witherden F D, Farrington A M, Vincent P E. PyFR: An open source framework for solving advection-diffusion type problems on streaming architectures using the flux reconstruction approach[J]. Computer Physics Communications, 2014, 185(11): 3028-3040.

[25] Persson P O, Peraire J. Sub-cell shock capturing for discontinuous Galerkin methods[C]// 44th AIAA Aerospace Sciences Meeting, Reno, 2006.

[26] Schulz-Rinne C W, Collins J P, Glaz H M. Numerical solution of the Riemann problem for two-dimensional gas dynamics[J]. SIAM Journal on Scientific Computing, 1993, 14(6): 1394 - 1414.
[27] Kurganov A, Tadmor E. Solution of two-dimensional Riemann problems for gas dynamics without Riemann problem solvers[J]. Numerical Methods for Partial Differential Equations, 2002, 18(5): 584 - 608.
[28] Li Y, Wang Z J. Recent progress in developing a convergent and accuracy preserving limiter for the FR/CPR method[C]//55th AIAA Aerospace Sciences Meeting, Grapevine, 2017.
[29] Krivodonova L, Berger M. High-order accurate implementation of solid wall boundary conditions in curved geometries[J]. Journal of Computational Physics, 2006, 211(2): 492 - 512.
[30] Vandenhoeck R, Lani A. Implicit high-order flux reconstruction solver for high-speed compressible flows[J]. Computer Physics Communications, 2019, 242: 1 - 24.
[31] Vassberg J C, Jameson A. In pursuit of grid convergence for two-dimensional Euler solutions [J]. Journal of Aircraft, 2010, 47(4): 1152 - 1166.
[32] Yang L M, Shu C, Wu J. A hybrid lattice Boltzmann flux solver for simulation of viscous compressible flows[J]. Advances in Applied Mathematics and Mechanics, 2016, 8(6): 887 - 910.
[33] Hussaini M Y, van Leer B, van Rosendale J. Upwind and high-resolution schemes[M]. Berlin: Springer, 1997.
[34] Guo Z, Shu C. Lattice Boltzmann method and its applications in engineering[M]. Singapore: World Scientific Publishing, 2013.
[35] Cockburn B, Shu C W. The local discontinuous Galerkin method for time-dependent convection-diffusion systems[J]. SIAM Journal on Numerical Analysis, 1998, 35(6): 2440 - 2463.
[36] Laskowski W, Rueda-Ramírez A M, Rubio G, et al. Advantages of static condensation in implicit compressible Navier-Stokes DGSEM solvers[J]. Computers & Fluids, 2020, 209: 104646.
[37] Ghia U, Ghia K N, Shin C T. High-Re solutions for incompressible flow using the Navier-Stokes equations and a multigrid method[J]. Journal of Computational Physics, 1982, 48(3): 387 - 411.
[38] Erturk E, Corke T C, Gökçöl C. Numerical solutions of 2-D steady incompressible driven cavity flow at high Reynolds numbers[J]. International Journal for Numerical Methods in Fluids, 2005, 48(7): 747 - 774.
[39] Dzanic T, Witherden F D. Positivity-preserving entropy-based adaptive filtering for discontinuous spectral element methods[J]. Journal Computational Physics, 2022, 468: 111501.
[40] Degrez G, Boccadoro C H, Wendt J F. The interaction of an oblique shock wave with a laminar boundary layer revisited. An experimental and numerical study[J]. Journal of Fluid Mechanics, 1987, 177: 247 - 263.
[41] Moro D, Nguyen N C, Peraire J, et al. Mesh topology preserving boundary-layer adaptivity

method for steady viscous flows[J]. AIAA Journal, 2017, 55: 1970 - 1985.

[42] Vila-Pérez J, Giacomini M, Sevilla R, et al. Hybridisable discontinuous Galerkin formulation of compressible flows [J]. Archives of Computational Methods in Engineering, 2021, 28: 753 - 784.

[43] Carter J E. Numerical solutions of the Navier-Stokes equations for the supersonic laminar flow over a two-dimensional compression corner[R]. NASA Report, TR - R - 385, 1972.

[44] Hung C M, MacCormack R W. Numerical solutions of supersonic and hypersonic laminar compression corner flows[J]. AIAA Journal, 1976, 14: 475 - 481.

[45] Shakib F, Hughes T J R, Johan Z. A new finite element formulation for computational fluid dynamics: X. The compressible Euler and Navier-Stokes equations[J]. Computer Methods in Applied Mechanics and Engineering, 1991, 89: 141 - 219.

[46] Mittal S, Yadav S. Computation of flows in supersonic wind-tunnels[J]. Computer Methods in Applied Mechanics and Engineering, 2001, 191: 611 - 634.

[47] Kotteda V M K, Mittal S. Stabilized finite-element computation of compressible flow with linear and quadratic interpolation functions [J]. International Journal for Numerical Methods in Fluids, 2014, 75: 273 - 294.

[48] Xu K. A gas-kinetic BGK scheme for the Navier-Stokes equation and its connection with artificial dissipation and Godunov method[J]. Journal of Computational Physics, 2001, 171 (1): 289 - 335.

[49] May G, Srinivasan B, Jameson A. An improved gas-kinetic BGK finite-volume method for three-dimensional transonic flow[J]. Journal of Computational Physics, 2007, 220(2): 856 - 878.

[50] Li J, Zhong C, Wang Y, et al. Implementation of dual time-stepping strategy of the gas-kinetic scheme for unsteady flow simulations[J]. Physical Review E, 2017, 95(5): 053307.

[51] Kumar G, Girimaji S S, Kerimo J. WENO-enhanced gas-kinetic scheme for direct simulations of compressible transition and turbulence[J]. Journal of Computational Physics, 2013, 234: 499 - 523.

[52] Pan L, Cheng J, Wang S, et al. A two-stage fourth-order gas-kinetic scheme for compressible multicomponent flows[J]. Communications in Computational Physics, 2017, 22(4): 1123 - 1149.

[53] Yang T, Wang J, Yang L, et al. Development of multicomponent lattice Boltzmann flux solver for simulation of compressible viscous reacting flows [J]. Physical Review E, 2019, 100 (3): 033315.

[54] Yang L M, Shu C, Wu J, et al. Circular function-based gas-kinetic scheme for simulation of inviscid compressible flows[J]. Journal of Computational Physics, 2013, 255: 540 - 557.

[55] Yang L M, Shu C, Wu J. A simple distribution function-based gas-kinetic scheme for simulation of viscous incompressible and compressible flows [J]. Journal of Computational Physics, 2014, 274: 611 - 632.

[56] Yang L M, Shu C, Wu J, et al. Comparative study of 1D, 2D and 3D simplified gas kinetic schemes for simulation of inviscid compressible flows[J]. Applied Mathematical Modelling, 2017, 43: 85 - 109.

[57] Li Z H, Peng A P, Zhang H X, et al. Numerical study on the gas-kinetic high-order schemes for solving Boltzmann model equation [J]. Science China, Physics, Mechanics and Astronomy, 2011, 54(9): 1687 - 1701.

[58] Ren X, Xu K, Shyy W, et al. A multi-dimensional high-order discontinuous Galerkin method based on gas kinetic theory for viscous flow computations [J]. Journal of Computational Physics, 2015, 292: 176 - 193.

[59] Peng A P, Li Z H, Wu J L, et al. Implicit gas-kinetic unified algorithm based on multi-block docking grid for multi-body reentry flows covering all flow regimes [J]. Journal of Computational Physics, 2016, 327: 919 - 942.

[60] Pan L, Xu K. A third-order compact gas-kinetic scheme on unstructured meshes for compressible Navier-Stokes solutions[J]. Journal of Computational Physics, 2016, 318: 327 - 348.

[61] Ji X, Pan L, Shyy W, et al. A compact fourth-order gas-kinetic scheme for the Euler and Navier-Stokes equations[J]. Journal of Computational Physics, 2018, 372: 446 - 472.

[62] Borges R, Carmona M, Costa B, et al. An improved weighted essentially non-oscillatory scheme for hyperbolic conservation laws[J]. Journal of Computational Physics, 2008, 227(6): 3191 - 3211.

[63] Castro M, Costa B, Don W S. High order weighted essentially non-oscillatory WENO-Z schemes for hyperbolic conservation laws[J]. Journal of Computational Physics, 2011, 230(5): 1766 - 1792.

[64] Ji X, Zhao F X, Shyy W, et al. A family of high-order gas-kinetic schemes and its comparison with Riemann solver based high-order methods[J]. Journal of Computational Physics, 2018, 356: 150 - 173.

[65] Lax P D, Liu X D. Solution of two-dimensional Riemann problems of gas dynamics by positive schemes[J]. SIAM Journal on Scientific Computing, 1998, 19(2): 319 - 340.

[66] Ranjan D, Oakley J, Bonazza R. Shock-bubble interaction[J]. Annual Review of Fluid Mechanics, 2011, 43: 117 - 140.

[67] Jacobs J W. Shock-induced mixing of a light-gas cylinder[J]. Journal of Fluid Mechanics, 1992, 234: 629 - 649.

[68] Bryson A E, Gross R W F. Diffraction of strong shocks by cones, cylinders, and spheres[J]. Journal of Fluid Mechanics, 1961, 10(1): 1 - 16.

[69] Chang S M, Chang K S. On the shock-vortex interaction in Schardin's problem[J]. Shock Waves, 2000, 10: 333 - 343.

[70] Chaudhuri A, Hadjadj A, Chinnayya A. On the use of immersed boundary methods for shock/obstacle interactions[J]. Journal of Computational Physics, 2011, 230(5): 1731 - 1748.

[71] Piquet A, Roussel O, Hadjadj A. A comparative study of Brinkman penalization and direct-forcing immersed boundary methods for compressible viscous flows[J]. Computers & Fluids, 2016, 136: 272 - 284.

[72] Bennett W P, Nikiforakis N, Klein R. A moving boundary flux stabilization method for Cartesian cut-cell grids using directional operator splitting [J]. Journal of Computational Physics, 2018, 368: 333 - 358.

[73] Wieting A R. Experimental study of shock wave interference heating on a cylindrical leading edge[R]. NASA Report, TM - 100484, 1987.
[74] Xu K, Mao M, Tang L. A multidimensional gas-kinetic BGK scheme for hypersonic viscous flow[J]. Journal of Computational Physics, 2005, 203(2): 405 - 421.